数控技术

主　编　蒲志新
副主编　孙远敬　赵艳春　徐广明
　　　　卢万杰　王　洁

北京理工大学出版社
BEIJING INSTITUTE OF TECHNOLOGY PRESS

内 容 简 介

本书内容主要包括数控机床的基础知识和数控技术的应用情况,对数控系统进行全面介绍,涉及检测装置、伺服系统、插补原理、工艺基础。本书理论联系实际,以学生的认知规律为依据,尽量使每个知识点都能做到理论和实际结合。在每章后面还安排了大量典型应用的习题,使学习者能够通过习题巩固学习的理论知识。

本书可以作为高等学校相关专业学生的教材,还可以作为高校教师和企业工程师的参考书。

版权专有　侵权必究

图书在版编目（CIP）数据

数控技术/蒲志新主编. —北京：北京理工大学出版社，2022.1重印
ISBN 978 - 7 - 5640 - 8877 - 4

Ⅰ. ①数… Ⅱ. ①蒲… Ⅲ. ①数控技术 Ⅳ. ①TP273

中国版本图书馆 CIP 数据核字（2014）第 031700 号

出版发行 /	北京理工大学出版社有限责任公司
社　　址 /	北京市海淀区中关村南大街 5 号
邮　　编 /	100081
电　　话 /	(010) 68914775（总编室）
	82562903（教材售后服务热线）
	68944723（其他图书服务热线）
网　　址 /	http://www.bitpress.com.cn
经　　销 /	全国各地新华书店
印　　刷 /	三河市天利华印刷装订有限公司
开　　本 /	787 毫米 × 1092 毫米　1/16
印　　张 /	17.5
字　　数 /	406 千字
版　　次 /	2022 年 1 月第 1 版第 5 次印刷
定　　价 /	49.80 元

责任编辑 / 郭锦程
文案编辑 / 郭锦程
责任校对 / 周瑞红
责任印制 / 李志强

图书出现印装质量问题，请拨打售后服务热线，本社负责调换

前言

在经济全球化和全球信息化的形势下,"以信息化带动工业化、发挥后发优势,实现社会生产力的跨越式发展"已列入我国今后的战略发展规划。面向国民经济建设主战场,围绕制造业和经济发展的需求,整合科技资源、加快信息技术向传统产业渗透,是落实这一战略的重要举措。

现代数控技术集机械制造技术、计算机技术、成组技术与现代控制技术、传感检测技术、信息处理技术、网络通信技术、液压气动技术、光机电技术于一体,是实现信息化带动工业化的基础。

发达国家把提高数控技术水平作为提高制造业水平的重要基础,竞相发展本国的数控产业。日本、美国、意大利、西班牙、印度等国,都采用了一些扶持本国数控产业发展的政策措施。我国从发展数控技术的战略高度出发,结合国民经济发展的特点对数控技术进行创新性研究,重点开发"开放式"、"智能化"的数控车床、数控加工中心及数控电加工机床系列产品。数控技术已成为现代先进制造系统中不可缺少的基础技术。数控技术和数控机床的发展极大地推动了计算机辅助设计和制造(CAD/CAM)、柔性制造系统(FMS)、计算机集成制造系统(CIMS)与自动化工厂(FA)的发展。近年来,各种数控机床的柔性、精确性、可靠性、集成性和宜人性等方面越来越完善,它在自动化加工领域中的占有率也越来越高,越来越多的技术人员期望了解和掌握各种机床数控系统的基本工作原理。

为了适应数控技术和国民经济发展的需要,以及高等工科学校的教学要求,遵循为我国普通高等院校机械类专业编写精品教材的思路,参考了大量国内外资料,结合多年来的教学实践经验、数控系统科研成果和数控技术课程的教学改革,编写了这本教材。本教材力求取材新颖,力求反映数控技术和数控机床的基本知识、核心技术与最新技术成就,并兼顾到理论与实际的联系,取材和叙述上要求层次分明和合理,尽可能反映现代数控技术,反映机与电的结合,减少繁杂的数学推导,系统全面地介绍数控系统。

本书共分为9章,第1章介绍数控系统的组成、工作原理、分类、数控机床的特点及应用范围及数控技术的发展。第2章介绍数控加工的工艺设计,包括数控加工工艺特点、工艺设计主要内容、数控机床用刀具。第3章介绍数控编程方法、实例和编程中的数学处理方法。第4章介绍数控系统的插补和插补原理,主要介绍基准脉冲插补和数据采样插补。第5章介绍计算机数控装置的硬件和软件结构、数控系统工作原理。第6章介绍各种位置检测装置的工作原理、分类和适用场合。第7章是进给伺服系统,对伺服系统的类型、伺服电动机及调速和现代典型进给伺服系统作了较为详细的介绍。第8章是数控机床的机械结构,对主传动系统、进给传动系统和常见的传动机构进行了详尽的介绍。第9章介绍Pro/NC数控加工的应用及加工工艺过程,介绍了数控加工的操作流程和编程基础。本书对数控技术的几个重要内容、核心技术和最新技术成果作了较为系统、深入的叙述。

本书可作为高等工科学校机械工程及自动化专业、机械设计制造及自动化专业、机械电子工程专业的技术基础课教材，也可供从事数字控制机床设计和研究的工程技术人员参考。

本书由辽宁工程技术大学和沈阳化工大学的教师合作编写。其中第1、6、7章由蒲志新和赵艳春编写，第2、5章由孙远敬编写，第3、4章由卢万杰编写，第8章由王洁编写，第9章由徐广明编写。全书由蒲志新统稿和定稿。

本书在编写过程中，参阅了以往其他版本的同类教材，同时参阅了有关工厂、科研院所的一些教材、资料和文献，并得到许多同行专家教授的支持和帮助，在此表示衷心感谢。

限于编者的水平，书中难免有错误和不妥之处，敬请读者批评指正。

编　者

目 录

第1章 绪论 001

1.1 数控技术的产生与基本概念 001
- 1.1.1 数控技术的产生 001
- 1.1.2 数控技术的基本概念 002

1.2 数控系统的组成与分类 003
- 1.2.1 数控系统的组成 003
- 1.2.2 数控系统工作原理 004
- 1.2.3 数控系统的分类 005

1.3 数控机床的特点及应用范围 008
- 1.3.1 数控机床的特点 008
- 1.3.2 数控技术的应用范围 009

1.4 数控机床的性能指标 010
- 1.4.1 控制轴数与联动轴数 010
- 1.4.2 数控机床的精度 010
- 1.4.3 误差补偿功能 011
- 1.4.4 故障诊断功能 011

1.5 数控技术的发展 011
- 1.5.1 数控技术的发展现状 011
- 1.5.2 数控技术的发展趋势 012

第2章 数控加工工艺基础 014

2.1 数控加工工艺特点 014
2.2 数控加工工艺设计的主要内容 015
- 2.2.1 数控加工工艺内容的选择 015
- 2.2.2 数控加工工艺性分析 016

目 录

  2.2.3　数控加工工艺路线的设计 …………………………………………… 019
  2.2.4　零件的工艺规程 ……………………………………………………… 023
  2.2.5　填写数控加工技术文件 ……………………………………………… 023
 2.3　数控机床用刀具 ……………………………………………………………… 026
  2.3.1　数控加工对刀具的要求 ……………………………………………… 026
  2.3.2　对刀具材料的基本要求 ……………………………………………… 027
  2.3.3　数控加工刀具的类型和应用 ………………………………………… 029

第 3 章　数控加工程序的编制 ……………………………………………………… 038

 3.1　数控编程的基本概念 ………………………………………………………… 038
  3.1.1　数控编程内容和步骤 ………………………………………………… 039
  3.1.2　数控编程方法简介 …………………………………………………… 040
 3.2　数控编程基础 ………………………………………………………………… 041
  3.2.1　机床坐标系 …………………………………………………………… 041
  3.2.2　工件坐标系 …………………………………………………………… 044
  3.2.3　绝对、增量坐标编程 ………………………………………………… 045
  3.2.4　编程尺寸的表示方法 ………………………………………………… 045
  3.2.5　数控程序结构与格式 ………………………………………………… 045
 3.3　数控系统的基本指令 ………………………………………………………… 048
  3.3.1　准备功能 G 指令 ……………………………………………………… 049
  3.3.2　辅助功能 M 指令 ……………………………………………………… 057
  3.3.3　其他指令 ……………………………………………………………… 059
  3.3.4　基本指令的综合应用 ………………………………………………… 060
 3.4　数控车床的程序编制 ………………………………………………………… 061
  3.4.1　数控车床的编程特点 ………………………………………………… 061
  3.4.2　数控车床的刀具补偿 ………………………………………………… 062
  3.4.3　数控车床的循环指令 ………………………………………………… 064

目录

  3.4.4 数控车床编程实例 ······ 071
3.5 数控铣床的程序编制 ······ 074
  3.5.1 数控铣床编程的特点 ······ 074
  3.5.2 数控铣床刀具功能的实现 ······ 075
  3.5.3 简化编程功能指令 ······ 076
  3.5.4 镗铣类数控机床（加工中心）编程的特点 ······ 082
  3.5.5 数控镗铣床编程实例 ······ 082

第 4 章 插补原理 ······ 088

4.1 概述 ······ 088
  4.1.1 插补的基本概念 ······ 088
  4.1.2 插补的分类 ······ 088
4.2 脉冲增量插补算法 ······ 090
  4.2.1 逐点比较法 ······ 090
  4.2.2 数字积分法 ······ 098
4.3 数据采样法 ······ 107
  4.3.1 数据采样法简介 ······ 107
  4.3.2 数据采样法直线插补基本原理 ······ 108
  4.3.3 数据采样法圆弧插补 ······ 109
4.4 加工过程的进给速度控制 ······ 112
  4.4.1 脉冲增量插补算法的进给速度控制 ······ 113
  4.4.2 数据采样插补算法的进给速度控制 ······ 114

第 5 章 计算机数控系统 ······ 119

5.1 CNC 系统的组成和功能特点 ······ 119
  5.1.1 CNC 系统的组成 ······ 119
  5.1.2 CNC 装置的工作内容和功能特点 ······ 120

目 录

5.2 CNC 装置的硬件结构	121
5.2.1 单微处理器结构	122
5.2.2 多微处理器结构	123
5.2.3 开放式数控系统	124
5.3 CNC 装置的软件结构	126
5.3.1 CNC 装置的软件组成	126
5.4 CNC 系统的控制原理	130
5.4.1 零件程序的输入	130
5.4.2 译码	131
5.4.3 刀具补偿	131
5.4.4 插补	132
5.4.5 位置控制	132
5.4.6 速度控制	132

第 6 章 位置检测技术 ········ 136

6.1 位置伺服控制	136
6.1.1 位置伺服控制分类	136
6.1.2 幅值伺服控制	138
6.1.3 相位伺服控制	139
6.2 光电编码器	140
6.2.1 增量式编码器	140
6.2.2 绝对式编码器	141
6.2.3 编码器在数控机床中的应用	142
6.3 光栅尺和磁栅尺	143
6.3.1 光栅尺的结构及工作原理	143
6.3.2 光栅尺位移数字变换系统	144
6.3.3 磁栅尺的结构及工作原理	145

目录

  6.3.4 磁栅尺的检测电路 ………………………………………………… 147
6.4 旋转变压器和感应同步器 ………………………………………………… 148
  6.4.1 旋转变压器的结构和工作原理 ………………………………… 148
  6.4.2 感应同步器的结构 ……………………………………………… 150
  6.4.3 感应同步器的工作原理 ………………………………………… 151

第7章 数控机床的伺服控制系统 ……………………………………………… 154

7.1 概述 ………………………………………………………………………… 154
  7.1.1 数控机床伺服系统的分类 ……………………………………… 154
  7.1.2 数控机床对伺服系统的要求 …………………………………… 157
  7.1.3 机床伺服系统的发展 …………………………………………… 158
7.2 步进电动机开环位置控制系统 …………………………………………… 158
  7.2.1 步进电动机的工作原理 ………………………………………… 158
  7.2.2 步进电动机的主要特性 ………………………………………… 160
  7.2.3 步进电动机的结构类型 ………………………………………… 162
  7.2.4 步进电动机的环形分配器 ……………………………………… 162
  7.2.5 功率放大器 ……………………………………………………… 165
  7.2.6 步进电动机的细分驱动技术 …………………………………… 167
7.3 直流伺服电动机及其速度控制 …………………………………………… 169
  7.3.1 直流伺服电动机的结构与分类 ………………………………… 169
  7.3.2 直流伺服电动机的机械特性 …………………………………… 170
  7.3.3 直流伺服电动机的调速原理与方法 …………………………… 172
  7.3.4 直流伺服电动机的速度控制单元 ……………………………… 172
7.4 交流伺服电动机及其通度控制系统 ……………………………………… 178
  7.4.1 交流伺服电动机的分类 ………………………………………… 179
  7.4.2 交流伺服电动机的变频调速与变频器 ………………………… 181
  7.4.3 SPWM 波调制 …………………………………………………… 184

目 录

7.4.4 交流电动机控制方式 192
7.4.5 交流伺服电动机的矢量控制 193

7.5 直线电动机驱动技术 200
7.5.1 直线电动机的结构 200
7.5.2 直线电动机工作原理 200
7.5.3 直线电动机的特性 201

第8章 数控机床的机械机构 203

8.1 概述 203

8.2 数控机床的主传动系统 205
8.2.1 主传动系统的特点及要求 205
8.2.2 主轴的调速 206
8.2.3 数控机床的主轴部件 209

8.3 数控机床的进给传动系统 213
8.3.1 数控机床进给传动系统的特点和要求 213
8.3.2 滚珠丝杠螺母副 215
8.3.3 其他传动机构 220
8.3.4 进给传动常用的消隙结构 221
8.3.5 直线电动机进给系统 225
8.3.6 数控机床的导轨 227

8.4 自动换刀装置 232
8.4.1 数控车床的回转刀架 232
8.4.2 加工中心的自动换刀装置 233

8.5 数控机床的主要辅助装置 238
8.5.1 分度工作台 239
8.5.2 数控回转工作台 240

目 录

第 9 章　应用 Pro/ENGINEER 软件进行数控加工编程 …… 243

9.1　Pro/ENGINEER 软件应用概述 …… 243
9.2　Pro/NC 编程数控基础 …… 244
  9.2.1　Pro/NC 加工过程 …… 245
  9.2.2　Pro/E NC 菜单管理器 …… 245
9.3　Pro/E 软件编程数控应用 …… 247
  9.3.1　减速器下箱体零件建模 …… 247
  9.3.2　制造模型 …… 248
  9.3.3　上表面加工过程 …… 249
9.4　通用 NC 序列参数 …… 260
  9.4.1　名称 …… 261
  9.4.2　切削参数 …… 261
  9.4.3　机床 …… 262
  9.4.4　进刀/退刀 …… 263

附　录 …… 265

第1章 绪 论

【本章知识点】
1. 数控技术的基本概念。
2. 数控系统的组成和分类。
3. 数控机床的特点和应用范围。
4. 数控机床的性能指标。
5. 数控技术的发展。

本章主要讲述了数控技术的产生及其基本概念,并介绍了数控系统的组成与分类,数控技术的特点与应用范围,同时介绍了数控技术的性能指标与其发展现状、发展趋势。

1.1 数控技术的产生与基本概念

随着科学技术和社会生产力的迅速发展,数控技术应运而生。数字控制技术,简称数控技术,是近代发展起来的一种自动控制技术。数控技术是一种灵活、通用、高精度、高效率的"柔性"自动化生产技术。

1.1.1 数控技术的产生

20世纪40年代以来,随着科学技术和社会生产力的迅速发展,人们对各种产品的质量和生产效率提出了越来越高的要求。机械加工过程的自动化成为实现上述要求的最重要措施之一。飞机、汽车、农机、家电等生产企业多数都采用了自动机床、组合机床和自动生产线,从而保证了产品质量,极大地提高了生产效率,降低了生产成本,加强了企业在市场上的竞争力,还能够极大地改善工人的劳动条件,减轻劳动强度。然而,成年累月地进行单一产品零件生产的高效率和高度自动化的刚性机床及专用机床生产方式,均需要巨大的初期投资和很长的生产准备周期,因此,这种方式仅适用于批量较大的零件生产。

在产品加工中,大批量生产的零件并不很多,据统计,单件与中、小批量生产的零件约占机械加工总量的80%以上。尤其是在航空、航天、船舶、机床、重型机械、食品加工机械、包装机械和军工产品等行业中,不仅加工批量小,而且加工零件形状比较复杂,精度要求也很高,除此之外,还需要经常改型。如果仍采用专用化程度很高的自动化机床生产加工这类产品的零件,就会显得很不合理。经常改装和调整设备,对于这种专用的生产线来说,不仅仅会极大地提高产品的成本,甚至是不可能实现的。随着市场经济体制的日趋成熟,绝大多数的产品都已从卖方市场转向买方市场，产品的竞争十分激烈。为在竞争中求得生存与发展，迫使着生产企业不断更新产品，提高产品技术档次，增加产品种类，缩短试制与生产周期以提高产品的性价比，满足用户的需要。由于这种以大批量生产为主的生产方式使产品的改型和更新变得十分困难，用户即使得到了价格相对低廉的产品也是以牺牲产品的某些性能为代价换取的。因此，企业为了保持产品的市场份额，即便是以大批量生产为主的企业，也必须改变产品长期一成不变的传统做法。这样，传统"刚性"的自动化生产方式和生产线已变得难以适应小批量、多品种生产要求。

在过去的生产中，已有的各类仿形加工设备部分地解决了小批量、复杂零件的加工。但在更换零件时，必须重新制造靠模并调整设备，这种生产方式不但要耗费大量的手工劳动，延长生产准备周期，而且由于靠模加工误差的影响，零件的加工精度很难达到较高的要求。

为了解决上述这些问题，一种灵活、通用、高精度、高效率的"柔性"自动化生产技术——数控技术应运而生。

1948年美国帕森斯公司（Parsons Corporation）受美国军方的委托研制加工直升机叶片轮廓检验样板的机床时，与麻省理工学院（MIT）伺服机构研究所进行合作，首先提出了用电子计算机控制机床加工复杂曲线样板的新理念，于1952年成功研制出了世界上第一台由专用电子计算机控制的三坐标立式数控铣床。研制过程中采用了自动控制、伺服驱动、精密测量和新型机械结构等方面的技术成果。后来又经过改进，于1955年实现了产业化，并批量投放市场。但由于技术和价格的原因，仅局限在航空工业中应用。数控机床的诞生，对复杂曲线、型面的加工起到了非常重要的作用，同时也推动了美国航空工业和军事工业的发展。

尽管这种初期数控机床采用电子管和分立元件硬接线电路进行运算和控制，体积庞大且功能单一，但它采用了先进的数字控制技术，具有普通设备和各种自动化设备无法比拟的优点，具有强大的生命力，它的出现开辟了工业生产技术的新纪元。从此，数控技术在全世界得到了迅速发展。

进入20世纪90年代以来，随着国际上计算机技术突飞猛进的发展，数控技术不断采用计算机、控制理论等领域的最新技术成就，使其朝着运行高速化、加工高精化、功能复合化、控制智能化、体系开放化和交互网络化方向发展。在最近30年，计算机数控性能和功能不断发展，计算机数控机床向综合自动化方向发展。

1.1.2 数控技术的基本概念

数控技术，简称数控（Numerical Control，NC），是近代发展起来的一种自动控制技术。它是综合应用了计算机技术、自动控制技术、精密测量技术和机床设计等先进技术的典型机电一体化产品，是现代制造技术的基础。随着电子信息技术与机械产业的共同发展与不断的结合，现代数控开始逐步采用计算机进行控制，因此，也可以称为计算机数控（Computer Numerical Control，CNC）。

数控技术是在机械制造技术、信息处理技术、加工技术、传输技术、自动控制技术、伺服驱动技术、传感器技术和软件技术等基础上综合应用的成果，具有动作顺序自动控制，位移和相对位置坐标自动控制，速度、转速及各种辅助功能自动控制等功能。由于数控系统、数控装置的英文缩写亦采用 NC（或 CNC），因此，在实际使用中，在不同场合 NC（或 CNC）具有三种不同含义：既可以在广义上代表一种控制技术，又可以在狭义上代表一种控制系统的实体，还可以代表一种具体的控制装置——数控装置。

采用数控技术进行控制的机床，称为数控机床（NC 机床）。它是一种综合应用了计算机技术、自动控制技术、精密测量技术和机床设计等先进技术的典型机电一体化产品，是现代制造技术的基础。

1.2 数控系统的组成与分类

数控系统一般由输入输出设备、数控装置、伺服系统、测量反馈装置和机床本体等部分组成。数控系统一般按数控装置类型分类、按运动方式分类、按控制方式及用途分类。

1.2.1 数控系统的组成

数控机床一般由程序载体、输入装置、数控装置、伺服驱动系统、强电控制装置、测量反馈装置、执行部件（主运动机构、进给运动机构、辅助动作机构）组成。图 1-1 为数控机床组成的框图。

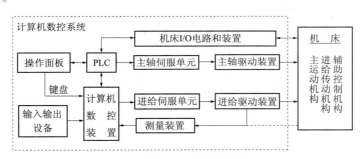

图 1-1 数控机床组成的框图

1. 程序载体

程序载体是对数控机床进行控制，建立人与数控机床某种联系的媒介物。在程序载体上存储加工零件所需要的全部几何信息和工艺信息，它可以是穿孔纸带、磁盘等。采用哪一种存储载体，取决于数控装置的设计类型。

2. 输入装置

输入装置的作用是将程序载体上的数控代码变成相应的电脉冲信号，传送并存入数控装置内。根据程序存储介质的不同，输入装置可以是光电阅读机、软盘驱动器等。有些数控机床，不用任何程序存储载体，而是将数控程序单的内容通过数控装置上的键盘，用手工方式（MDI 方式）输入，或者将数控程序由编程计算机用通信方式传送到数控装置。

3. 数控装置

数控装置是数控机床的核心，它接收输入装置送来的脉冲信号，经过数控装置的系统软件或逻辑电路进行编译、运算和逻辑处理后，输出各种信号和指令以控制机床的各个部分，进行规定的、有序的动作。这些控制信号中最基本的信号是由插补运算决定的各坐标轴（即作进给运动的各执行部件）的进给速度、方向和位移的指令，经伺服驱动系统驱动执行部件作进给运动。其他还有主运动部件的变速、换向和起停信号，选择和交换刀具的指令信号，控制冷却、润滑的起停，工件和机床部件松开、夹紧，分度工作台转位等辅助指令信号等。

4. 伺服驱动系统

伺服系统主要由 4 部分组成：控制器、功率驱动装置、反馈装置和电动机。它根据数控装置发来的速度和位移指令控制执行部件的进给速度、方向和位移。每个作进给运动的执行部件都配有一套伺服驱动系统。伺服驱动系统有开环、半闭环和闭环之分。在半闭环和闭环伺服驱动系统中，还得使用位置检测装置，间接或直接测量执行部件的实际进给位移，以与指令位移进行比较，按闭环原理，将其误差转换放大后控制执行部件的进给运动。伺服系统是机床工作的动力装置，CNC 装置的指令要靠伺服驱动系统付诸实施，所以伺服驱动系统是数控机床的重要组成部分。从某种意义上说，数控机床功能的强弱主要取决于 CNC 装置，而数控机床性能的高低主要取决于伺服驱动系统。

5. 强电控制装置

强电控制装置是介于数控装置和机床机械、液压部件之间的控制系统，其主要作用是接收数控装置输出的主运动变速、刀具选择交换、辅助装置动作等指令信号，经必要的编译、逻辑判断、功率放大后，直接驱动相应的电气、液压、气动和机械部件，以完成指令所规定的动作。此外，还有行程开关和监控检测等开关信号也要经过强电控制装置送到数控装置进行处理。

6. 测量反馈装置

该装置由测量部件和响应的测量电路组成，其作用是对实际位移、速度及当前的环境（如温度、振动、摩擦和切削力等因素的变化）参数加以检测，转变为电信号后反馈给数控装置，通过比较，得出实际运动与指令运动的误差，并发出误差指令，纠正所产生的误差。测量反馈装置的引入，有效地改善了系统的动态特性，大大提高了零件的加工精度。

7. 执行部件

数控系统的执行部件是加工运动的实际执行部件，主要包括主运动部件、进给运动执行部件、工作台、拖板及其部件和床身立柱等支承部件，此外还有冷却、润滑、转位和夹紧等辅助装置，存放刀具的刀架、刀库及交换刀具的自动换刀机构等。执行部件应有足够的刚度和抗振性，还要有足够的精度，传动系统结构要简单，便于实现自动控制。

1.2.2 数控系统工作原理

数控机床加工零件的过程是通过预先编辑好的程序进行加工制造的。

首先需要分析零件的图样，根据图样中对材料和尺寸、形状、加工精度及热处理等的要求来确定工艺方案，进行工艺处理和数值计算。在此基础上，根据数控系统规定的功能指令代码和程序段格式编写数控加工程序单。

根据加工程序单的内容，用自动穿孔机制作控制介质（穿孔纸带）。通过光电阅读机将穿孔带的代码逐段读入到数控装置，也可以用键盘输入方式将加工程序单内容直接输入数控装置。

数控装置将输入指令进行译码、寄存和运算后,向系统各个坐标的伺服系统发出指令信号,经驱动电路的放大处理,驱动伺服电动机输出角位移和角速度,并通过执行部件的传动系统转换为工作台的直线位移,实现进给运动。

1.2.3 数控系统的分类

1. 按数控装置类型分类

数控系统按数控装置类型分类,可分为硬件式数控系统和软件式数控系统。

1) 硬件式数控系统

硬件式数控系统(NC 系统)是早期的数控系统。在这种系统的数控装置中,输入、译码、插补运算、输出等控制功能均由分立式元器件硬接线连接的逻辑电路来实现。一般来说,不同的数控设备需要设计不同的硬件逻辑电路。这类数控系统的通用性、灵活性等性能较差,维护代价高。

2) 软件式数控系统

20 世纪 70 年代中期,随着微电子技术的发展,芯片的集成度越来越高,利用大规模及超大规模集成电路组成软件式数控系统(CNC 系统)成为可能。在此装置中,常采用小型计算机或微型计算机作为控制单元,其中主要功能几乎全部由软件来实现,对于不同的系统,只需编制不同的软件就可以实现不同的控制功能,而硬件几乎可以通用。这就为硬件的大批量生产提供了条件。数控系统硬件的批量生产有利于保证质量、降低成本、缩短周期、迅速推广和扩展应用,所以现代数控系统都无例外地采用 CNC 装置。

2. 按运动方式分类

数控系统按运动方式分类,可分为点位控制系统、点位直线控制系统、轮廓控制系统。

1) 点位控制系统

点位控制系统是指数控系统只控制刀具或机床工作台,从一点准确地移动到另一点,而点与点之间运动的轨迹不需要严格控制的系统。为了减少移动部件的运动与定位时间,一般先以快速移动到终点附近位置,然后以低速准确移动到终点定位位置,以保证良好的定位精度。移动过程中刀具不进行切削,如图 1-2 所示。使用这类控制系统的主要有数控镗床、数控钻床、数控冲床等。图 1-3 是点位控制钻孔加工示意图。

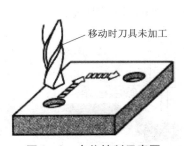

图 1-2 点位控制示意图

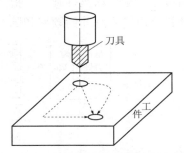

图 1-3 点位控制钻孔加工示意图

2) 点位直线控制系统

点位直线控制系统是指数控系统不仅控制刀具或工作台从一个点准确地移动到下一个

点,而且保证在两点之间的运动轨迹是一条直线的控制系统。刀具移动过程可以进行切削。应用这类控制系统的有数控车床、数控钻床和数控铣床等。图 1-4 是直线数控机床加工示意图。

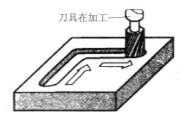

图 1-4　直线数控机床加工示意图

3) 轮廓控制系统

轮廓控制系统又称连续切削控制系统,是指数控系统能够对两个或两个以上的坐标轴同时进行严格连续控制的系统。它不仅能控制移动部件从一个点准确地移动到另一个点,而且还能控制整个加工过程每一点的速度与位移量,将零件加工成一定的轮廓形状。应用这类控制系统的有数控铣床、数控车床、数控齿轮加工机床和加工中心等。图 1-5 是轮廓数控机床加工示意图。

图 1-5　轮廓数控机床加工示意图

3. 按控制方式分类

数控系统按控制方式分类,可分为开环控制系统、半闭环控制系统、闭环控制系统。

1) 开环控制系统

开环控制系统没有反馈装置,这种系统通常使用功率步进电动机作为执行机构。数控装置输出指令脉冲通过环形分配器和驱动电路,不断改变供电状态,使步进电动机转过相应的步距角,再通过齿轮箱带动丝杠旋转,把角位移转换为移动部件的直线位移。移动部件的移动速度与位移量是由输入脉冲的频率和脉冲数所决定的。如图 1-6 所示。

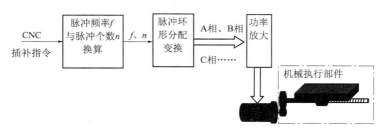

图 1-6　开环控制系统

由于没有反馈装置,开环系统的步距误差及机械部件的传动误差不能进行校正补偿,所以控制精度较低。但开环系统结构简单、运行平稳、成本低、价格低廉、使用维修方便,可广泛应用于精度要求不高的数控系统中。

2) 半闭环控制系统

半闭环控制系统是在伺服电动机输出轴端或丝杠轴端装有角位移检测装置(如旋转变压器或光电编码器等),通过测量角位移间接地检测移动部件的直线位移,然后反馈到数控装置中,如图 1-7 所示。

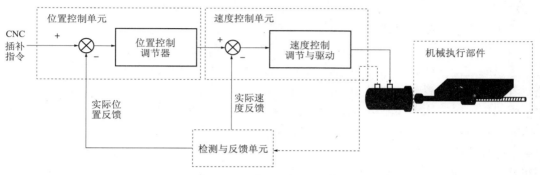

图 1-7　半闭环控制系统

由于角位移检测装置比直线位移检测装置结构简单、安装方便、稳定性能好、价格便宜且精度高于开环控制系统,应用较为广泛。但这种系统的丝杠螺母副、齿轮传动副等传动装置未包含在反馈系统中,故其控制精度不是很高。如果使用时选择精度较高的滚珠丝杠和消除间隙的齿轮副,再配以具有螺距误差和反向间隙补偿功能的数控装置,就能够达到较高的加工精度。所以,半闭环控制系统在生产中得到了广泛的应用。

3) 闭环控制系统

闭环控制系统是在移动部件上直接安装直线位置检测装置,将测量的实际位移值反馈到数控装置中,与输入的位移值进行比较,用差值进行控制,使移动部件按照实际需要的位移量运动,实现移动部件的精确定位,如图 1-8 所示。

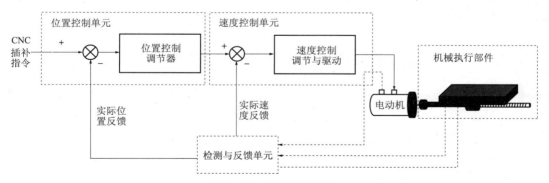

图 1-8　闭环控制系统

由于闭环控制系统有位置反馈装置,而这种反馈对丝杠螺母副和齿轮传动副所带来的误差都可以给予补偿,因而可达到很高的控制精度,可广泛地应用在高精度的大型精密数控系统中。

从理论上讲,可以消除整个驱动和传动环节的误差、间隙和失动量。具有很高的位置控制精度。由于位置环内的许多机械传动环节的摩擦特性、刚性和间隙都是非线性的,故很容易造成系统的不稳定,使闭环系统的设计、安装和调试都相当困难。若各种参数匹配不适当则会引起系统振荡,造成系统工作不稳定,影响定位精度,所以闭环控制系统安装调试复杂且价格昂贵。

4. 按用途分类

数控系统按用途分类,可分为金属切削类数控系统、金属成型类数控设备、数控特种加工设备。

1) 金属切削类数控系统

金属切削类数控系统有数控车床、数控铣床、数控镗床、数控镗铣床。

加工中心是带有刀库和自动换刀装置的一机多工序的数控加工机床。它的出现打破了一台机床只能进行一种工序加工的传统观念,它利用大型刀库的多个刀具(一般为 20~120 把)和自动换刀装置对一次装夹的工件进行铣、镗、钻、扩、铰和攻螺纹等多工序加工。它主要用来加工箱体零件或棱形零件。近年来又出现了许多车削加工中心,几乎可以完成回转体零件的所有加工工序。加工中心机床实现了一次装夹、一机多工序的加工方式,有效地避免了零件多次装夹造成的定位误差,减少了机床台数和占地面积,大大提高了加工精度、生产效率和自动化程度。

2) 金属成型类数控设备

金属成型类数控设备有数控折弯机、数控弯管机、数控压力机等。

3) 数控特种加工设备

数控特种加工设备有数控线切割机、数控电火花加工设备、数控激光加工设备等。

1.3 数控机床的特点及应用范围

数控机床具有可以加工有复杂型面工件的功能,加工精度高,质量稳定,生产率提高,改善劳动条件,有利于生产管理现代化。数控加工是 CAD/CAM 技术和先进制造技术的基础,本节具体介绍数控加工的主要对象。

1.3.1 数控机床的特点

1. 数控加工的特点

与传统机械加工方法相比,数控加工具有以下特点。

1) 可以加工具有复杂型面的工件

在数控机床上,所加工零件的形状主要取决于加工程序。

2) 加工精度高,质量稳定

数控机床本身的精度比普通机床高,一般数控机床的定位精度为 0.01 mm,重复定位精度为 0.005 mm;而且在数控机床加工过程中,操作人员并不参与,所以消除了操作人员的人为误差,工件的加工精度全部由数控机床保证;又因为数控加工采用工序集中,减少了工件多次装夹对加工精度的影响。基于以上几点,数控加工工件的精度高,尺寸一致性好,质量稳定。

3）生产率提高

数控加工可以有效地减少零件的加工时间和辅助时间，由于数控机床的主轴转速高、进给速度快及其定位快速，通过合理选择切削用量，充分发挥刀具的切削性能，可以减少零件的加工时间。此外，数控加工一般采用通用或组合夹具，因此在数控加工前不需划线，而且加工过程中能进行自动换刀，减少了辅助时间。

4）改善劳动条件

在数控机床上从事加工的操作人员，其主要任务是编写程序、输入程序、装卸零件、准备刀具、观测加工状态以及检验零件等，因此，劳动强度极大降低。此外，数控机床一般是封闭式加工，既清洁，又安全，使劳动条件得到了改善。

5）有利于生产管理现代化

因为相同工件所用时间基本一致，所以数控加工可预先估算加工工件所需时间，因此工时和工时费用可以精确估计。这既便于编制生产进度表，又有利于均衡生产和取得更高的预计产量。此外，对数控加工所使用的刀具、夹具可进行规范化管理。以上特点均有利于生产管理的现代化。

6）数控加工是 CAD/CAM 技术和先进制造技术的基础

数控机床使用数字信号与标准代码作为控制信息，易于实现加工信息的标准化，并把 CAD/CAM 技术有机地结合起来，形成现代集成制造技术的基础。

2. 数控加工的主要对象

从数控加工的特点可以看出，适于数控加工的零件包括如下几类。

（1）多品种、单件小批量生产的零件或新产品试制中的零件。

（2）几何形状复杂的零件。

（3）精度及表面粗糙度要求高的零件。

（4）加工过程中需要进行多工序加工的零件。

（5）用普通机床加工时，需要昂贵工装设备（如工具、夹具和模具）的零件。

1.3.2 数控技术的应用范围

1. 工业生产

工业机器人和传统的数控系统一样是由控制单元、驱动单元和执行机构组成的。主要运用于机器设备的生产线上，或者运用于复杂恶劣的劳动环境下，完成人类难以完成的工作，很大程度上改善了劳动条件，保证了生产质量和人身安全。

2. 煤矿机械

现代采煤机开发速度快、品种多，都是小批量的生产，各种机壳的毛坯制造越来越多地采用焊件。传统机械加工难以实现单件的下料问题，而使用数控气割，代替了过去流行的仿型法。使其发挥了切割速度快、质量可靠的优势，一些零件的焊接坡口可直接割出，这样大大提高了生产效率。

3. 汽车工业

汽车工业近 20 年来发展尤为迅猛，在快速发展的过程中，汽车零部件的加工技术也在快速发展，数控技术的出现，加快了复杂零部件快速制造的实现过程。将高速加工中心和其他高速数控机床组成的高速柔性生产线集"高柔性"与"高效率"于一体,既可满足产品不断更新换代的要求,做到一次投资,长期受益,又有接近于组合机床刚性自动线的生产效率,从而打破汽车生产中有关"经济规模"的传统观念,实现了多品种、中小批量的高效生产。

数控加工技术中的快速成形制造技术在复杂的零部件加工制造中可以很轻松方便地实现。不仅如此,数控技术中的虚拟制造技术、柔性制造技术、集成制造技术等,在汽车制造工业中都得到了广泛深入的应用。

1.4 数控机床的性能指标

数控机床的性能指标有控制轴数与联动轴数、数控机床的精度、误差补偿功能、故障诊断功能等。

1.4.1 控制轴数与联动轴数

数控机床完成的运动越多,控制轴数就越多,对应的功能就越强,同时机床结构的复杂程度与技术含量也就越高。可控轴数是指机床数控装置最多可以控制的坐标轴数目。联动轴数是指机床数控装置控制各坐标轴协调动作的坐标轴数目。目前有两轴联动、两轴半联动、三轴联动、四轴联动、五轴联动等。两轴半联动是三个坐标轴中有两个轴联动,另外一个坐标轴只作周期性的进给。

1.4.2 数控机床的精度

1. 数控机床的精度

精度是数控机床的重要技术指标之一。数控机床的精度主要指定位精度和重复定位精度等。

定位精度是指数控机床工作台等移动部件所达到的实际位置精度。实际位置与数控指令位置的差值为定位误差,引起定位误差的因素包括伺服系统、检测系统和进给系统误差以及运动部件的几何误差。定位误差将直接影响零件加工的精度。

重复定位精度是指在同一台数控机床上,应用相同程序、相同代码加工一批零件,所得到的连续结果的一致程度。重复定位精度受伺服系统特性、进给系统的间隙、刚度以及摩擦特性等因素的影响。

1)分度精度

分度精度是指分度工作台在分度时,指令要求回转的角度值和实际回转的角度值的差值。分度精度既影响零件加工部位在空间的角度位置,也影响孔系加工的同轴度等。

2)分辨率与脉冲当量

分辨率是指两个相邻的分散细节之间可以分辨的最小间隔。对测量系统而言,分辨率是可以测量的最小增量;对控制系统而言,分辨率是可以控制的最小位移增量或角位移增量。

脉冲当量是指数控装置每发出一个脉冲信号，反映到数控机床各运动部件的位移量或角位移量。

1.4.3 误差补偿功能

加工过程中，机械传动链中的各种误差，会导致实际加工出的零件尺寸和程序指定的尺寸不一样，造成加工误差。现代数控装装置中一般具有反向间隙补偿和螺距误差补偿功能，把相应的误差补偿量输入数控装置指定的存储器中，数控装置就能按误差补偿量修正刀具的位置坐标，可以保证在机床机械部分存在误差的情况下，仍能加工出符合要求的零件。

1.4.4 故障诊断功能

数控机床的故障诊断功能有在线诊断、离线诊断和远程诊断三种方式。在线诊断指数控机床在运行过程中发现故障，给出提示；离线诊断指数控机床运行独立的故障诊断程序，发现问题；远程诊断是指数控机床通过互联网直接和机床生产厂家互通信息，发现并消除故障。

以上性能指标可以作为选择数控机床或数控装置时的参考。选购时应根据用户自身的实际需要，综合考虑性能和价格因素，做出经济实用的选择。

1.5 数控技术的发展

数控技术的发展现状，及数控技术的发展趋势，即朝着高速度、高精度、高可靠性、多功能、智能化、复合化等方向发展。

1.5.1 数控技术的发展现状

近年来，数控技术得到了迅猛的发展，加工精度和生产效率不断提高，在此发展过程中，数控机床经历了两个阶段，硬件数控阶段和软件数控阶段。

1952年数控系统以电子管组成，体积大，功耗大，产生了第一代数控机床；1959年数控系统以晶体管组成，广泛采用印制电路板，从而进入了数控机床发展的第二代；1965年数控系统采用小规模集成电路作为硬件，从而进入体积小，功耗低，可靠性进一步提高的第三代。以上三代数控系统，由于其数控功能均由硬件实现，故历史上又称其为硬件数控。1970年第四代数控系统采用小型计算机取代专用计算机，其部分功能由软件实现；1974年第五代数控系统以微处理器为核心，不仅价格进一步降低，体积进一步缩小，而且使实现真正意义上的机电一体化成为可能；1990年以后基于PC的数控机床为第六代数控机床。人们习惯上将第四代、第五代和第六代数控技术统称为CNC——软件数控。

数控技术在国民经济建设中具有很重要的地位。由于世界市场急剧的变化，企业在竞争的环境中，已经不能采用传统的生产方式，必须寻求一种新的生产方式，以实现多品种、高效率、高质量、高柔性和低成本的生产。针对市场需要，研制出了具有以下特点的数控设备：一是采用32位微型计算机，二是具有智能化的功能，三是高精度与高速化，四是采用模块化结构，五是有丰富的软件功能，六是采用全数字化交流变频伺服系统。数控技术应用广泛，目前它不仅仅只是用在数控铣床、数控磨床、数控加工中心等场所，而在数字显示、数字检测、生产系统的数字控制等方面，也出现了许多数控设备。

近几年我国的数控技术应用在研究和生产方面都取得了令人瞩目的成就，同时培养出了大批技术开发和应用人才。但是数控技术的发展仍有一定的局限性。主要问题是我国的数控技术相对发达国家来说还有一定的差距，为此也作出了许多努力，如强化人力资源管理，大力培养和引入数控机床有关的技术人才，并争取留住有用人才。

步入21世纪的今天，随着行业规模不断壮大，国产高档数控机床明显进步，国产中高档数控系统取得重大突破，这些都充分说明，中国数控机床整体水平全面提升。在数量不断上升的同时，数控机床质量在追赶世界的进程中也在飞速发展。同时，作为数控机床核心技术——国产数控系统，也在这样的变化中取得了重大突破与进步。

1.5.2 数控技术的发展趋势

随着微电子技术、计算机技术、精密制造技术及检测技术的发展，数控机床性能日臻完善，数控系统应用领域日益扩大。各生产部门工艺要求的不断提高又从另一方面促进了数控机床的发展，当今数控机床正不断采用最新技术成果，朝着高速度、高精度、高可靠性、多功能、智能化、复合化等方向发展。

1）高速度、高精度

速度和精度是数控系统的两个重要技术指标，它直接关系到加工效率和产品质量。对于数控系统，高速度首先是要求计算机数控系统在读入加工指令数据后，能高速处理并计算出伺服电动机的位移量，并要求伺服电动机高速地做出反应。此外，要实现生产系统的高速度，还必须实现主轴、进给、刀具交换、托盘交换等各种关键部分的高速度。现代数控机床主轴转速在 12 000 r/min 以上的已较为普及，高速加工中心的主轴转速高达 100 000 r/min；一般机床的快速进给速度都在 50 m/min 以上，有的机床高达 120 m/min。加工的高精度比加工速度更为重要，微米级精度的数控设备正在普及，一些高精度机床的加工精度已达到 0.1 μm。

2）高可靠性

新型的数控系统大量采用大规模或超大规模的集成电路，采用专用芯片及混合式集成电路，使电路的集成度提高，元器件数量减少，功耗降低，提高了可靠性。

现代数控机床都装备了计算机数控装置（CNC装置），只要改变软件控制程序，就可以适应各类机床的不同要求，实现数控系统的模块化、标准化和通用化。数控控制软件的功能更加丰富，具有自诊断及保护功能。为了防止超程，可以在系统内预先设定工作范围（软极限）。数控系统还具有自动返回功能（断点保护功能）。

3）多功能

大多数数控机床都具有 CRT 图形显示功能，可以进行二维图形的加工轨迹动态模拟显示，有的还可以显示三维彩色动态图形；具有丰富的人机对话功能，人机界面"友好"；通过 CRT 与键盘的配合，可以实现程序的输入、编辑、修改、删除等功能。现代数控系统，除了能与编程机、绘图机、打印机等外部设备通信外，还能与其他 CNC 系统、上级计算机系统通信，以实现 FMS 的连接要求。

4）智能化

数控系统应用高技术的重要目标是智能化。如引进自适应控制技术、人机会话自动编程、自动诊断并排除故障等智能化功能。

5）复合化

复合化是近几年数控机床发展的模式，它将多种动力头集中在一台数控机床上，在一次的装夹中完成多种工序的加工。如立卧转换加工中心、车铣万能加工中心及四轴联动（X、Y、Z、C）的车削中心等。

知识拓展

在了解数控技术发展历史的基础上，理解数控机床与现代机械制造系统之间的关系和发展数控机床的必要性，并到实验室了解数控机床的组成。

本章小结

本章主要介绍了数控系统的产生、发展、组成和分类，对数控系统和数控机床进行了全面的介绍。

思考题与习题

1. 什么是数控技术？它由哪些部分组成？
2. 数控机床由哪几个部分组成？各组成部分的功能是什么？
3. 什么是数字控制？数控系统有哪些特点？
4. 什么是点位控制、点位直线控制、轮廓控制？三者有何区别？

第 2 章　数控加工工艺基础

【本章知识点】
1. 数控加工工艺特点。
2. 数控加工工艺设计的内容。
3. 数控机床用刀具。

工艺设计是指对工件进行数控加工的前期工艺准备工作，它必须在程序编制工作前完成。在数控机床上加工零件时，要把被加工零件的全部数控加工工艺过程、工艺参数和轨迹数据，以信息的形式记录在控制介质上，用控制介质上的信息来控制机床，实现零件的全部数控加工过程。数控加工的工艺设计内容主要包括选择并确定零件的数控加工内容、数控加工的工艺性分析、数控加工工艺路线设计、数控加工工序和数控加工专用技术文件的编写等，这些也是编制程序的依据。拟定数控加工工艺是进行数控加工的基础，工艺考虑不周是影响加工质量、生产效率及加工成本的重要因素。

2.1　数控加工工艺特点

数控加工与普通机床加工相比较，所遵循的原则基本相同，但由于数控加工的整个过程是自动进行的，因此又有以下特点。

1）数控加工工艺内容更加具体、详细

指定数控加工工艺的步骤和内容与普通工艺内容大致相同，但数控工艺的一个明显特点是工艺内容十分具体、详细。普通工艺规程视零件的生产批量、复杂程度及零件的重要性等不同而有不同的工艺设计内容，但最多详细到工步。许多具体的工艺问题，可以由操作工人根据实践经验自行考虑和决定。例如，工艺中各工步的划分与安排，刀具的几何角度，走刀路线及切削用量等。而在数控加工时，上述的工艺问题，不仅成为数控工艺设计时必须认真考虑的内容，而且还必须作出准确的选择。数控加工工艺必须详细到每一步走刀和每一个操作细节，即普通工艺留给操作工人完成的工艺与操作内容必须由编程人员预先确定。另外，凡是用数控加工的零件间，不论简单与否、重要与否，都要有完整的加工程序，因而要进行详细的工艺设计。

2）数控加工工序设计更加集中，工艺设计更加严密

数控机床由于具有自动化程度很高，刚度大，精度高，刀库容量大，切削参数范围广，以及多坐标、多工位等特点，在一次装夹中可以完成多道工序和由粗到细的加工过程，甚至可以在工作台上安装几个相同或相似的零件进行加工。虽然自动化程度高，但是自适应能力

较差，它不同于普通机床，加工时可以根据加工过程中出现的问题，适时地进行人为调整，在数控加工的工艺设计中必须注意加工过程中的每一个细节。例如，是否需要清理切屑后再进刀，换刀点选在何处等。同时，在对图形进行数学处理、计算和编程时，都要力求准确无误，以使数控加工过程顺利进行。

3）加工方法的特点

对于一般简单表面的加工方法，数控加工与普通加工没有太大差别。但对于一些复杂表面、特殊表面或有特殊要求的表面，数控加工就与传统的加工有着根本不同的加工方法。例如，对于曲线、曲面加工，传统的加工多采用划线、样板、靠模、预钻、砂轮打磨等钳工方法，不仅费时、费工，而且还不能保证加工质量，甚至产生废品。而利用数控加工则用多坐标联动自动控制加工方法，其加工质量与生产效率是传统方法无法预知比拟的。

4）数控加工质量高、效率高

数控加工使用程序控制实现自动加工，排除人为因素影响，而加工误差可以由数控系统通过软件技术进行补偿校正。因此，采用数控机床加工，可以提高零件加工精度和产品质量。与采用普通机床加工相比，采用数控加工一般可将生产率提高 2～3 倍，在加工复杂零件时生产效率可提高十几倍甚至几十倍。特别是加工中心和柔性制造单元等设备，零件一次装夹后可以完成所有部位的加工，不仅可消除多次装夹引起的定位误差，而且可以减少加工辅助操作，使加工效率进一步提高。

5）数控加工柔性高，易于形成网络控制

在数控机床上加工零件时，只需改变零件程序即可适应不同品种的零件加工，而且几乎不需要制造专用工装夹具，因此加工柔性好，有利于缩短产品的研制与生产周期，适应多品种、中小批量的现代生产需要。并且数控系统是一种专门化的计算机控制系统，可实现与其他数控系统、主计算机、制造系统等连接，形成网络化控制系统。

数控加工自动化程度高，质量稳定，便于工序集中，但设备价格通常昂贵。为了充分发挥数控加工的优势，达到较好的经济效益，在选择加工对象和加工方法时要特别慎重，以免造成经济损失。

2.2 数控加工工艺设计的主要内容

数控机床的加工工艺与通用机床的加工工艺有许多相同之处，但在数控机床上加工零件比在通用机床上加工零件的工艺规程要复杂得多。在数控加工前，要把机床的运动过程、零件的工艺过程、刀具的形状、切削用量和走刀路线等都编入程序。

在进行数控加工工艺设计时，一般应进行以下几个方面的工作：数控加工工艺内容的选择、数控加工工艺性分析、数控加工工艺路线的设计。

2.2.1 数控加工工艺内容的选择

数控加工工艺主要包括以下几个方面。

（1）通过数控加工的适应性分析，选择适合在数控机床上加工的零件，确定工序内容。

(2) 分析被加工零件图样,明确加工内容及技术要求,并结合数控设备的功能,确定零件的加工方案,指定数控加工工艺路线。

(3) 设计数控加工工序。如工步的划分、零件的定位、选择夹具、刀具及切削用量等。

(4) 设计和调整数控加工工序的程序,选择对刀点、换刀点,确定刀具补偿量。

(5) 分配数控加工中的容差。

(6) 处理数控机床上部分工艺指令。

2.2.2 数控加工工艺性分析

数控加工的合理性包括:哪些零件适合于数控加工;适合于在哪一类数控机床上加工,即数控机床的选择。通常合理性考虑的因素有:对零件技术要求能否保证;对提高生产率是否有利;经济上是否合算等。

对于一个零件来说,并非全部加工工艺过程都适合在数控机床上完成,往往只是其中的一部分工艺内容适合数控加工。这就需要对零件图进行仔细分析,选择那些最适合、最需要进行数控加工的内容和工序。应考虑企业设备的实际情况,充分发挥数控机床的优势,注重生产效率和经济效益的综合选择。

1. 适合数控加工的零件

一般可按工艺适应程度将零件分为以下 3 类。

1) 适应类

最适应数控加工的零件有:形状复杂,加工精度要求高,用普通加工设备无法加工或虽然能加工但很难保证加工精度的零件;用数学模型描述的复杂曲线或曲面轮廓零件;具有难测量、难控制进给、难控制尺寸的不开敞内腔的壳体或盒形零件;必须在一次装夹中完成铣、镗、铰等多道工序的零件。

2) 较适应类

较适应数控加工的零件有:在普通机床上加工必须制造复杂的专用工装的零件;在普通机床上加工需要做长时间调整的零件;需要多次更改设计后才能定型的零件;用普通机床加工时,生产率很低或体力劳动强度很大的零件。

3) 不适应类

不适应数控加工的零件一般指:经过数控加工后,在生产率与经济性方面无明显改善,甚至可能弄巧成拙或得不偿失。这类零件大致有以下几种:生产批量大的零件(其中不排除其中个别工序用数控机床加工);装夹困难或完全靠找正定位来保证精度的零件;加工余量很不稳定,且数控机床上无在线监测系统可自动调整零件坐标位置的;必须用特定的工艺装备协调加工的零件。

2. 数控机床的选择

根据机床性能的不同和对零件要求的不同,对数控加工零件进行分类,不同类别零件分配在不同类别的数控机床上加工,以获得较高的生产率和经济效益。

1) 旋转零件的加工

旋转零件用数控车床或数控磨床来加工。

2) 平面与曲面轮廓零件的加工

平面轮廓零件的轮廓多由直线和圆弧组成，一般在两坐标联动的铣床上加工。具有曲面轮廓的零件，多采用三个或三个以上坐标联动的铣床或加工中心加工。

3) 孔系零件的加工

孔系零件孔数较多，孔间位置精度要求较高，宜用点位直线控制的数控钻床或镗床加工。这样不仅可以减轻工人的劳动强度，提高生产率，而且还易于保证精度。

4) 模具型腔的加工

这类零件型腔表面复杂、不规则，表面质量及尺寸要求高且常采用硬、韧的难加工材料，因此可考虑选用粗铣后数控电火花成形加工。

3. 零件工艺性分析

首先要分析零件图样。根据零件的材料、形状、尺寸、精度、毛坯形状和热处理要求等确定加工方案，选择合适的数控机床。

一般来说，要考虑编程方便与否，常常是衡量零件数控加工工艺好坏的一个指标。通常从以下两个方面来考虑。

(1) 零件图上的尺寸标注应便于数值计算，符合编程的可能性与方便性原则，应适应数控加工的特点。即在零件图上，应以同一基准引注尺寸，或直接给出坐标尺寸。这样既方便编程，也便于尺寸之间的相互协调，有利于保证设计基准、工艺基准、检测基准和编程原点设置统一。另外，构成零件轮廓的几何元素的条件要充分。这样，才能在手工编程时计算各节点的坐标，在自动编程时顺利地定义各几何元素。

(2) 零件加工部位的结构工艺性应符合数控加工的特点。零件的内外形状尽量采用统一的几何类型或尺寸。这样不但能够减少换刀次数，还有可能应用零件轮廓加工的专用程序。其次，零件内槽圆角半径不宜过小，因为工件圆角的大小决定着刀具直径的大小，如果刀具直径过小，在加工平面时，进给次数会相应增多，这样不仅影响生产效率，还会影响表面的加工质量。通常 $R > 0.2H$，R 为零件内槽圆角半径，H 为零件轮廓面的加工高度。如图 2-1 所示。

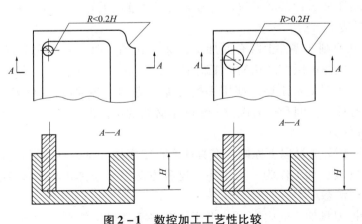

图 2-1 数控加工工艺性比较

另外，铣削零件底平面时，槽底的圆角半径 r 不宜过大，因为 r 越大，铣刀端刃铣削平面的能力越差，效率越低，工艺性也越差，如图 2-2 所示。

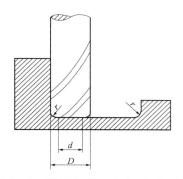

图 2-2 零件底面圆弧对工艺的影响

4. 确定工艺过程

零件工艺过程的确定包括加工表面、工序及其顺序、工位、工步、走刀路径等的确定，其中还涉及机床、刀具、夹具的选择等内容。

1）数控加工工序的划分原则

（1）工序集中原则。一般情况下，数控加工的工序内容要比通用机床加工内容复杂，这是因为数控机床价格昂贵，若只是加工简单工序，在经济上对提高生产效益有限。另外，考虑到数控机床的特点，通常在数控机床上加工的零件应尽可能安排较复杂的工序内容，减少零件的装夹次数。

（2）先粗后精原则。根据零件形状、尺寸精度、零件刚度以及变形等因素，可按粗、精加工分开的原则划分工序，先粗加工，后精加工。考虑到粗加工时零件的变形需要一段时间恢复，最好粗加工后不要紧跟精加工工序。当数控机床的精度能满足零件的设计要求时，可考虑粗精加工一次完成。

（3）基准先行原则。在工序安排时，应首先安排零件粗精加工时要用到的定位基准面的加工。被加工零件的基准面和基准孔等可考虑在普通机床上预先加工，但一定要保证精度要求。当零件重新装夹进行精加工时，应考虑精修基准面或孔，也可采用已加工表面作为新的定位基准面的方法。

（4）先面后孔原则。零件上既有面加工，又有孔加工时，要采用先加工面，后加工孔的工序划分顺序，这样可以提高孔的加工精度。

（5）按所用的刀具划分工序。使用一把刀加工完相应各部位，再换另一把刀加工其他部位。以减少空行程的时间和换刀次数，消除不必要的定位误差。

2）工序划分的方法

数控加工工序划分遵循以上原则，在具体实行工序划分时，可按下列方法进行。

（1）以一次安装、加工作为一道工序。这种方法适合于加工内容不多的零件，加工完成后就能达到待检状态。

（2）以同一把刀具加工的内容划分工序。有些零件虽然能在一次安装加工多个待加工表面，但程序太长，会受到某些限制（主要是内存容量限制），机床连续工作时间限制（一个零件应该在一个工作班内加工完毕），一道工序的内容不能太长。

（3）以加工部位划分工序。对于加工内容较多的零件，可按其结构特点将加工部位分成几部分，如内形、外形、曲面、平面等。一般先加工平面、定位面，后加工孔；先加工简单的几何形状,再加工复杂的几何形状;先加工精度要求较低的部位,再加工精度要求较高的部位。

(4) 以粗、精加工划分工序。对于易发生变形的零件,为减小加工后的变形,一般先进行粗加工,后进行精加工,并将粗、精加工工序分开。

3) 加工顺序的安排

顺序的安排应根据零件的结构和毛坯状况,以及定位、安装与夹紧的需要来考虑,顺序安排一般应按以下原则进行。

(1) 上道工序的加工不能影响下道工序的定位和夹紧,中间穿插有通用机床加工工序的也应综合考虑。

(2) 先进行内腔加工,后进行外形加工。

(3) 以相同定位、夹紧方式加工或用同一把刀具加工的工序,最好连续加工,以减少重复定位次数、换刀次数与挪动压板次数。

4) 数控加工工艺与普通工序的衔接

数控加工工序前后一般都穿插有其他普通加工工序,如衔接不好就容易产生矛盾,因此,在熟悉整个加工工艺内容时,要清楚数控加工工序与普通加工工序各自的技术要求、加工目的、加工特点。如要不要留加工余量,留多少,定位面与孔的精度要求及形位公差;对校形工序的技术要求;对毛坯的热处理状态等。这样才能使各工序达到相互满足加工需要,且质量目标及技术要求明确,交接验收有依据。

2.2.3 数控加工工艺路线的设计

在选择了数控加工内容和确定了加工路线后,即可进行数控加工工序的设计,数控加工工序设计的主要任务是进一步把本工序的加工内容、切削用量、工艺装备、定位夹紧方式及刀具轨迹确定下来,为编制加工程序做好准备。

1. 确定走刀路线

走刀路线是指刀具在整个加工工序中的运动轨迹,它不但包括工步的内容,也反映了工步顺序。走刀路线是编写程序的依据之一,应遵循如下原则。

1) 寻求最短加工路线

图2-3(a) 所示零件上的孔系,如图2-3(b) 所示的走刀路线为先加工完外圈孔后,再加工内圈孔。若改用如图2-3(c) 所示的走刀路线,减少空刀时间,则可节省定位时间近1/2,提高了加工效率。

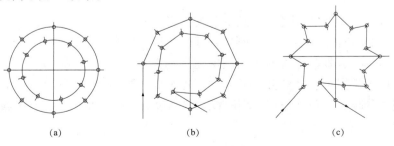

图2-3 最短走刀路线的设计
(a) 零件图样;(b) 路线1;(c) 路线2

2）最终轮廓一次走刀完成

为保证轮廓表面加工后的粗糙度要求，最终轮廓应安排在最后一次走刀中连续加工出来。如图2-4（a）所示，为用行切方式加工内腔的走刀路线，这种走刀能切除内腔中的全部余量，不留死角，不伤轮廓。但行切法在两次走刀的起点和终点间会留下残留高度，达不到要求的表面粗糙度。如采用如图2-4（b）所示的走刀路线，先用行切法，最后沿周向环切一刀，光整轮廓表面，就能获得较好效果。如图2-4（c）所示是一条较好的走刀路线。

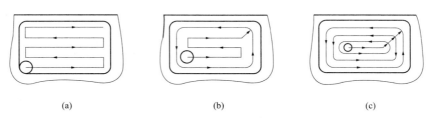

图 2-4　铣削内腔的 3 种走刀路线

(a) 路线1；(b) 路线2；(c) 路线3

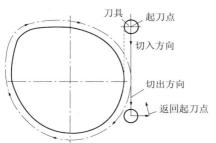

图 2-5　刀具切入和切出时的外延

3）选择切入、切出方向

考虑刀具的进、退刀（切入、切出）路线时，刀具的切出或切入应沿零件轮廓的切线上，以保证工件轮廓光滑；应避免工件轮廓面上垂直上、下刀而划伤工件表面；尽量减少在轮廓加工切削过程中的暂停，此时切削力突然变化，因工件材料的弹性变形易留下刀痕，如图2-5所示。

2. 确定定位和夹紧方案

在确定定位和夹紧方案时应注意以下几个问题。

（1）尽量采用可调式、组合式等标准化、通用化和自动化夹具，必要时才设计、使用专用夹具。

（2）便于迅速装卸零件，以减少数控机床停机时间。

（3）尽可能做到设计基准、工艺基准与编程计算基准的统一，以减少定位误差对尺寸精度的影响。

（4）尽量采用工序集中，减少装夹次数，尽可能在一次装夹后能加工出全部待加工表面。

（5）避免采用占机人工调整时间长的装夹方案。

（6）夹紧力的作用点应落在工件刚度较好的部位，如图2-6所示。

图2-6（a）所示薄壁套筒的轴向刚度比径向刚度好，用卡爪径向夹紧时工件会变形大，若沿轴向施加夹紧力，变形会小很多，在夹紧如图2-6（b）所示薄壁箱体时，夹紧力不应作用在箱体的顶面，而应作用在刚度较好的凸边上，或者改在顶面上三点夹紧，改变着力点位置，以减小夹紧变形，如图2-6（c）所示。

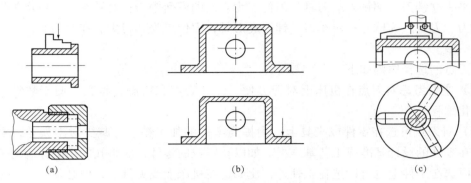

图 2-6 夹紧力作用点与夹紧变形的关系

(a) 薄壁套夹紧改进方法;(b) 薄壁箱体夹紧改进方法 1;(c) 薄壁箱体夹紧改进方法 2

(7) 夹紧力应尽量靠近支承点和切削部位,以防止夹紧力引起工件变形对加工产生不良影响。

数控加工对夹具的主要要求,一是要保证夹具体在机床上安装准确;二是容易协调零件和机床坐标系的尺寸关系。

3. 确定刀具与工件的相对位置

1) 对刀点的选择

对刀点是指通过对刀确定刀具与工件相对位置的基准点,一般在加工中是刀具相对于零件运动的起点,又称起刀点。对刀点选定后,便确定了机床坐标系和零件坐标系之间的相互关系。

在使用对刀点确定加工原点时,就需要进行"对刀"。所谓对刀是指刀位点与对刀点重合的操作。"刀位点"是指刀具的定位基准点,即用来确定刀具位置的参考点。每把刀具的半径都是不同的,刀具装在机床上后,应在数控装置中设置刀具的基本位置。刀位点是指刀具的定位基准点。

刀具在机床上的位置是由刀位点的位置来表示的,不同的刀具,刀位点不同。如图 2-7 所示,各类数控机床的对刀方法是不完全一致的。

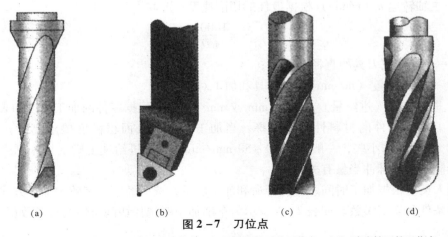

图 2-7 刀位点

(a) 钻头的刀位点;(b) 车刀的刀位点;(c) 圆柱铣刀的刀位点;(d) 球头铣刀的刀位点

对平头立铣刀、端铣刀类刀具，刀位点为它们的底面中心；对钻头，刀位点为钻尖；对球头铣刀，刀位点为球心；对车刀、镗刀类刀具，刀位点为其刀尖。在对刀时，刀位点应与对刀点一致。

对刀点的选择原则如下。

（1）主要考虑对刀点在机床上对刀方便、便于观察和检测，编程时便于数学处理和有利于简化编程。

（2）对刀点可选在零件或夹具上。为提高零件的加工精度，减少对刀误差，对刀点应尽量选在零件的设计基准或工艺基准上。如以孔定位的零件，应将孔的中心作为对刀点。对刀点可以选在工件上也可以选在工件外，比如选在机床上或夹具上，但必须与零件定位基准有一定的尺寸关系，这样才能确定机床坐标系与工件坐标系的关系。

（3）对刀点应选择在容易找正、便于确定零件加工原点的位置。对刀点往往就选择在零件的加工原点。

（4）对刀点应选在有利于提高加工精度的地方。

2）换刀点的选择原则

对数控车床、镗床、加工中心等多刀加工数控机床，在加工过程中需要换刀，故编程时应考虑不同工序之间的换刀位置，所谓换刀点是指刀架转位换刀时的位置。该点可以是某一固定点，也可以是任意一点，如加工中心的换刀点是固定的，而数控车床的换刀点则是任意的。为避免换刀时刀具与工件及夹具发生干涉，换刀时碰伤零件、刀具或夹具，换刀点应设在工件的外部，并留有一定的安全量。其设定值用实际测量或计算的方法确定。

4. 确定切削用量

切削用量包括主轴转速（切削速度）、背吃刀量（过去称切削深度）、进给速度（进给量）。对于不同的加工方法，需要选择不同的切削用量，并编入程序中。具体数值应根据机床说明书中的要求和刀具寿命，结合实际经验采用类比的方法来确定。

（1）背吃刀量（mm）在机床、夹具、刀具和零件等的刚度允许的情况下，尽可能选较大的背吃刀量，以减少走刀次数，提高生产效率。对于表面粗糙度和精度要求较高的零件，要留有足够的精加工余量。一般取 0.2~0.5 mm。

（2）主轴转速 n（r/min） 根据最佳的切削速度 v 选取为

$$n = \frac{1000v}{\pi D} \qquad (2-1)$$

式中　D——零件或刀具的直径（mm）；

　　　v——切削速度（m/min），由刀具和加工对象决定。

（3）进给速度（进给量）f（mm/min 或 mm/r） 主要根据零件的加工精度和表面粗糙度要求以及刀具和工件的材料性质来选择。当加工精度和表面粗糙度要求高时，进给速度（进给量）数值应选小些，一般选取 20~50 mm/min。最大进给速度则受机床刚度和进给系统性能限制，并与脉冲当量有关。

编程人员应根据加工时间、刀具寿命和加工质量，选择经济、有效的加工方式，合理地确定切削条件和切削参数。如表 2-1 所示为车削加工时选择切削条件的参考数据。

表 2-1 车削加工切削速度

被切削材料名称		轻切削 切深 0.5~1 mm 进给量 0.05~0.3 mm/r	一般切削 切深 1~4 mm 进给量 0.2~0.5 mm/r	重切削 切深 5~12 mm 进给量 0.4~0.8 mm/r
优质碳素 结构钢	10 号	100~250	150~250	80~220
	45 号	60~230	70~220	80~180
合金钢	$\sigma_b \leqslant 750$ MPa	100~220	100~230	70~220
	$\sigma_b > 750$ MPa	70~220	80~220	80~200

2.2.4 零件的工艺规程

零件的工艺规程是指机械加工的方法按规定的顺序把毛坯（或半成品）变成零件的全过程。对于数控加工的零件工艺规程的编制，就是综合不同的工序内容，最终确定出每道工序的加工路线和切削参数等。一个零件的工艺过程是各种各样的，应根据实际情况和具体条件对零件加工中可能会出现的各种不同的方案进行分析，力求制定出一个完善、经济、合理的工艺过程，而且用一个文件予以规定。这个用工艺文件形式规定下来的工艺过程就叫做工艺规程。

工艺规程的作用可归纳为：工艺规程是组织生产的指导性文件，生产的计划和调度、数控加工程序的编制、质量的检查等都是以工艺规程为依据的。

工艺规程是生产准备工作的依据，在产品投入生产以前，要做好大量的技术准备工作和生产准备工作。例如，刀具、夹具、量具的设计、制造或采购；毛坯件的制造或采购；以及必要设备的改装或添置等。所有这些工作都是以工艺规程作为依据来安排和组织的。零件的工艺过程要能可靠地保证图样上所有技术要求的实现，这是指定工艺规程的基本原则。在制定零件工艺规程的时候，必须先仔细研究零件图样和有关的装配图，弄清图样规定的各项公差和技术要求，并对零件图的机械加工和数控加工的工艺性进行认真分析。哪些工序在普通机床上加工，哪些工序在数控机床上加工，工序之间如何衔接。

工艺规程的制定要依据零件的毛坯形状和材料的性质等因素来决定。这些因素和零件的尺寸精度是选择加工余量的决定因素，编程人员要进行综合考虑。

2.2.5 填写数控加工技术文件

填写数控加工技术文件是数控加工工艺设计的内容之一。这些技术文件既是数控加工的依据、产品验收的依据，也是操作者遵守、执行的规程。

数控加工技术文件主要有：数控编程任务书、零件安装和原点设定卡片、数控加工工序卡片、数控加工走刀路线图、数控刀具卡片等。

1. 数控编程任务书

数控编程任务书阐明了工艺人员对数控加工工序的技术要求和工序说明，以及数控加工前应保证的加工余量。它是编程人员和工艺人员协调工作和编制数控程序的重要依据之一。如图 2-8 所示。

工艺处	数控编程任务书	产品零件图号	×××	任务书编号	
		零件名称	×××	×××	
		使用数控设备		共 页 第 页	
主要工序说明及技术要求：					
		编程收到日期	月 日	经手人	
编制	审核	编程	审核	批准	

图 2-8 数控编程任务书

2. 数控加工工件安装和原点设定卡

数控加工工件安装和原点设定卡应表示出数控加工原点定位方法和加紧方法，并应注明加工原点设置位置和坐标方向，使用的夹具名称和编号。如图 2-9 所示。

零件图号	J30102-4	数控加工工件安装和原点设定卡片		工序号	
零件名称	行星架			装夹次数	
			3	梯形槽螺栓	
			2	压板	
			1	镗铣夹具板	GS53-61
编制（日期）	审核（日期）	批准（日期）	共 页		
			共 页	序号	夹具名称	夹具图号

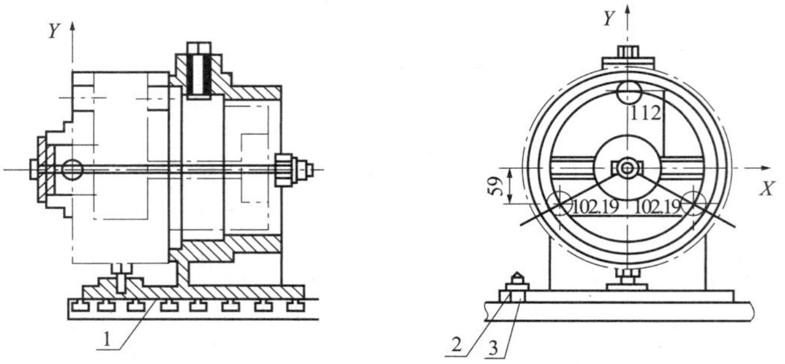

图 2-9 数控加工工件安装和原点设定卡

3. 数控加工工序卡片

数控加工工序卡片与普通加工工序卡片有许多相似之处，所不同的是：工序简图中应注明编程原点与对刀点，要进行简要编程说明（所用机床型号、程序编号、刀具半径补偿、镜像对称加工方式等）及切削参数（即编程时主轴转速、进给速度、最大背吃刀量或宽度等）的选择。如图 2-10 所示。

单位	数控加工工序卡片	产品名称或代号		零件名称	零件图号
工序简图		车　　间		使用设备	
		工艺序号		程序编号	
		夹具名称		夹具编号	
工步号	工步作业内容	加工面	刀具号	刀补量	主轴转速	进给速度	背吃刀量	备注
编制		审核		批准		年　月　日	共　页	第　页

图 2-10　数控加工工序卡片

4. 数控加工走刀路线图

在数控加工中，常常要注意并防止刀具在运动过程中与夹具或工件发生意外碰撞，为此必须设法告诉操作者关于编程中的刀具运动路线（如从哪里下刀，在哪里抬刀，哪里是斜下刀等）。为简化走刀路线图，已采用统一约定好的符号来表示。不同的机床采用不同的图例与格式。如图 2-11 所示。

数控加工走刀路线图		零件图号	NC01	工序号		工步号		程序号	O100
机床型号	XK5032	程序段号	N10~N170	加工内容		铣轮廓周边		共 1 页	第　页
								编程	
								校对	
								审批	
符号	⊙	⊗	⊕	→	↓	↷	⌒	∽	▭→
含义	抬刀	下刀	编程原点	起刀点	走刀方向	走刀线相交	爬斜坡	铰孔	行切

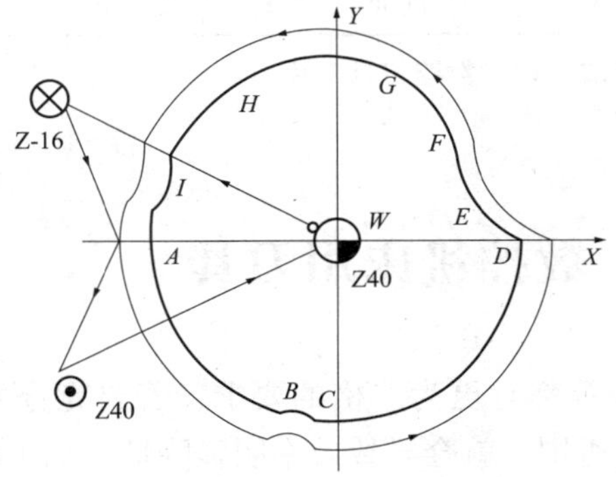

图 2-11　数控加工走刀路线图

5. 数控刀具卡片

数控加工时，对刀具的要求十分严格，要在机外对刀仪上预先调整好刀具直径和长度。刀具卡片反映刀具编号、刀具结构、尾柄规格、组合件名称代号、刀片型号和材料等。刀具卡片是组装刀具和调整刀具的依据。如图 2-12 所示。

零件图号	J30102-4	数控刀具卡片			使用设备	
刀具名称	镗刀				TC-30	
刀具编号	T13006	换刀方式	自动	程序编号		
刀具组成	序号	编　　号	刀具名称	规格	数量	备注
	1	T013960	拉钉		1	
	2	390、140-50 50 027	刀柄		1	
	3	391、01-50 50 100	接杆	$\phi 50 \times 100$ mm	1	
	4	391、68-03650 085	镗刀杆		1	
	5	R416.3-122053 25	镗刀组件	$\phi 41 \sim \phi 53$	1	
	6	TCMM110208-52	刀片		1	
	7				2	GC435

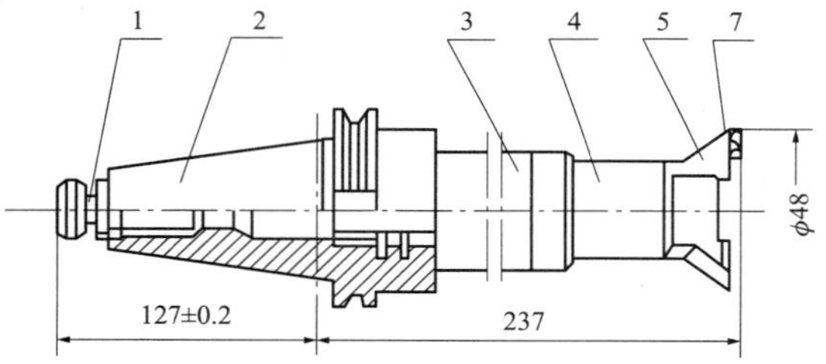

[图示：刀具结构图，标注 1、2、3、4、5、7，尺寸 127±0.2，237，φ48]

备注						
编制		审校		批准		共　页　　第　页

图 2-12 数控刀具卡片

2.3 数控机床用刀具

数控机床对刀具材料、类型选择等都有更为严格的要求，若要充分发挥数控机床的效能，必须有先进的刀具与之相适应。否则，就会导致效率明显降低，加工成本明显增加，失去数控机床加工的意义。

2.3.1 数控加工对刀具的要求

要实现高速度、高精度与高效率的数控加工，除数控机床要具有高速（主轴转速和进给速度)、高精能力和高自动化程度外,刀具的性能及如何根据加工对象选用合适的刀具有着极为重要的影响。如果一台数控车床采用普通车床的手磨刀具加垫片,由于频繁磨刀和换刀,将导致效率明显降低,加工成本明显增加,这就失去了采用数控机床的意义。因此,对数控加工的刀具有着更严格的要求。

1. 足够的强度与刚度

刀具只有具备足够的强度与刚度,才能满足粗、精加工的要求。现代数控机床具有高速、大动力、高刚度的性能,这就要求刀具具备高速切削与强力切削的性能。另一方面,高刚度的刀具有利于加工质量的提高,这对于无法使用向导支承套的孔加工极其重要。

2. 高的刀具耐用度

刀具耐用度的提高会减少换刀与对刀的次数,从而减少停机损失。对大余量、难加工材料以及精度要求高的加工,更应注意高硬度、高耐磨性的刀具材料的应用。通常,刀具的耐用度应尽可能保证加工一个零件或一个大型、复杂零件的表面,能够使用一个工作班,至少不低于半个工作班。

3. 高的可靠性

数控加工要求每一把刀都有高的可靠性,若其中某一把刀发生故障(如过快磨损、断裂、崩刃等),就会使整台机床中断加工。

4. 较高的精度

机夹不重磨刃转位刀具的刀片精度一般选用 M 级,则转位与压紧结构应保证刀片转位时刀尖的位置精度;车刀刀杆安装基面至刀片刀尖的高度有较高要求,以保证不用调整垫片即可满足刀尖(通过工件回转中心)的要求;钻头两主切削刃重磨时应检查对称性;加工中心的精密镗孔应采用微调镗刀。

5. 可靠的断屑

数控机床与传统自动化机床一样,断屑与排屑往往是困扰加工的一个难题。因此,应合理选用切削用量与断屑槽的形状与尺寸,有时还得通过实验确定。

6. 应能够快速更换刀具

数控加工对刀刃(刀片)材料的硬度与耐磨性、强度与韧度、耐热性等方面有较高要求,应根据工件材料的切削性能、粗精加工要求及冲击振动与热处理等工况合理选用。

2.3.2 对刀具材料的基本要求

刀具切削部分的材料选择严格,如若选择不慎则会导致刀具严重磨损,甚至损坏,加工质量下降,效率降低,加工成本明显增加。

1. 刀具材料及其选用

刀具材料主要指刀具切削部分的材料。刀具切削性能的优劣,直接影响生产效率、加工质量和生产成本。而刀具的切削性能,首先取决于切削部分的材料,其次是几何形状及刀具结构的选择和设计是否合理。在切削过程中,刀具切削部分不仅要承受很大的切削力,而且要承受切屑变形和摩擦产生的高温,要保持刀具的切削能力,刀具应具备如下的切削性能。

1) 高的硬度和耐磨性

刀具材料的硬度必须高于工件材料的硬度。常温下一般应在 HRC60 以上。一般来说,刀具材料的硬度越高，耐磨性也越好。

2）足够的强度和韧度

刀具切削部分要承受很大的切削力和冲击力。因此，刀具材料必须要有足够的强度和韧度。

3）良好的耐热性和导热性

刀具材料的耐热性是指在高温下保持其硬度和强度的衡量指标，耐热性越好，刀具材料在高温时抗塑性变形的能力、抗磨损的能力就越强。刀具材料的导热性越好，切削时产生的热量越容易传导出去，从而降低切削部分的温度，减轻刀具磨损。

4）良好的工艺性

为便于制造，要求刀具材料具有良好的可加工性，包括热加工性能（如可焊性、淬透性等）和机械加工性能。

5）良好的经济性

2. 常用刀具材料

刀具材料的种类很多，常用的有工具钢，包括碳素工具钢、合金工具钢、高速钢、硬质合金、陶瓷、金刚石和立方氮化硼等。碳素工具钢和合金工具钢，因耐热性很差，只宜作为手工刀具。陶瓷、金刚石和立方氮化硼，由于质脆、工艺性差及价格昂贵等原因，仅在较小范围内使用。目前最常用的刀具材料是高速钢和硬质合金。

1）高速钢

高速钢是在合金工具钢中加入较多的钨、钼、铬、钒等合金元素的高性能高速钢。

（1）普通高速钢。普通高速钢具有一定的硬度（62～67HRC）和耐磨性、较高的强度和韧性，切削钢料时切削速度一般不高于 60 m/min，不适合高速切削和硬材料的切削。常用牌号有 9W18Cr4V、W6Mo5Cr4V2 等。

（2）高性能高速钢。高性能高速钢是指在普通高速钢中增加碳、钒的含量或加入一些其他合金元素而得到耐热性、耐磨性更高的新钢种。但这类钢的综合性能不如普通高速钢。常用牌号有 9W18Cr4V、9W6Mo5Cr4V2、W6Mo5Cr4V3 等。

2）硬质合金

硬质合金是由硬度和熔点都很高的碳化物，用钴、钼、镍作为黏结剂烧结而成的粉末冶金制品。其常温硬度可达 78～82HRC，能耐 850 ℃～1000 ℃ 的高温，切削速度可比高速钢提高 4～10 倍。但其冲击韧度与抗弯强度远比高速钢差，因此很少做成整体式刀具。实际使用中，常将硬质合金刀片焊接或用机械夹固的方式固定在刀体上。

我国目前生产的硬质合金主要分为以下三类。

（1）K 类（YG）：即钨钴类，由碳化钨和钴组成。这类硬质合金韧度较好，但硬度和耐磨性较差，适用于加工铸铁、青铜等脆性材料。常用的牌号有 YG8、YG6、YG3 等，它们制造的刀具依次适用于粗加工、半精加工和精加工。数字表示钴的质量百分数，YG6 即 Co 的质量百分数为 6%，含钴越多，则韧度越好。

（2）P 类（YT）：即钨钴钛类，由碳化钨、碳化钛和钴组成。这类硬质合金耐热性和耐磨性较好，但抗冲击韧度较差，适用于加工钢料等韧性材料。常用的牌号有 YT5、YT15、YT30 等，其中的数字表示碳化钛的质量百分数，碳化钛的含量越高，则耐磨性越好，韧度就越低。这三种牌号的硬质合金制造的刀具分别使用于粗加工、半精加工和精加工。

(3) M 类（YW）：即钨钴钛钽铌类，由在钨钴钛类硬质合金中加入少量的稀有金属碳化物（TaC 或 NbC）组成。它具有前两类硬质合金的优点，用其制造的刀具既能加工脆性材料，又能加工韧性材料，同时还能加工高温合金、耐热合金及合金铸铁等难加工材料。常用牌号有 YW1、YW2 等。

3）其他刀具材料简介

(1) 涂层硬质合金。这种材料是在韧度、强度较好的硬质合金基体上或高速钢基体上，采用化学气相沉积（CVD）法或物理气相沉积（PVD）法涂覆一层极薄硬质和耐磨性极高的难熔金属化合物而得到的刀具材料。通过这种方法，使刀具既具有基体材料的强度和韧度，又具有很高的耐磨性。常用的涂层材料有 TiC、TiN、Al_2O_3 等。TiC 的韧度和耐磨性好；TiN 的抗氧化、抗黏结性好；Al_2O_3 的耐热性好。使用时可根据不同的需要选择涂层材料。

(2) 陶瓷。陶瓷主要成分是 Al_2O_3，刀片硬度可达 78HRC 以上，能耐 1200～1450 ℃的高温，故能承受较高的切削速度。但它的抗弯强度低，冲击韧度差，易崩刃。陶瓷刀片主要用于钢、铸铁、高硬度材料及高精度零件的精加工。

(3) 金刚石。金刚石分人造和天然两种，作为切削刀具的材料，大多数是人造金刚石，其硬度极高，可达 10000 HV（硬质合金仅为 1300～1800 HV）。其耐磨性是硬质合金的 80～120 倍。但韧度差，对铁族材料亲和力大。因此，一般不宜加工黑色金属，主要用于硬质合金、玻璃纤维塑料、硬橡胶、石墨、陶瓷、有色金属等材料的高速精加工。金刚石刀具用于加工非铁金属，多用于铣、车、钻、铰削的精加工和超精加工。

(4) 氮化硼。这是人工合成的超硬刀具材料，其硬度可达 7300～9000 HV，仅次于金刚石的硬度。但热稳定性好，可耐 1300～1500 ℃高温，与铁族材料亲和力小。但强度低，可焊性差。目前主要用于加工淬火钢、冷硬铸铁、高温合金和一些难加工的材料。氮化硼刀具用于加工淬火钢，可进行铣削、车削的精加工。

刀具材料的选用应对使用性能、工艺性能、价格等因素进行综合考虑，做到合理选用。例如，车削加工 45 号钢自由锻齿轮毛坯时，由于工件表面不规则且有氧化皮，切削时冲击力大，选用韧性好的 K 类（钨钴类）就比选用 P 类（钨钴钛类）有利。又如车削较短钢料螺纹时，按理要用 YT 类，但由于车刀在工件切入处要受冲击，容易崩刃，所以一般采用 YG 类比较有利。

2.3.3 数控加工刀具的类型和应用

数控加工刀具要根据不同的应用选择不同的类型。

1. 数控机床刀具的类型

1) 广泛采用机夹可转位刀具

机夹可转位数控刀具常见的品种、规格有 2000 种以上，可转位刀具的品种规格很多，可根据各生产厂的产品系列说明选用。机夹可转位刀具有如下特点。

(1) 刀片各切削刃可转位轮流使用，减少换刀时间。

(2) 刀刃不需重磨，有利于采用涂层刀片。

(3) 断屑槽由压制而成，尺寸稳定，节省硬质合金。

(4) 刀杆、刀槽的制造精度要求高。

因此，机夹可转位刀具不仅广泛应用于车刀，而且被推广到其他各类型的刀具。转位刀片及刀体尺寸已系列化，我国已生产了车、铣、镗、钻、铰等各类多种规格的转位刀具，供用户选用。如图2-13所示为可转位刀具，如图2-13（a）所示为可转位车刀示例；如图2-13（b）所示为可转位盘铣刀示例；如图2-13（c）所示为可转位扩孔刀示例。

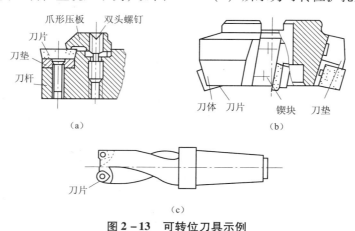

图 2-13　可转位刀具示例

（a）可转位车刀；（b）可转位盘铣刀；（c）可转位扩孔刀

2）采用非回转型刀具的数控加工

采用非回转型刀具的数控加工（主要是车削加工，其刀具类似于普通车刀），多采用机械夹固的不刃磨刀片，但对刀柄安装基准面的精度提出了更高的要求。

3）工具系统的应用

由于在数控机床上要加工多种工件，并完成工件上多道工序的加工，因此需要使用的刀具品种、规格和数量就较多。为使刀具的装夹部分能以最少的品种与规格、较低的成本满足数控机床（特别是加工中心）多种加工的要求，必须使刀具组件实现系列化、标准化、通用化及模块化，从而建立工具系统。目前的数控工具形成了两大系统：车削类工具系统和镗铣类工具系统。

（1）车削类工具系统。数控车削加工用工具系统的构成和结构，与机床刀架的形式、刀具类型及刀具是否需要动力驱动等因素有关。数控车床常采用立式或卧式转塔刀架作为刀库，刀库容量一般为4~8把刀具，常按加工工艺顺序布置，由程序控制实现自动换刀。其特点是结构简单，换刀快速，每次换刀仅需1~2 s。目前广泛采用的德国DIN69880工具系统具有重复定位精度高、夹持刚度好、互换性强等特点。

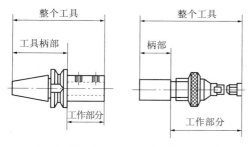

图 2-14　TMG整体式工具系统组成

（2）镗、铣类工具系统。

①整体式工具系统。如图2-14所示为镗铣类整体式工具系统，即TMG整体式工具系统组成。它是把工具柄部和装夹刀具的工作部分做成一体。要求不同工作部分都具有同样结构的刀柄，以便于机床的主轴相连，所以具有可靠性强、使用方便、结构简单、调换迅速及刀柄种类较多的特点。

②模块式工具系统。镗铣类模块式工具系统

即 TMG 工具系统，是把整体式刀具分解成柄部（主柄模块）、中间连接块（中间连接模块）、工作头部（工作模块）三个主要部分，然后通过各种连接结构，在保证刀杆连接精度、强度、刚度的前提下，将这三部分连接成整体，如图 2-15 所示。

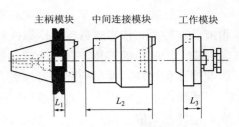

图 2-15 模块式工具系统组成

这种工具系统可以用不同规格的中间连接块，组成各种用途的模块工具系统，既灵活、方便，又大大减少了工具的储备。例如，国内生产的 TMG10、TMG21 模块工具系统，发展迅速，应用广泛，是加工中心使用的基本工具。

我国已开发 TMG 系统，包括 TMG10（短圆锥定位）、TMG14（长圆锥定位）及 TMG21（圆柱定位）等模块式工具系统。如图 2-16 所示为 TMG10 工具系统（部分）。它分主柄、中间、工作三大模块，与 TSG-JT 系统相比，其主柄显著减少。

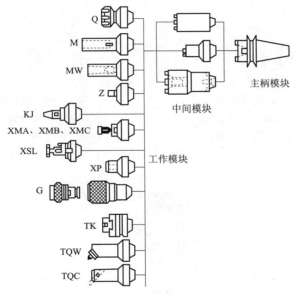

图 2-16 TMG10 工具系统（部分）

2. 数控机床刀具的应用

1）数控车床刀具

数控车床刀具种类繁多，功能互不相同。根据不同的加工条件正确选择刀具是编制程序的重要环节，因此必须对车刀的种类及特点有一个基本的了解。数控车床刀具的分类方法通常按以下方式进行。

（1）按用途分类。数控车刀从使用特征来看可分为外表面车刀和内表面车刀，它们与普通车刀类似。

（2）按车刀的结构分类。刀具从结构上可分为整体式车刀、焊接装配式车刀和机械紧固刀片的车刀。机夹式车刀根据刀体结构的不同，又可分为不转位刀片车刀和可转位刀片车刀。目前数控机床用刀具的主流是可转位刀片的机夹刀具。常见的可转位刀片机夹刀具的紧固方式有以下几种。

①杠杆式：杠杆式车刀的结构如图 2-17 所示，由杠杆、螺钉、刀垫、刀垫销、刀片等组成。这种方式依靠螺钉旋紧压靠杠杆，由杠杆的力压紧刀片达到紧固的目的。其特点适合各种正、负前角的刀片，有效的前角范围为 $-6°\sim +18°$；切屑可无阻碍地流过，切削热不影响螺孔和杠杆；两面槽壁给刀片有力的支撑，并确保转位精度。

②楔块式：楔块式车刀的结构如图 2-18 所示，由紧定螺钉、刀垫、销、楔块、刀片组成。这种方式依靠销与楔块的挤压力将刀片紧固。

③楔块夹紧式：楔块夹紧式的结构如图 2-19 所示，由紧定螺钉、刀垫、销、压紧楔块、刀片组成。这种方式依靠销与楔块的压力将刀片夹紧。

此外还有螺栓上压式、压孔式、上压式车刀等形式。

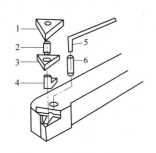

图 2-17 杠杆式车刀

1—刀片；2—刀垫销；3—刀垫；
4—杠杆；5—扳手；6—螺钉

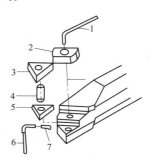

图 2-18 楔块式车刀

1、6—扳手；2—楔块；3—刀片；
4—销；5—刀垫；7—紧定螺钉

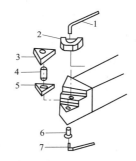

图 2-19 楔块夹紧式车刀

1、7—扳手；2—压紧楔块；3—刀片；4—销；5—刀垫；6—紧定螺钉

在车削加工中，由于目前所使用的机夹不重磨刀片，刀片种类和所用材料品种很多，国际标准（ISO）都对机夹可转位刀具的型号、刀片形状代码、刀垫等作出了规定。

2）数控铣床、加工中心用刀具

数控铣床、加工中心类机床所用的刀具由与机床主轴孔相适应的工具柄部、与工具柄部相连接的工具装夹部分和各种刀具部分组成。

（1）工具柄部。在数控铣床、加工中心类机床上一般都采用锥度 7:24 锥面。这是因为这种锥柄不自锁，换刀比较方便，并且与直柄相比有较高的定心精度和较高的刚性。对于有自动换刀装置的加工中心类机床，在加工工件时主轴上的工具要频繁地更换，为了达到较高的换刀精度，工具柄部必须有较高的制造精度。ISOT388/1 和 GB10944—1989 对工具柄部与机械手夹持部分作了统一的规定。如图 2-20 所示为一标准自动换刀机床用的圆锥工具柄部。

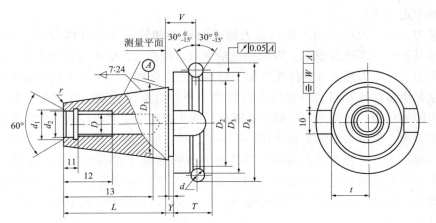

图 2-20　标准自动换刀机床用的圆锥工具柄部

（2）数控铣床、加工中心上常用刀具。刀具按工艺用途可分为铣削类、镗削类、钻削类等。按刀具刃部形状可分为平底立铣刀、端铣刀、球头刀、环形刀、鼓形刀和锥形刀等。

应用于数控铣削加工的刀具主要有平底立铣刀、端铣刀、球头刀、环形刀、鼓形刀和锥形刀，分别如图 2-21（a）～图 2-21（f）所示。

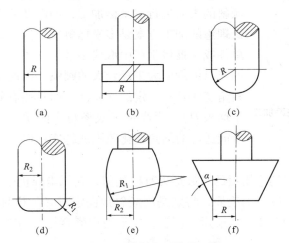

图 2-21　铣削加工常用刀具

①平底立铣刀。平底立铣刀制造方便，主要以周边切削刃进行切削，切削性能好，是铣削加工的主要刀具。除用于平面铣削（如凸台、凹槽以及平底型腔等）和二维零件的周边轮廓铣削外，同时也是立体轮廓相加工和多坐标相加工的主要刀具，而且也可应用于立体轮廓的三坐标精加工。

在多坐标加工情况下，平底立铣刀的应用有侧铣和端铣两种方式。侧铣方式主要应用于以直线为母线进行旋转、平移或其合成所形成的一类型面（称为直纹面）的加工，是多坐标加工的重要应用场合，可由立铣刀周边切削刃一次成形，加工效率高，并可有效保证型面质量。端铣方式主要应用于不适合侧铣加工的其他情况，它采用一行一行的行切方式加工。

从工艺范围看，它是多坐标加工的主要方式。它在保证刀具不与型面干涉的前提下，尽可能使平底立铣刀底部贴近被加工表面进行加工，切削条件好，并可有效抑制切削行间的残余高度，从而减少走刀次数。

②端铣刀。端铣刀主要用于面积较大的平面铣削和较平坦的立体轮廓（如大型叶片、螺旋桨、模具等）的多坐标铣削，以减小进给次数，提高加工效率与表面质量。

③球头刀。球头刀是三维立体轮廓加工特别是三坐标加工的主要刀具。球头刀加工的刀具中心轨迹是由零件轮廓沿其外法线方向偏置一个刀具半径而成，即使在三坐标加工情况下，除了内凹的暗角，球头刀均可加工。因此，球头刀对加工对象的适应能力很强，且编程与使用也较方便，但球头刀加工也存在一些不足之处。除其制造较困难外，球头切削刃上各点的切削情况不一，越接近球头刀的底部其切削条件越差（切削速度低、容屑空间小等）。因此，在需要刀具底部切削（如型面平坦部位的加工等）的情况下，加工效率难以提高且刀具容易磨损。另外，球头刀加工时的进给行距一般也比相同直径的其他刀具加工时小，因此效率较低。

④环形刀。环形刀是在周边切削刃与底面切削刃之间以一段小圆弧过渡，主要用于凹槽、平底型腔等平面铣削和立体轮廓的加工，其工艺特点与平底立铣刀类似，切削性能较好。而且，与平底立铣刀相比，由于环形刀的切削部位是圆环面，切削刃强度较好且不易磨损。

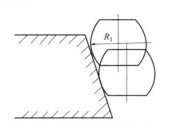

图 2-22 三坐标鼓形铣刀加工

⑤鼓形刀。鼓形刀多用来对飞机结构件等零件中与安装面倾斜的表面进行三坐标加工，如图 2-22 所示。由于这种表面最理想的加工方案是多坐标侧铣，因此，采用鼓形刀加工是在单件或小批量生产中取代多坐标加工的一种变通方案。鼓形刀的刃口纵剖面为半径较大的圆弧，因而不仅对表面上各处的倾斜角变化具有一定的适应性，而且能有效减少进给次数（相对于球头刀），提高加工效率与表面质量。圆弧半径越小，刀具所能适应的斜角变化范围就越广，但是行切得到的工件表面质量就越差或效率越低。

⑥锥形刀。锥形刀的应用目的与鼓形刀有些相似，在二坐标机床上，它可代替多坐标侧铣加工零件上与安装面倾斜的表面，特别是当倾斜角固定时（如模具起模面）可一次成形，并可加工内缘表面，如图 2-23 所示。而且，锥形刀刃磨容易，切削条件好，可获得高的加工效率与表面质量。

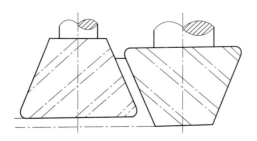

图 2-23 三坐标锥形铣刀加工

3）孔加工刀具

（1）钻孔刀具。钻孔刀具较多，有普通麻花钻、可转位浅孔钻及扁钻等。应根据工件材料、加工尺寸及加工质量要求等合理选用。

①麻花钻。在加工中心上钻孔，大多采用普通麻花钻。麻花钻有高速钢和硬质合金两种。麻花钻的切削部分有两个主切削刃、两个副切削刃和一个横刃。两个螺旋槽是切屑流经的表面，为前刀面；与工件过度表面（即孔底）相对的端部两曲面为主后刀面；与工件已加工表面（即孔壁）相对的两条刃带为副后刀面。前刀面与主后刀面的交线为主切削刃，前刀面与副后刀面的交线为副切削刃，两个主后刀面的交线为横刃。横刃与主切削刃在端面上投影之间的夹角成为横刃斜角，横刃斜角 $\psi = 50 \sim 55°$；主切削刃上各点的前角、后角是变化的，外缘处前角约为 $30°$，钻心处前角接近 $0°$，甚至是负值；两条主切削刃在与其平行的平面内的投影之间的夹角为顶角，标准麻花钻的顶角 $2\psi = 118°$，根据柄部不同，麻花钻有莫氏锥柄和圆柱柄两种，根据长度不同有标准型和加长型两种类型。

在加工中心上钻孔，因无夹具钻模导向，受两切削刃上切削力不对称的影响，容易引起钻孔偏斜，故要求钻头的两切削刃必须有较高的刃磨精度。

②扩孔刀具。标准扩孔钻一般有 $3 \sim 4$ 条主切削刃，切削部分的材料为高速钢或硬质合金，结构形式有直柄式、锥柄式和套式等。当扩孔直径较小时，可选用直柄式扩孔钻；扩孔直径中等时，可选用锥柄式扩孔钻；扩孔直径较大时，可选用套式扩孔钻。

扩孔钻的加工余量较小，主切削刃较短，因而容屑槽浅、刀体的强度和刚度较好。它无麻花钻的横刃，加之刀齿多，所以导向性好，切削平稳，加工质量和生产率都比麻花钻高。

扩孔直径在 $20 \sim 60 \text{ mm}$ 之间，且机床刚度好、功率大时，可选用如图 2-24 所示的可转位扩孔钻。这种扩孔钻的两个可转位刀片的外刃位于同一个外圆直径上，并且刀片径向可作微量（$\pm 0.1 \text{ mm}$）调整，以控制扩孔直径。

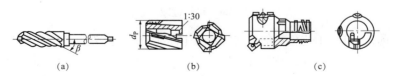

图 2-24 可转位扩孔钻

(a) 高速钢整体式；(b) 镶齿套式；(c) 硬质合金可转位式

③镗孔刀具。镗孔所用刀具为镗刀。镗刀种类很多，按切削刃数量可分为单刃镗刀和双刃镗刀两种。

单刃镗刀刚度差，切削时易引起振动，所以镗刀的主偏角 K_r 选得较大，以减小径向力。镗铸铁孔或精镗时，一般取 $K_r = 90°$；粗镗钢件孔时，取 $K_r = 60° \sim 75°$，以提高刀具的耐用度。

镗孔径的大小要靠调整刀具的悬伸长度来保证，调整麻烦，效率低，只能用于单件小批量生产。单刃镗刀结构简单，适应性较广，粗、精加工都适用。

在孔的精镗中，目前较多地选用精镗微调镗刀。这种横刀的径向尺寸可以在一定范围内进行微调，调节方便，且精度高，其结构如图 2-25 所示。调整尺寸时，先松开拉紧螺钉 4，然后转动带刻度盘的调整螺母 5，等调至所需尺寸时，再拧紧螺钉 4，使用时应保证锥面靠近大端接触（即镗杆 $90°$ 锥孔的角度公差为负值），且与直孔部分同心。键与键槽配合间隙不能太大，否则微调时就不能达到较高的精度。

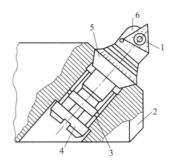

图 2-25　微调镗刀

1—刀片；2—镗刀杆；3—导向块；4—螺钉；5—螺母；6—刀块

镗削大直径的孔可选用如图 2-26 所示的双刃镗刀。这种镗刀头部可以在较大范围内进行调整，最大镗孔直径可达 1000 mm。双刃镗刀的两端有一对对称的切削刃同时参加切削，与单刃镗刀相比，每转进给量可提高一倍左右，生产效率高。同时，可以消除切削力对镗杆的影响。

图 2-26　可转位双刃镗刀

④铰孔刀具。加工中心上使用的铰刀多是通用标准铰刀。此外，还有机夹硬质合金刀片单刃铰刀和浮动铰刀等。加工精度为 IT7~IT10 级、表面粗糙度 Ra 为 0.8~1.6 μm 的孔时，多选用通用标准铰刀。通用标准铰刀如图 2-27 所示，有直柄、锥柄和套式三种。锥柄铰刀直径为 10~32 mm，直柄铰刀直径为 6~20 mm，小孔直柄铰刀直径为 1~6 mm，套式铰刀直径为 25~80 mm。

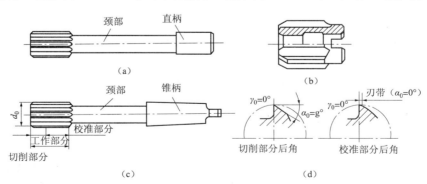

图 2-27　通用标准铰刀

（a）直柄机用铰刀；（b）套式机用铰刀；（c）锥柄机用铰刀；（d）切削校准部分角度

知识拓展

结合不同的数控知识，认识选择不同类型的刀具对加工精度和效果的影响。认识设置合适加工路径的重要性。

本章小结

工艺设计是指对工件进行数控加工的前期工艺准备工作，工艺考虑不周是影响加工质量、生产效率及加工成本的重要因素。本章主要对数控加工的工艺设计进行了详细论述，数控加工的工艺设计包括选择并确定零件的数控加工内容、数控加工的工艺性分析、数控加工工艺路线设计、数控加工工序和数控加工专用技术文件的编写等。另外还对数控机床用刀具及刀具材料的选择和类型进行了介绍。

思考题与习题

1. 数控机床的加工工艺主要包括哪些内容？
2. 数控机床的加工路线是怎样确定的？依据的原则是什么？
3. 数控加工的技术文件包括哪些内容？各有何作用？
4. 数控机床用刀具对材料要求是怎样的？应该如何选择刀具材料？
5. 数控车床用刀具的类型有哪些？各适合什么样的加工零件？

第 3 章 数控加工程序的编制

【本章知识点】
1. 数控编程的概念、内容及步骤。
2. 数控机床坐标系的建立规则。
3. 工件坐标系的设定。
4. 数控系统数据输入格式。
5. 数控程序结构与格式。
6. 数控机床的基本编程指令（G、M、F、S、T 指令）。
7. 数控车床编程的特点。
8. 数控车床刀具功能的实现。
9. 数控车床的循环指令。
10. 数控铣床编程的特点。
11. 数控铣床刀具功能的实现。
12. 数控铣床的简化编程功能指令。
13. 镗铣类数控机床（加工中心）编程的特点。

程序编制是数控加工的一项重要工作，理想的加工程序不仅应保证加工出符合图样要求的合格零件，同时应使数控机床的功能得到合理的应用和充分发挥，使数控机床安全、可靠、高效的工作。

3.1 数控编程的基本概念

数控机床是一种高效的自动化加工设备。数控机床与通用机床的区别在于数控机床采用了数控装置，全部或部分地取代了操作人员在加工过程中对机床的各种人工操作，如切削用量的改变、刀具的选择、冷却液的开停等。

根据被加工零件的图纸及其技术要求、工艺要求等切削加工的必要信息，如加工顺序、零件轮廓轨迹尺寸、工艺参数（F、S、T）及辅助动作（变速、换刀、冷却液启停、工件夹紧松开等），按数控系统所规定的指令和格式编制的数控加工指令序列就是数控加工程序或称零件程序。制备数控加工程序的过程称为数控程序编制，简称数控编程。即从零件图样到制成控制介质的全过程。

3.1.1 数控编程内容和步骤

数控机床内容过程一般相同,如图3-1所示。

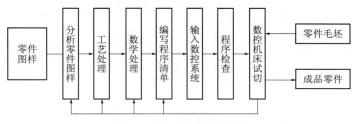

图3-1 数控编程的过程

1) 分析零件图样

根据零件图样和企业实际的数控装备情况选择适合数控加工的内容,在此基础上根据零件的特征(毛坯的形状、材料,工件的形状、尺寸、技术要求)确定合适的加工方法和加工方案。

2) 工艺处理

工艺处理主要包括工艺路线的设计(工序的划分与内容确定、加工顺序的安排,各工序的衔接等)、工序的设计(包括工步的划分、装夹方案、选择刀具及合适的对刀点、换刀点及切削参数等)及数控加工工艺规程文件的填写。

3) 数学处理

根据零件图样几何尺寸,计算零件轮廓数据,或根据零件图样和走刀路线,计算刀具中心(或刀尖)运行轨迹数据。数值计算的最终目的是通过基点和节点坐标的计算获得编程所需要的所有相关位置坐标数据。

所谓基点,是指轮廓各几何元素间的连接点,如直线与直线的交点,直线与圆弧的交点或切点,圆弧与圆弧的交点或切点等。一般数控机床只具有直线和圆弧插补功能。若工件表面的轮廓是其他线形,例如抛物线、螺旋线等,则应该用一系列直线段或圆弧段去拟合。用来逼近复杂曲线的小直线段和小圆弧段与轮廓曲线的交点或切点称为节点。这种情况一般要用计算机来完成数值计算的工作。

4) 编写程序清单

根据所用数控系统的指令及程序段格式,沿轮廓段逐段编写加工程序清单。一段轮廓一句程序,故有时称一句程序为一程序段。

编程者不仅应熟悉所用数控机床及系统的功能,如机床性能、指令功能、程序段格式等,还应具备机械加工相关的工艺知识,才能编制出正确、实用的加工程序。

5) 输入数控系统

程序单完成后,编程者或机床操作者可以通过CNC机床的操作面板直接将程序信息输入CNC系统程序存储器中;也可以根据CNC系统输入、输出装置的不同,先将程序单的程序制作成功或转移至某种控制介质上。控制介质最早使用穿孔纸带,后来是磁盘、磁带等,现在数控加工大多数利用数控装置的通信功能来传输程序,即利用数控装置的RS-232接口与计算机通信；有些数控装置还有 DNC 接口，上位机与下位机数控机床直接连网，进行分布式数控加工。

6）程序校验

所编制的程序必须经过进一步的校验（语法错误、刀具路径正确与否、刀具与工件干涉情况等），通过校验，才能用于正式加工。如有错误，应分析错误产生的原因，进行相应的修改。

常用的程序校验方法如下。

（1）对于平面轮廓零件可在机床上用笔代替刀具、坐标纸代替工件进行空运转、空运行绘图。

（2）对于空间曲面零件，可用蜡块、塑料、木料或价格低的材料作为工件，进行试切，以此检查程序的正确性。

（3）在具有图形显示功能的机床上，用静态显示（机床不动）或动态显示（模拟工件的加工过程）的方法，则更为方便。

7）首件试切

上述方法只能检查运动轨迹的正确性，不能判别工件的加工误差。首件试切（在允许的条件下）方法不仅可查出程序单和控制介质是否有错，还可知道加工精度是否符合要求。

正式加工前一般都要进行首件试切，以检验加工精度。为安全起见，首件试切一般都采用单段运行方式，逐段运行来检查机床的每次动作。当发现错误时，应分析错误的性质，或修改程序单，或调整刀具补偿尺寸，直到符合图样规定的精度要求为止。

以上介绍的数控程序编制的一般过程主要是针对手工编程而言的。

3.1.2 数控编程方法简介

数控编程的方法主要分为两类，即手工编程和自动编程。

1. 手工编程

手工编程是指利用一般的计算工具包括计算机，通过各种数学方法，人工进行刀具轨迹的运算，并进行程序编制。这种方式比较简单，容易掌握，适应性较强。适用于中等复杂程度、计算量不大的零件编程，是机床操作人员必须掌握的一种编程方法。

2. 自动编程

自动编程是指编程人员只需根据零件图样的要求，按照某个自动编程系统的规定，编写一个零件源程序，输入编程计算机，再由计算机自动进行程序编制，并打印程序清单和制备控制介质。自动编程既可以减轻劳动强度，缩短编程时间，降低成本，又可减少差错，使编程工作更简便。

目前，实际生产中应用较广泛的自动编程方法有数控语言编程和图形编程两种。

1）数控语言编程

数控语言编程系统中应用最多的是美国的 APT（Automatically Programmed Tools，自动化编程工具），它是一种发展最早、容量最大、功能全面又成熟的数控编程语言，能用于点位、连续控制系统以及 2~5 坐标数控机床，可以加工极为复杂的空间曲面。

APT 语言编程是一种对工件、刀具的几何形状及刀具相对于工件的运动等进行定义时所用的接近于英语的符号语言。在编程时编程人员依据零件图样,人为地确定好加工方案后,以 APT 语言的形式表达出加工的全部内容。APT 语言编制好的源程序不能直接被数控系统所接受,必须把用 APT 语言书写的零件源程序输入计算机,经过编译生成刀位文件(CLDATA FILE),再通过后置处理后,生成数控系统能接受的数控加工程序。

APT 语言接近自然语言,为曲面、曲线的加工提供了有效的方法,编程效率比手工编程高,但是太复杂的几何图形难于描述,缺乏直观性,缺乏对零件及刀具运动轨迹的直观显示。

2)交互式图形编程

将零件的几何图形绘制到计算机上,形成零件的图形文件(或直接调用由 CAD 系统完成的零件图形文件),然后调用计算机内相应的数控编程模块进行刀具轨迹处理。有的软件能在三维造型的基础上通过交互式对话自动生成数控程序,并能够在计算机上模拟刀具的加工轨迹。

数控图形编程系统是利用图形输入装置直接向计算机输入被加工零件的图形,无需再对图形信息进行转换,大大减少了人为错误,比语言编程系统具有更多的优越性和更广泛的适应性,提高了编程的效率和质量,使编程连续化,便于计算机辅助设计和计算机辅助制造的一体化。因此,现在乃至将来一段时间内,它主导着自动编程的发展方向。

目前,生产实际中应用较多的商品化的 CAD/CAM 系统主要有国外引进的 Unigraphics II、Pro/Engineer、CATIA、MasterCAM、DELCAM 等;国产的技术较为成熟 CAD/CAM 系统有北京航空航天大学海尔软件有限公司研制的制造工程师 CAXA、开目公司的开目 CAD 等。

综上所述,对于几何形状不太复杂的零件和点位加工,所需的加工程序不多,计算也较简单,出错的机会较少,这时用手工编程还是经济省时的,因此,至今仍广泛地应用手工编程方法来编制这类零件的加工程序。但是对于复杂曲面零件;几何元素并不复杂,但程序量很大的零件(如一个零件上有数千个孔);以及铣削轮廓时,数控装置不具备刀具半径自动偏移功能,而只能按刀具中心轨迹进行编程等情况,由于计算相当烦琐及程序数量大,手工编程就很难胜任,即使能够编出来,也耗时长,效率低,易出错,这时宜采用自动编程。据国外统计,用手工编程时,一个零件的编程时间与在机床上实际加工时间之比,平均为 30:1。数控机床不能开动的原因中有 20%～30% 是由于加工程序不能及时编制出来而造成的,因此编程自动化是当今的发展趋势。

3.2 数控编程基础

数控机床加工零件时,就是首先要编写好零件的加工程序,也就是可以用数字形式的指令代码来描述被加工零件的工艺过程以及零件尺寸和工艺参数等。将编制好的程序输入计算机,然后计算机通过处理,就会按照指令的编写要求加工出来要求的零件,即计算机自动生成。

3.2.1 机床坐标系

机床坐标系是机床固有的基本坐标系,是数控系统进行位置及尺寸计算的基准坐标系。机床坐标系的原点也称机床原点或零点,这个原点在机床一经设计和制造调整后,便被确定下来，它是固定的点，由机床厂家决定。机床坐标系的坐标轴及方向视机床的种类和结构而定。

统一规定数控机床坐标轴及其运动的方向，可使编程方便，并使编出的程序对同类型机床有通用性，同时也给维修和使用带来极大方便。国际标准化组织ISO对数控机床的坐标及其方向制定了统一的标准。我国根据国际标准也制定了《数控机床坐标和运动方向的命名》（JB/T 3051—1999）标准。

1. 机床相对运动的规定

机床加工过程中，有的是刀具相对于工件运动，有的是工件相对于刀具运动。国家标准规定：无论是刀具相对于工件运动还是工件相对于刀具运动，都假定工件静止，刀具是相对于静止的工件而运动，并且以刀具远离工件的方向为正方向。这样编程人员在不考虑机床上工件与刀具具体运动的情况下，就可以依据零件图样，确定机床的加工过程。

对于工件相对于静止的刀具而运动的机床，其坐标系命名时，在坐标轴的相应符号上应加注标记"′"，如X'等。加"′"字母表示的工件运动正方向与不加"′"的表示的刀具运动正方向相反。对于编程人员来说应该只考虑不带"′"的运动方向，对于机床制造人员来说应只考虑带"′"的运动方向。

2. 机床坐标系坐标轴的命名

国家标准规定：

（1）数控机床的每个进给轴定义为坐标系中的一个坐标轴。

（2）数控机床使用右手笛卡儿直角坐标系，如图所示3-2所示。

①移动坐标：伸出右手的大拇指、食指和中指，并互为90°。则大拇指代表X坐标，大拇指的指向为X坐标的正方向；食指代表Y坐标，食指的指向为Y坐标的正方向；中指代表Z坐标，中指的指向为Z坐标的正方向。

X、Y、Z为移动坐标，也称为第一组直线运动坐标系。用U、V、W去指定第一组附加坐标（即第二组直线运动坐标系），其分别与X、Y、Z轴平行且同向；用P、Q、R去指定第二组附加坐标（第三组直线运动坐标系），其分别与X、Y、Z轴平行且同向。

②旋转坐标：围绕X、Y、Z坐标旋转的旋转坐标分别用A、B、C表示，根据右手螺旋定则，大拇指的指向为X、Y、Z坐标中任意轴的正向，则其余四指的旋转方向即为旋转坐标A、B、C的正向（右手螺旋定则），如图3-2所示。如果在第一组回转运动A、B、C坐标之外，还有平行或不平行于A、B、C坐标的第二组回转运动，可指定为D、E或F。正方向用右手螺旋定则判定。

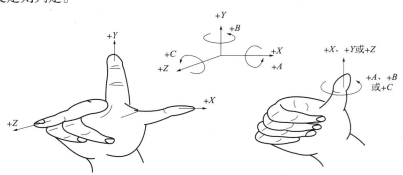

图3-2　右手笛卡儿坐标系

3. 轴及方向的规定

机床坐标系的各个坐标轴与机床的主要导轨相平行。确定坐标轴时，一般先确定 Z 轴，再确定 X 轴，最后确定 Y 轴。如图 3-3～图 3-6 所示为几种常见的机床坐标系。

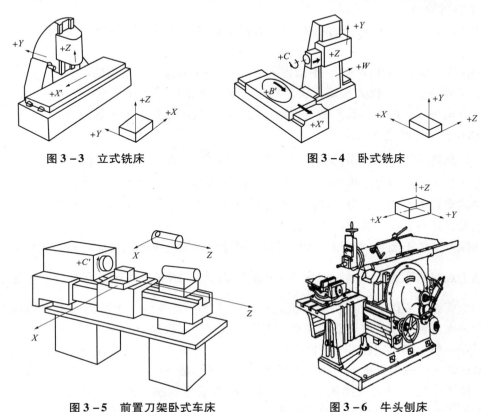

图 3-3 立式铣床　　图 3-4 卧式铣床

图 3-5 前置刀架卧式车床　　图 3-6 牛头刨床

1) Z 轴的确定

标准规定：平行于机床主轴（传递切削动力）轴线的刀具运动坐标为 Z 轴，Z 轴正方向是使刀具远离工件的方向。

对于卧式车床和铣床等，以机床主轴轴线作为 Z 轴；对于没有主轴的机床，如牛头刨床，则选择垂直于装夹工件的工作台的方向为 Z 坐标；对于有多个主轴的机床，如龙门铣床，选择其中一个与工作台面垂直的主轴为主要主轴，并以它作为 Z 轴；对于主轴能够摆动的机床，若在摆动的范围内只与标准坐标系中的某一坐标平行时，则这个坐标便是 Z 坐标；若在摆动的范围内与多个坐标平行，则取垂直于工件装夹面的方向为 Z 坐标。

2) X 轴的确定

标准规定：X 轴为水平方向，且垂直于 Z 轴并平行于工件的装夹平面。

（1）在刀具旋转的机床上（如铣床、钻床、镗床等）。

①若 Z 轴水平（卧式），则从刀具（主轴）向工件看时，X 坐标的正方向指向右边，X 轴一般是最长的运动轴。

②若 Z 轴垂直（立式）时，单立柱机床从刀具向立柱看时，X 的正方向指向右边；双立柱机床（龙门机床），从刀具向左立柱看时，X 轴的正方向指向右边。

(2) 在工件旋转的机床上（如车床、磨床等），X 轴的运动方向是工件的径向并平行于横向拖板（滑座），且刀具离开工件旋转中心的方向是 X 轴的正方向。

对于没有主轴的机床，如牛头刨床，则选定主要切削方向为 X 轴方向。

3) Y 轴的确定

利用已确定的 X、Z 坐标的正方向，用右手定则或右手螺旋法则，确定 Y 坐标的正方向。

右手定则：大姆指指向 +X，中指指向 +Z，则 +Y 方向为食指指向。

右手螺旋法则：在 XOZ 平面，从 Z 轴至 X 轴，姆指所指的方向为 +Y。

对于卧式车床，由于刀具不做竖直方向的运动，故不需要规定 Y 轴的方向。

4. 机床坐标系的建立

机床原点就是机床坐标系的原点（一般用 M 或 ⊕ 表示），它是数控系统进行位置计算的基准点。机床原点位置因生产厂家而异，可由机床用户手册中查到。数控车床的机床原点多定在主轴旋转中心线和夹盘左端面的交点处。数控铣床、加工中心的机床原点一般设在机床参考点处，还有的设置在机床工作台中心。

机床原点一般不能直接测量，所以在设计机床时就设定一个与机床原点有固定位置关系的点，这个点叫机床参考点（一般用 R 或 ⊖ 表示）。通过让机床返回参考点来建立起数控机床的坐标系。所以，数控机床开机起动时，通常都要进行一次返回参考点操作，即回零，进行一次位置校准，以正确地在机床工作时建立机床坐标系。

参考点一般地都设定在各轴正向行程极限点的位置上。该位置是在每个轴上用挡块和限位开关精确地预先调整好的，它相对于机床原点的坐标是一个已知数，一个固定值，系统通电后，只要工作台接触到该挡块和限位开关，系统就能识别该点（机床参考点）的位置，同时也知道了工作台、刀具等相对于机床参考点的相对距离等位置关系。参考点与机床原点的位置可以重合，也可以不重合，二者之间的位置关系可通过机床参数设定。通常在数控车床上，机床参考点和机床原点不重合，而设置在 X 坐标和 Z 坐标的正极限位置；数控铣床上机床原点和机床参考点一般是重合的。

3.2.2 工件坐标系

由于机床坐标系的原点在机床的固定位置，对于编程时的位置计算极不方便，人们习惯根据零件图样及加工工艺等建立坐标系进行位置计算，该坐标系就是工件坐标系也称为编程坐标系。工件坐标系的各轴应与使用的数控机床相应的坐标轴平行，且正方向一致。工件坐标系的原点称为工件原点（又称编程原点，用 W 或 ⊕ 表示）。

机床坐标系一般不作为编程坐标系，仅作为工件坐标系的参考坐标系。工件坐标系可以有多个，编程时用 G 代码去设定或选择。

工件坐标系原点一般按如下原则选取。

(1) 尽量选在工件图样的尺寸基准上，便于计算，简化编程。

(2) 尽量选在方便装夹、测量和检验工件的位置上。

(3) 尽量选在尺寸精度、光洁度比较高的工件表面上。
(4) 对于有对称几何形状的零件，工件原点最好选在对称中心点上。

车床的编程原点一般设在主轴中心线上，多定在工件的左端面或右端面。

铣床的编程原点一般设在工件外轮廓的某一个角上或工件对称中心或轴心线处，进刀深度方向上的零点，大多取在工件表面。

3.2.3 绝对、增量坐标编程

绝对坐标编程即刀具运动轨迹上的每一个位置点的坐标值点均以固定的工件坐标原点为基准来计算，因此绝对坐标编程不会引起累积误差。

增量坐标编程即刀具运动轨迹的每一个点的位置坐标值是相对于上一位置点坐标值来计算的，也称为相对坐标编程。增量坐标编程会引起误差的累积。如图3-7所示，如果加工直线由 A 到 B，绝对坐标编程时则 A、B 两点的坐标值分别为 $X_a = 40$，$Y_a = 40$，$X_b = 20$，$Y_b = 10$；相对坐标编程时，B 点的增量坐标为 $U_b = -20$，$V_b = -30$。现代一般数控系统都具有这两种编程功能，编程人员可根据需要合理选用。

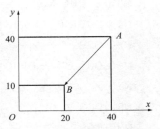

图 3-7 绝对坐标和增量坐标

3.2.4 编程尺寸的表示方法

数控系统所能够实现的最小位移量称为脉冲当量，又称最小设定单位或最小指令增量。它是机床加工精度的重要技术指标，一般为 0.01~0.0001 mm。

编程时，所有的坐标值最终都要转化成与脉冲当量相对应的数量。所以编程尺寸有两种表示方法：①以脉冲当量为最小单位来表示；②以毫米为单位，以有效位小数来表示。

目前两种方法都有应用，但是第二种应用较多。例如，某点坐标尺寸为 $X = 124.228$ mm，$Y = 35.56$ mm，脉冲当量为 0.01 mm。则第一种表示方法为 $X = 12423$，$Y = 3556$；第二种表示方法为 $X124.23$，$Y35.56$。

3.2.5 数控程序结构与格式

1. 程序的地址、数字和指令字

数控程序的最小单元是字符，包括字母（A~Z）、数字（0~9）、符号（+、-、%等）三大类。通常情况下，用字母（A~Z）用作程序功能指令的识别地址，每一个不同的地址都代表着一类指令代码，同类指令通过后缀的数字加以区别；符号（+、-、%等）：主要用于数学运算及程序格式的要求；数字（0~9）：可以组成十进制数或者与字母组成一个代码。程序字即地址和数字及符号的组合，又称为字或指令字或指令代码，如 G00、X-20、F100 等。程序字是组成程序的最基本的单位。

对于不同的数控系统或同一系统的不同地址，程序字都有规定的格式和要求，详细规定可以查阅数控系统生产厂家提供的编程说明书。本书后续章节均以 FANUC 数控系统为例进行程序编制的讲解。

2. 数控程序的组成

数控加工程序,以程序字作为最基本的单位,程序字的集合构成了程序段。完整的数控加工程序由程序开始标记、程序号、若干程序段和程序结束标记四部分组成,称为程序的四要素。下面以一完整程序为例进行说明。

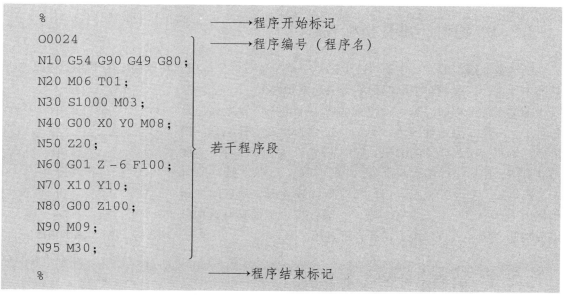

1)程序号

程序号即程序的名字,由程序号地址码和其后的若干位(不超过4位)数字组成。不同的数控系统采用不同的字符作为地址码,FUNAC系统用O,AB系统用P。地址码后面的数字是程序编号,用于区别数控系统中存储的程序。如上述例子中 O 0024 为程序号,O 是程序号地址码,0024 是程序编号。

2)程序段

每个程序段由一个或多个指令字构成,若干个程序段构成了整个程序的核心,规定了机床要执行的全部动作,如上述例子中 N10 程序段至 N95 程序段。最后一个程序段以指令字 M30 或 M02 或 M99(子程序结束指令字)宣告加工程序结束。程序段的具体格式会在后面讲述。

(3)程序开始标记与结束标记

FUNAC系统用%作为程序开始和结束的标记。

3. 程序段格式

程序段即数控程序中多个程序字组合而成的一行。不同的数控系统往往有不同的程序段格式。目前国内外广泛采用地址符可变程序段格式(字-地址可变程序段格式)。这种程序段格式的特点如下:指令字的顺序没有严格要求,指令字的位数可多可少(但不得超过最大允许位数),不需要的字以及与上一程序段相同的续效字可以不写。因此,这种格式具有程序简单,可读性强,易于检查等优点。一般格式如表 3-1 所示。

一个完整的程序段由程序段号、若干指令字和程序段结束标志三部分组成,例如"N40

G02 X－45 Y50 F80 S04 T02；"为一完整程序段。

1）程序段号地址

N 为程序段号地址，和其后的若干位（一般不超过 4 位）数字组成程序段号，用于识别不同的程序段。程序段号的书写需要注意以下几点。

（1）数控系统不是按顺序号的次序来执行程序，而是按照程序段编写时的排列顺序逐段执行。与上一程序段相同的模态指令可以省略不写。

（2）一般不用 N0，建议以 N10 开始，以间隔 10 递增，以便在程序调试时插入新的程序段。

表 3-1 程序段书写格式

1	2	3	4	5	6	7	8	9	10	11
N	G	X_ U_ P_ A_ D_	Y_ V_ Q_ B_ E_	Z_ W_ R_ C_	I_ J_ K_ R_	D_ H_	F_	S_	T_	M_	；（或 LF、CR、*、NL）
程序段号	准备功能	尺 寸 字				补偿功能	进给功能	主轴功能	道具功能	辅助功能	结束符号
		指 令 字								

2）指令字

数控系统常用的基本指令有准备功能 G 指令、辅助功能 M 指令、进给功能 F 指令、主轴转速功能 S 指令、刀具功能 T 指令及坐标尺寸指令等。

（1）准备功能 G 指令。

作用：规定机床运动线形、坐标系、坐标平面、刀补、刀偏、暂停等多种操作。

组成：由地址码 G 与其后二位数字组成。G00~G99，共 100 种，见附录 A 和 B。

（2）辅助功能 M 指令。

作用：控制机床及其辅助装置通断的指令。

组成：由地址码 M 与其后两位数字组成。M00~M99，共 100 种。见附录 C。

（3）进给功能 F 指令。

作用：指定数控机床进给速度。

指令方式：它常用的指令方式有编码法和直接法。编码法：地址码 F 后带两位数字，如F05、F36 等。后面所带的数只是一个代码，它与某个（系统规定的速度值）速度值相对应，换而言之，这种指令所指定的进给速度是有级的，速度值序列既可是等差数列，也可是等比数列；直接法：F 后带若干位数字，如 F150、F3500 等。后面所带的数字表示实际的速度值，进给速度单位由 G 指令选定。

（4）主轴转速功能 S 指令。

作用：指定数控机床主轴转速。

指令方式：同 F 指令一样有两种指令方式，即编码法和直接法，如 S05、S36、S800 等。

转速单位由 G 指令指定。

（5）指定加工刀具号的指令 T 指令。

作用：数控机床选择刀具及刀具补偿。

组成：T 后跟两位或四位数字，如 T1101、T28 等。

（6）坐标尺寸字。

作用：指定刀具运动方向和目标位置的指令

组成：由在 X，Y，Z，I，J，K，R，A，B，C 等与其后带符号的数字组成，如 X1000、Y2000 等。

3）程序段结束标记

不同的数控系统程序段结束标记不同，常用的有 LF、;、*、CR、NL 等，现在多采用";"。有些数控系统还规定了一个程序段的字符数，如 7M 系统规定字符数不超过 90 个。因此，这些在编程前必须了解清楚，否则数控系统便会认为编制的程序有语法错误。

4）模态指令与非模态指令

数控程序指令可分为模态指令（又称续效指令）和非模态指令（又称非续效指令）两类。模态指令：一经在一个程序段中指定，便保持有效到被以后的程序段中出现同组类的另一代码所替代的代码。例如，程序 O0024 中 N40 程序段中 G00 是续效指令，在 N50 程序段中仍然有效，可以省略不写，也可以编写。直到 N60 程序段中与 G00 同一组的模态指令 G01 出现，G00 续效功能撤销，N70 程序段中 G01 续效。模态组的划分见附录 A 和 B。非模态指令：只对当前程序段有效的代码，如果下一程序段还需要使用此功能则还需要重新书写。

注意：非同一组的模态指令可以同时出现在同一个程序段中，不影响各自指令的续效，但是同一组的模态指令不应出现在同一个程序段，否则后者有效。

4. 主程序和子程序

有时被加工零件上，有多个形状和尺寸都相同的部位，或者顺次加工相同的工件，若按通常的方法编程，则有一定量的连续程序段重复出现，为了简化编程，则可以将这些重复的程序段，按规定的格式独立地编制成子程序，存储在子程序的存储器中。程序中子程序以外的部分便称为主程序。主程序执行时可以调用子程序，子程序结束时返回主程序调用位置，并继续执行后续主程序。子程序可以被多次重复调用，而且有些数控系统中子程序可以调用其他子程序，即"多层嵌套"（但不可以嵌套过深），从而可以大大地简化编程工作，缩短程序长度，节约程序存储器的容量。

3.3 数控系统的基本指令

经过多年的发展，程序用代码已标准化，现在有 ISO（International Standardization Organization）和 EIA（Electronic Industries Association）两种。

尽管数控代码是国际通用的，我国也参照国际标准对数控程序中代码的含义及格式制定了标准，但不同的生产厂家一般都有自定的一些编程规则，因此，在编程前必须认真阅读随机技术文件中有关编程说明，这样才能编制出正确的程序。以下将以 FANUC 数控系统为例讲解指令及编程。

程序的指令字可分为尺寸字和功能字两大类,其中常用的功能字有准备功能 G 指令、辅助功能 M 指令、进给功能 F 指令、主轴转速功能 S 指令、刀具功能 T 指令等。这些功能字用以描述工艺过程的各种操作和运动。

3.3.1 准备功能 G 指令

准备功能 G 指令为准备性工艺指令,规定机床运动线形、坐标系、坐标平面、刀具补偿、暂停等动作来建立某种工作方式。现将常用准备功能 G 指令分类介绍如下。

1. 与运动有关的指令 G00、G01、G02/G03、G04

1) 快速点定位指令 G00

指令功能:指令刀具从当前点,以数控系统预先设定的快进速度,快速移动到程序所指定的下一个定位点。

指令格式:N_ G00 X_ Y_ Z_ ;其中 X,Y,Z 是终点坐标。

G00 只做快速移动定位,移动过程中不进行切削。移动速度由机床系统设定的参数确定,所以编写程序时不需要设定进给速度 F,如果指定了对本程序段无效,对后面的程序段续效。快速运动到接近定位点时,通过 1~3 级的降速以实现精确定位。刀具相对于工件的运动轨迹没有严格要求,可以是直线、折线或斜线,具体由制造厂家确定。

指令说明:

(1) G00 一般用于加工前快速定位或加工后快速退刀。

(2) 为避免干涉,通常的做法是:不轻易三轴联动。一般先移动一个轴,再在其他两轴构成的面内联动。例如:进刀时,先在安全高度 Z 上,移动(联动)X、Y 轴,再下移 Z 轴到工件附近。退刀时,先抬 Z 轴,再移动(联动)X、Y 轴。

(3) 该指令速度不能由程序改变,但可用倍率开关改变。不同的系统有不同的速度,一般都在 10~30 m/min 之间。

(4) G00 是模态指令,可由 G01、G02、G03 或 G04 指令注销。

例如:N20 G00 X20 Y30;其含义是令刀具快速从当前点到达终点 $X = 20.00$,$Y = 30.00$。

2) 直线插补指令 G01

指令功能:指令刀具以多坐标(2 或 3 坐标)联动的方式,按程序段中规定的合成进给速度 F,从刀具当前点插补加工出至终点的任意斜率的直线,到达指定位置。程序的起点是刀具的当前位置,为已知点,程序段中无须指定,而程序段中指定的坐标值为终点坐标。但是 G01 的进给速度必须指定,或者前一程序段指定,本程序段续效。

指令格式:N_ G01 X_ Y_ Z_ F_ ;其中 X,Y,Z 是直线插补的终点坐标,F 为进给速度。

指令说明:

(1) 实际进给速度等于指令速度 F 与进给速度修调倍率的乘积。G01 和 F 都是模态代码,如果后续的程序段不改变加工的线形和进给速度,可以不再书写这些代码。

(2) G01 可由 G00、G02、G03 或 G04 指令注销。

3) 圆弧插补指令 G02/G03

指令功能：圆弧插补指令用以控制两坐标以联动的方式，按程序段中规定的合成进给速度 F，从当前位置插补加工出任意形状的圆弧，到达指定位置。G02 为顺时针圆弧插补，G03 为逆时针圆弧插补。

顺圆、逆圆方向判别规则：沿垂直于圆弧所在平面的坐标轴的正方向往负方向看，刀具相对于工件轮廓顺时针转动的就是顺圆插补 G02，刀具相对于工件轮廓逆时针转动的就是逆圆插补 G03，如图 3-8 所示。圆弧插补只能在某平面内进行，所以通过 G17、G18、G19 三个平面选择指令确定圆弧所在平面。G17 代码指定 XOY 平面，G18 代码指定 ZOX 平面，G19 代码指定 YOZ 平面，省略时就被默认为是 G17。当刀具进行半径补偿时也要通过这三个指令选择补偿平面。

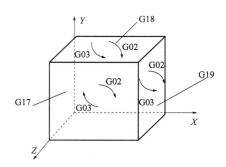

图 3-8　顺圆插补和逆圆插补

指令格式：圆弧插补的指令格式有很多种，最常用的有两种：半径指定法和圆心指定法。

（1）半径指定法：

$$N\_ \begin{Bmatrix} G17 \\ G18 \\ G19 \end{Bmatrix} \begin{Bmatrix} G02 \\ G03 \end{Bmatrix} \begin{Bmatrix} X\_\ Y\_ \\ X\_\ Z\_ \\ Y\_\ Z\_ \end{Bmatrix} R\_\ F\_\ ;$$

通过 G17、G18、G19 三个平面选择指令确定圆弧所在平面，直接决定后面的圆弧的终点坐标值尺寸字为 X、Y 或者 X、Z 或者 Y、Z；R 为圆弧半径，为使加工轨迹唯一确定，对优圆弧（圆心角大于 180°的圆弧）和劣圆弧（圆心角小于或等于 180°的圆弧）通过 R 值的正负加以区分。优圆弧，R 为正值；劣圆弧，R 为负值；F 为进给速度。

（2）圆心指定法：

$$N\_ \begin{Bmatrix} G17 \\ G18 \\ G19 \end{Bmatrix} \begin{Bmatrix} G02 \\ G03 \end{Bmatrix} \begin{Bmatrix} X\_\ Y\_ \\ X\_\ Z\_ \\ Y\_\ Z\_ \end{Bmatrix} \begin{Bmatrix} I\_\ J\_ \\ I\_\ K\_ \\ J\_\ K\_ \end{Bmatrix} F\_\ ;$$

圆心指定法通过指定圆心位置进而能够确定所加工的圆弧是优圆弧还是劣圆弧，使加工路径唯一确定。通过 G17、G18、G19 三个平面选择指令确定圆弧所在平面。绝对坐标编程时，X、Y、Z 坐标尺寸字为圆弧的终点坐标值，增量坐标编程时为圆弧终点相对于圆弧起点的增量坐标值。I、J、K 无论是在相对坐标系还是绝对坐标系下编程，都为圆弧圆心相对于圆弧起点的增量值，I、J、K 中的值为零时可以省略不写。

指令说明：

（1）对于平面选择指令 G17、G18、G19，若数控系统只有一个平面的加工能力，可不必书写。这类指令为续效指令，默认省值为 G17。在 XOY 平面内运动，G17 可以默认；车床总是在平面内运动，G18 可以省略。

（2）整圆编程时不可以使用半径指定法，只能用圆心指定法。

（3）F 为编程时两个轴的合成进给速度。

指令应用举例：

（1）进行如图 3-9 所示的两段圆弧加工。

圆弧加工的程序编制有绝对坐标编程和增量坐标两种方式，半径指定法和圆心指定法两种格式，所以优、劣两端圆弧各有如下四种表示方法。

优圆弧 AB 的加工程序段：

```
G17 G90 G03 X0 Y20 R-20 F80；绝对坐标编程，半径指定法
G17 G90 G03 X0 Y20 I0 J20 F80；绝对坐标编程，圆心指定法
G17 G91 G03 X-20 Y20 R-20 F80；增量坐标编程，半径指定法
G17 G91 G03 X-20 Y20 I0 J20 F80；增量坐标编程，圆心指定法
```

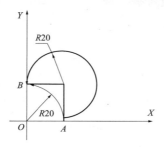

图 3-9　圆弧插补指令练习

劣圆弧 AB 的加工程序段：

```
G17 G90 G03 X0 Y20 R20 F80；绝对坐标编程，半径指定法
G17 G90 G03 X0 Y20 I-20 J0 F80；绝对坐标编程，圆心指定法
G17 G91 G03 X-20 Y20 R20 F80；增量坐标编程，半径指定法
G17 G91 G03 X-20 Y20 I-20 J0 F80；增量坐标编程，圆心指定法
```

（2）整圆编程，如图 3-10 所示。要求由 A 点开始，实现逆时针圆弧插补并返回 A 点。

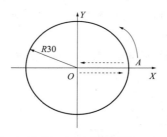

图 3-10　整圆插补

整圆编程只能用圆心指定法，所以有如下两种表示方法：

```
G90  G03  X30  Y0  I-30  J0  F80;
G91  G03  X0   Y0  I-30  J0  F80;
```

（3）利用圆弧插补指令可以实现螺旋线加工。在数控镗铣床上，利用 G02、G03 指令通过数控系统的三轴联动功能，在两个坐标轴进行圆弧插补的同时，增加与圆弧所在平面垂直轴的直线移动，即可以使刀具实现螺旋线插补。

格式中通过平面选择指令 G17、G18、G19 选择圆弧插补平面，通过与圆弧插补平面垂直的第三轴指令螺旋线的终点。F 为进给速度。用此指令进行螺旋线加工时，在一个程序段中，圆弧插补的编程范围不能超过 360°；而且当垂直轴移动距离超过一个螺距时，应进行分段编程。例如，图 3-11 所示螺旋线的加工程序段如下：

```
G91  G17  G03  X-30.0  Y30.0  R30.0  Z10.0  F100;
```

或

```
G90  G17  G03  X0  Y30.0  R30.0  Z10.0  F100;
```

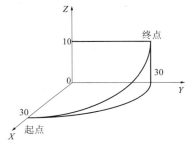

图 3-11　螺旋线加工

4）暂停指令 G04（非模态指令）

指令功能：车削环槽、锪平面、钻镗孔时可使刀具作短时的无进给光整加工，经过指令的暂停时间，再继续执行下一程序段。另外，对于那些动作较长的，或者为了使某一操作有足够的时间可靠地完成，可在程序中插入该指令。

指令格式：G04　X_ ；或 G04　P_ ；

其中：X、P 其后的数值表示暂停的时间，地址码 X 后面的数值带小数点，单位为 s；P 后面的数值不带小数点，单位为 ms；有些数控系统 P 后面的数值表示是刀具、工件的转数，也有的数控系统用 F 或 U 或 K 作为地址码，视具体数控系统而定。

例如：N50 G04 X4.0；表示暂停 4 s。N80 G04 P2000；表示暂停 2000 ms。

2. 与尺寸单位和坐标值有关的指令 G21、G22

1）尺寸输入制式选择指令 G20、G21

指令功能：选择尺寸输入制式。

指令格式：N_　G20；英制尺寸，线性轴时，单位为英寸；旋转轴时，单位为度
　　　　　　N_　G21；公制尺寸，线性轴时，单位为毫米；旋转轴时，单位为度

指令说明：

(1) 这两个 G 代码必须在程序的开头，坐标系设定之前用单独的程序段指令或通过系

统参数设定。

(2) 在一个程序中不能同时使用这两个指令,程序运行中途不能切换。

(3) 机床出厂前一般设定为 G21,指令断电前后一致(断电前为 G20,上电后仍为 G20),除非重新设定。一旦设定好后,编程单位制应与所设单位制一致。

2) 绝对值尺寸指令 G90 与相对(增量)尺寸指令 G91

指令功能:选择绝对值尺寸或相对尺寸编程。

指令格式:N_ G90 G_ X_ Y_ Z_ F_ S_ T_ ;
　　　　　N_ G91 G_ X_ Y_ Z_ F_ S_ T_ ;

指令说明:

(1) 数控铣床,G90 表示绝对坐标编程(XYZ);G91 表示相对坐标编程(UVW);车床的绝对尺寸和增量尺寸不用 G90 和 G91 指定,而直接用 XZ 表示绝对尺寸,UW 表示增量尺寸。

例如:N0200 G01 U80 W-2 F100;

(2) 一般数控系统在初始状态(开机时状态)时自动设置为 G90 状态,即系统的默认值为 G90。

(3) 采用 G90 和 G91 指定尺寸指令方式,在不同程序段之间可以切换,但在同一程序段中只能用一种;车床在同一程序段中可以同时使用绝对尺寸和增量尺寸,称为混合尺寸编程。

例如:N0200 G01 X80 W-2 F100;

(4) 绝对坐标编程,若后一程序段的某一尺寸与上一程序段相同,可省略不写;相对坐标编程,若后一程序段尺寸值为零,可以省略不写。

3. 与参考点有关的指令 G27、G28、G29、G30

机床参考点是为了建立机床坐标系而设定的,除机床参考点外,一般数控机床还可根据实际需要通过参数设置第 2 至第 4 参考点,这三个参考点是设置在机床参考点基础之上的,是虚拟的。

1) 返回参考点指令 G28/G30(非模态指令)

指令格式:$\begin{matrix} N\_ \\ N\_ \end{matrix} \begin{Bmatrix} G28 \\ G30\ P\_ \end{Bmatrix} X\_\ Y\_\ Z\_\ ;$

其中,X、Y、Z 指定中间点的坐标,P 指定第 2、3、4 参考点。

指令说明:

(1) 执行 G28(等同于手动回参考点)指令时,各轴先以 G00 的速度快移到程序指令的中间点位置,然后自动返回参考点。G30 用于返回到第 2、3、4 参考点,有可能避开某些干涉点。在使用上经常将 XY 和 Z 分开来用。先用 G28 Z_ 提刀并回 Z 轴参考点位置,然后再用 G28 X_ Y_ 回到 XY 方向的参考点,如图 3-12 所示。

(2) 在 G90 时为指定点在工件坐标系中的坐标;

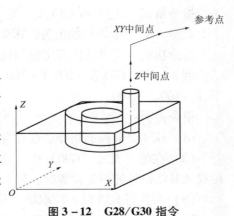

图 3-12　G28/G30 指令

在 G91 时为指令点相对于起点的位移量。

（3）使用 G28 指令前要求机床在通电后必须（手动）返回过一次参考点，G28/G30 指令中的坐标值被 NC 作为中间点存储。

（4）使用 G28/G30 指令时，必须预先取消刀具补偿。

（5）G28 指令一般用于加工完成后使工件移出加工区，以方便工件的装卸。G30 指令一般用于加工过程中的自动换刀，换刀位置与机床参考点不同的场合（可以将换刀点设置为第 2、3、4 参考点）。

2）从参考点返回指令 G29

指令格式：N_ G29 X_ Y_ Z_；

其中，X、Y、Z 为指令的定位终点位置，增量尺寸时为终点相对于中间点的增量值。中间点的坐标由 G28/G30 指令确定，所以 G29 必须在 G28/G30 后的程序段中使用。

指令功能：使刀具（工作台）从参考点经由中间点快速定位到指令位置。

【例 3-1】 如图 3-13 所示，点 M（80，20）为中间点，如果 R 为机床参考点，则 N60 G28 X80 Y20；表示刀具（或工作台）从当前点 A 经由中间点 M 快速返回参考点 R；N80 G29 X100 Y10；表示从参考点 R 经由中间点快速返回 B 点；如果 R 为第 2 参考点，则返回第二参考点程序段书写如下：N60 G30 P2 X80 Y20；

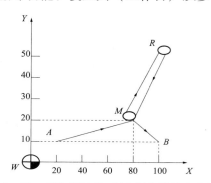

图 3-13 G28/G30 和 G29 指令的综合应用

3）返回参考点检查指令 G27

指令功能：检查机床是否能准确返回参考点。

指令格式：G27 X_ Y_ Z_

其中，X、Y、Z 为参考点在工件坐标系中的坐标值。执行动作：刀具（工作台）快速定位到 XYZ 位置，然后检查该点是否为参考点，如果是，参考点灯亮；如果不是，则发出一个报警，并中断程序运行。使用时必须先取消刀具补偿。

4. 与坐标系有关的指令

1）机床坐标系选择指令 G53

指令格式：N_ G90 G53 X_ Y_ Z_；

式中，X、Y、Z 后的值为机床坐标系中的绝对坐标值。

指令功能：使刀具快速定位到机床坐标系中的指定位置上。

例如：N80 G53 X-100 Y-100 Z-20；表示刀具（或工作台）快速定位到机床坐标系下（-100，-100，-20）。

指令说明：

（1）G53 是非模态指令，仅在含 G53 指令的程序段内有效。

（2）在绝对方式（G90）中有效，而在增量方式（G91）中无效。要使刀具移动到换刀位置和其他机械的固定位置时，可由 G53 用机械坐标系编程。

（3）在执行 G53 时，应取消刀具半径补偿、刀具长度补偿、刀具位置偏置。

2）工件坐标系选择指令 G54~G59

选择 1~6 号工件坐标系。加工前，一般通过对刀将所设工件原点相对于机床原点的偏置值，以 MDI 方式输入原点偏置寄存器中，加工中，通过 G54~G59 指令从相应的存储器中读取偏置数值，（将偏置值自动加到工件坐标系上）使刀具按照工件坐标系的坐标值运动。

指令说明：

（1）适用于多种零件间隔重复批量生产而程序不变，或加工一个工件的多个部位，或一个工作台上同时加工几个工件的编程坐标系的设定。

（2）G54~G59 是模态指令，在使用该指令后，其后的编程尺寸都是相对于所选坐标系进行的。在机床重新开机时仍然存在，默认值是 G53（机床坐标系）。

（3）这类指令只在绝对坐标 G90 方式下有意义，在 G91 方式下无效。

【例 3-2】 如果预置 1 号工件坐标系偏移量：X-100，Y-150；预置 2 号工件坐标系偏移量：X-250，Y-200 程序段如表 3-2 所示，则终点在机床坐标系下的坐标值如表中第 2 栏所示，执行过程如图 3-14 所示。

表 3-2 坐标系选择指令应用

程序段内容	终点在机床坐标系中的坐标值	注 释
…		
N0220 G90 G54 G00 X30.0 Y50.0;	X-70.0，Y-100.0	选择 1 号坐标系，快速定位
N0230 G01 X-100.0 F100;	X-170.0，Y-100.0	直线插补
N0240 G00 X0 Y0;	X-100.0，Y-150.0	快回 1 号工作坐标系远点
N0250 G53 X0 Y0;	X0，Y0	选择机床坐标系
N0260 G55 X30.0 Y100.0;	X-220.0，Y-100.0	选择 2 号坐标系，快速定位
N0270 G00 X0.0 Y0.0;	X-250.0，Y-200.0	快速回 2 号工件坐标系的原点

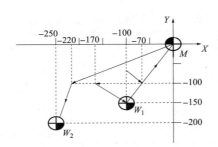

图 3-14 坐标系选取指令执行过程

3）工件坐标系设定指令（G50、G92）

指令功能：车床及铣镗类机床工件坐标系设定。指令通过设定刀具起点相对于要建立的工件坐标原点的位置建立坐标系。

指令格式：N_ $\begin{Bmatrix} G92 \\ G50 \end{Bmatrix}$ X_ Y_ Z_ ;

其中，X，Y，Z 为当前刀位点在工件坐标系中的坐标值，即刀具当前位置点相对于欲建立的工件坐标系原点的增量坐标值。

指令说明：

（1）机床执行上述程序并不产生运动，只是设定工件坐标系。使得当前刀具在欲设定的工件坐标系下的坐标值为 X、Y、Z。实际上该指令也是给出了一个偏移量。G50/G92 是通过程序设定工件坐标系，G54~G59 是在加工前就设定好的，编程时选用。

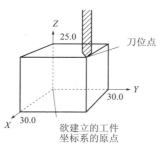

图 3-15 G92/G52 指令的应用

图 3-15 所示为用 G92 设定新的工件坐标系：N70 G92 X30.0 Y30.0 Z25.0，即刀具当前位置相对于欲建立的新的工件坐标系的坐标值为（30.0，30.0，25.0）。

（2）在一个零件的整个加工过程中可以重复设定或改变工件原点。车床使用 G50 指令，铣床用 G92、G50/G92 都是非模态指令，但是由该指令建立的坐标系却是模态的，直至机床重新开机时消失。

（3）如果多次使用 G50/G92 指令，每次使用 G50/G92 给出的偏移量将会叠加，且叠加后的总偏移量对于每一个预置（G54~G59）工件坐标系都有效。

（4）使用 G50/G92 指令时，应特别注意起点和终点必须一致，即程序结束前，应使刀具回到指令字中的 XYZ 点，否则重复加工会乱刀。

（5）该指令还有补偿工件在机床上安装误差的功能，即当首件零件加工完成后，测量工件尺寸精度。如果发现是由于工件安装不准引起的误差，则不必重新安装工件，只需修改所设的坐标值，即可消除这一加工误差。

【例 3-3】 预置 1 号工件坐标系偏移量：X-100，Y-100；预置 2 号工件坐标系偏移量为 X-250，Y-200。程序段如表 3-3 所示，则终点在机床坐标系下的坐标值如表中第二栏所示，执行过程如图 3-16 所示。

表 3-3 工件坐标系设定指令应用

程序段内容	终点在机床坐标系中的坐标值	注　释
N0220 G90 G54 G00 X0 Y0；	X-100.0，Y-100.0	选择 1 号坐标系，快速定位到工件原点
N0230 G92 X60 Y90；	X-100.0，Y-100.0	刀具不运动，建立新工件坐标系 WP，新坐标系中当前点坐标值为 X60，Y90
N0240 G00 X0 Y0；	X-160.0，Y-190.0	快速定位到新工件坐标系原点 WP
N0250 G55 X0 Y0；	X-310.0，Y-290.0	选择"2 号"坐标系，因为前段程序已用 G92 偏移，实质是偏移之后的 W_{2p} 坐标系，快速定位到 W_{2p} 坐标系原点
N0260 X60.0 Y90.0	X-250.0，Y-200.0	回到 W_{2p} 坐标系下 X60、Y90 点，此时恰好回到 2 号工作坐标系原点

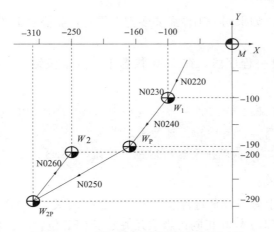

图 3-16 工件坐标系设定指令执行过程

4）局部坐标系设定指令 G52（应用较少）

指令功能：为了编程方便在原来的坐标系中临时建立新的编程坐标系。

指令格式：G52 X_ Y_ Z_ ;

式中，X、Y、Z 后的值为局部原点相对原工件原点的坐标值。

【例 3-4】 坐标系指令的综合应用。按照如图 3-17 所示 A—B—C—D 的顺序进行走刀。编写这部分程序。

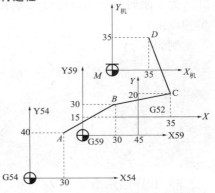

图 3-17 坐标系指令的综合应用

运动部分程序如下：

```
N0010 G54 G00 G90 X30.0 Y40.0;      快速移到 G54 中的 A 点
N0020 G59;                           将 G59 置为当前工件坐标系
N0030 G00 X30.0 Y30.0;               移到 G59 中的 B 点
N0040 G52 X45.0 Y15.0;               在当前工件坐标系 G59 中建立局部坐标系 G52
N0050 G00 G90 X35.0 Y20.0;           移到 G52 中的 C 点
N0060 G53 X35.0 Y35.0;               移到 G53（机械坐标系）中的 D 点
...
```

3.3.2 辅助功能 M 指令

辅助功能 M 指令由地址码 M 及其后的两位数字组成（共 100 种），是控制机床辅助动作的指令。FANUC 数控系统 M 指令见附录 C。常见的 M 指令如下。

1）程序停止指令 M00

执行 M00 后，机床的所有动作（主轴、切削液、进给）均被切断，机床处于暂停状态，系统现场保护，以进行必要的手动操作（进行尺寸检验、清理切屑或插入必要的手工动作）。手动操作完成后，按起动按钮，系统将继续执行后面的程序段。对于铣床来说，不像加工中心可以自动换刀，如果同一工件需要多把刀具时，需要手工换刀，这时也需要使用此指令。

指令 M00 需单独设一程序段。在 M00 状态下，按复位键，则程序将回到开始位置。例如：

```
N10   G00   X100.0   Z100.0；快速定位到 X100.0Z100.0
N20   M00；机床暂停所有动作，进行手工操作
N30   X50.0   Z50.0；若按下启动按钮，继续执行 N30 及以后程序段
```

2）选择停止指令 M01

在机床的操作面板上有一"任选停止"开关，当该开关处于 ON 位置时，程序中如遇到 M01 代码时，其执行过程与 M00 相同；当该开关处于 OFF 位置时，数控系统对 M01 不予理睬。此功能通常是用来进行关键尺寸抽样检查或者临时暂停，而且 M01 应作为一个程序段单独设定。

例如：

```
N10   G00 X100.0   Z200.0；"任选停止"开关处于断开位置，则当系统执行到
N20 程序段时，
N20   M01；                     不影响原有的任何动作，而是接着往下执行 N30 程
                                序段
N30   X50.0   Z110.0；
```

3）程序结束指令 M02/M30

完成程序段的所有指令后，使主轴、进给和切削液停止，一般用在最后一个程序段，表示加工结束，并使程序复位。M02 指令不能返回程序起始位置，M30 能够返回程序起始位置，工件批量生产时一般用该指令。

4）主轴正转、反转和停转指令 M03/M04/M05

M03 为起动主轴正转指令（主轴转向和 C 轴的正方向一致，即相对于 Z 轴符合右手螺旋定则）。

M04 为起动主轴反转指令（主轴转向和 C 轴的正方向相反，则称为反转）。对于铣床来说，只有攻螺纹时主轴反转，不过此时由攻螺纹复合（攻螺纹循环）指令控制，所以一般不用 M04 主轴反转指令。

M05 为主轴停转指令。一般的情况下，主轴停转的同时也进行制动，并关闭切削液。

M03、M04 指令需与 S 指令配合使用，才能起动主轴。

5）换刀指令 M06

换刀指令 M06 可以配合 T 指令完成自动换刀动作，加工中心常用。该指令不包括刀具和刀补的选择，可以自动关闭切削液和主轴。

6）切削液开、关指令 M07/M08/M09

M07 为 2 号切削液开指令。一般是雾状切削液。

M08 为 1 号切削液开指令。一般是液状切削液。

M09 为切削液关指令，用来注销 M07、M08。另外 M00、M01 和 M02 也可以将切削液关

掉。

7) 机床滑座、工件、主轴、夹具等运动部件的夹紧、松开指令 M10/M11

8) 主轴准停指令 M19

指令主轴定向停止在预定的角度位置上。

9) 程序调用和子程序返回指令 M98、M99

子程序以 M99 结束，不能用 M02 和 M30 结束。在子程序中，如果数控系统在读到 M99 以前读到 M02 或 M30，则程序停止。

程序调用指令 M98 的指令格式有如下两种。

(1) N_ M98 P_ L_ ;，其中 P 指定子程序的编号和调用的次数。调用一次时，P 可省略不写。

(2) N_ M98 P□□○○○○ ;，其中两位数□表示调用次数，四位数○表示被调用的子程序的程序编号，其中的"0"不能省略。

例如：5 次调用子程序 O0006：N80 M98 P0006 P5；或者写成 N80 M98 P050006；。

3.3.3 其他指令

1. 进给功能 F 指令

F 指令用来指定各坐标轴及其任意组合的进给速度（合成速度）或螺纹导程（车削螺纹时用到）。

F 是模态指令，现常用直接指定法，地址码 F 后面的数值直接就是进给速度的大小。根据与之配合使用的 G 指令的不同，有两种表示法，如表 3-4 所示。

表 3-4 进给功能 F 指令编程格式

第一种表示方法 （每分钟进给量）	N_ G98 F_ ;	车床用指令	对于直线坐标单位为 mm/min；对于回转坐标，单位为°/min
	N_ G94 F_ ;	铣床用指令	
第二种表示方法 （每转进给量）	N_ G99 F_ ;	车床用指令	对于直线坐标单位为 mm/r；对于回转坐标，单位为°/r
	N_ G95 F_ ;	铣床用指令	

第一种方法：对直线坐标 G94 F200;，表示铣床进给速度为 200 mm/min；对于回转坐标 G94 F20;，表示铣床每分钟进给速度为 20°/min。

第二种方法：对于直线坐标 G95 F2.5;，表示铣床的进给速度为 2.5 mm/r；对于回转坐标 G95 F2.5;，则表示铣床的进给速度为 2.5°/r。

指令说明：G98/G94 和 G99/G95 是同一组模态指令，可以互为取消。其中 G98/G94 为初始化指令（上电后系统的默认值）。

实际进给速度为操作面板倍率开关的倍率值与编程速度的乘积，倍率开关通常在 0% ~ 200% 之间设有多个挡位。

2. 主轴转速功能 S 指令

S 指令用来指定主轴的转速，现代机床也多采用直接指定法，指令字由地址码 S 及其后的若干位数字组成。根据与之配合使用的 G 指令不同，有两种表示方法，如表 3-5 所示。

表 3-5 主轴转速功能 S 指令编程格式

第一种表示方法	N_ G97 S_ ;	恒转速	单位为 r/min
第二种表示方法	N_ G96 S_ ;	表面恒线速度	单位为 m/min

例如：G97 S600；表示主轴转速为 600 r/min。G96 S600；则表示表面恒线速度为 1000 m/min。

指令说明：

通常，机床面板上设有转速倍率开关，用于不停机手动调节主轴转速。实际速度为编程速度与倍率速度之积。也可以通过 MDI 输入主轴转速。

G96/G97 是同一组模态指令，可以互为取消，G97 为初始化指令。

S 指令还可以和 G50/G92（车床用 G50，铣床用 G92）配合使用以箝制主轴最高转速。

指令格式：N_ G50/G92 S_ ;

例如：G50 S2000 设定机床最高转速为 2000 r/min。转速高于此值时，实际转速为 2000 r/min，低于此值时，为程序设定的转速。

3. 刀具功能 T 指令

指令功能：用于指令加工中所用刀具号及刀补号。其刀具自动补偿内容为刀具的位置补偿、长度补偿或半径补偿。指令字由地址码 T 和后面的两位或四位数字组成，由不同的系统有不同的规定。

指令格式：TXX 或 TXXXX

指令说明：

（1）对于具有自动换刀功能的机床，该指令用以选择所需刀具号或刀补号。

（2）在数控加工中心机床上，该指令表示预选刀具，它配合 M06 实现自动换刀。

例如：T0302 表示选用 03 号刀具，02 号刀补（普通数控机床）。

T03 M06 表示将当前刀具换为 03 号刀具。

T0300 表示取消 03 号刀具的刀补值。

3.3.4 基本指令的综合应用

【例 3-5】 加工如图 3-18 所示零件。以 φ30 的孔定位精铣外轮廓，暂不考虑刀具补偿。

解：采用 φ8 立式铣刀进行外轮廓的铣削加工。加工程序表单如表 3-6 所示。

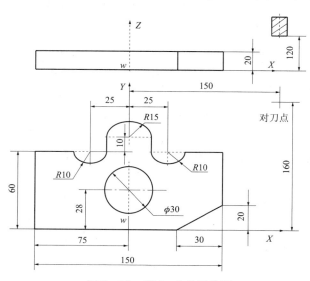

图 3-18 例 3-5 的零件图

表 3-6　数控加工程序清单

%	程序开始标记
O0020	主程序号
N10　G92 X150.0 Y160.0 Z120.0;	建立工件坐标系,编程零点 W
N20　G90 G00 X100.0 Y60.0;	快进到 X=100,Y=60
N30　Z-2.0 S100 M03;	Z 轴快移到 Z=-2,主轴
N40　G01 X75.0 F100;	X=75,Y=60,(轮廓起点)
N50　X35.0;	直线插补至 X=35,Y=60
N60　G02 X15.0 R10.0;	顺圆插补至 X=15,Y=60
N70　G01 Y70.0;	直线插补至 X=15,Y=70
N80　G03 X-15.0 R15.0;	逆圆插补至 X=-15,Y=70
N90　G01 Y60.0;	直线插补至 X=-15,Y=6
N100　G02 X-35.0 R10.0;	顺圆插补至 X=-35,Y=60
N110　G01 X-75.0;	直线插补至 X=-75,Y=60
N120　X-75 Y0;	直线插补至 X=-75,Y=0
N130　X45.0;	直线插补至 X=45,Y=45
N140　X75.0 Y20.0;	直线插补至 X=75,Y=20
N150　Y65.0;	直线插补至 X=75,Y=65,轮廓加工完成
N160　G00 X100.0 Y60.0;	快速退至 X=100,Y=60 的下刀处
N170　Z120.0;	快速抬刀至 Z=120 的对刀点平面
N180　X150.0Y160.0;	快速退刀至对刀点
N190　M05 M30;	程序结束,复位
%	程序结束标记

3.4　数控车床的程序编制

数控车床常用于加工轴类、套类和盘类等回转体零件,可完成端面、内外圆柱面、锥面、圆弧面、螺纹等内容的切削加工,还可以以车带磨加工淬硬的工件。它是数控机床中产量最高,使用最广泛的品种之一。

由于通常只对轴类零件的轴向与径向进行控制,因此数控系统通常为两轴控制系统,其指令格式和铣床与加工中心有所区别。

3.4.1　数控车床的编程特点

(1) 数控车床编程时既可按绝对坐标(用 X、Z)编程,也可按相对坐标(用 U、W)

编程，还可采用混合坐标（X、W 或 U、Z）编程。

（2）工件坐标系的确定及原点的设置：数控车床的工件坐标系原点指定通过 G50 指令进行，通常设置在加工工件精切后的右端面上，或在精切后的夹紧定位面上。

（3）数控车床编程时，X 方向的编程分为直径编程和半径编程两种编程方式，通过机床参数设置予以选择，设定后在程序中不能再进行改变。由于零件图样的标注和测量常以直径值表示，故一般绝对编程时 X 值都以直径值表示；增量编程时，U 以径向实际位移量的两倍值表示，有正、负之分。

（4）进退刀方式的确定：进刀时采用快速走刀，接近工件切削起点，切削起点的确定以刀具快速走到该点时刀尖不与工件发生碰撞为原则。

（5）由于车削加工常用棒料作为毛坯，加工余量较大，为简化编程数控系统常设有不同形式的固定循环指令，可自动进行多次重复循环切削。

（6）数控车床在实际应用时，为了提高车削表面的加工精度，一般都采用恒线速度控制（G96），进给速度常使用每转进给量指令（G99）。

（7）数控车床的刀具位置偏置、刀尖半径补偿是通过 T 指令在选择刀具的同时直接选择刀具补偿号，另外刀具位置补偿号一经指定，刀具补偿即自动生效，无需其他指令。

3.4.2 数控车床的刀具补偿

数控车床的刀具补偿可分为两类：刀具位置和刀尖圆弧半径补偿。

1. **刀具位置补偿**

功能与原理：刀具位置补偿（又称刀具长度补偿）是对不同刀具几何位置偏移及磨损进行的补偿。在实际的编程与加工中，一般以一把刀具为标准刀具，并以该刀具的刀尖位置 A 为依据来建立工件坐标系。当转换加工刀具时，由于刀具几何尺寸差异及安装误差，刀尖的位置相对于标准刀具的刀尖位置就有（轴向、径向的）偏移量 Δx、Δz，刀具位置补偿功能就是通过对偏移量 Δx、Δz 进行修正，使所有的刀尖位置都移到标准刀具的刀尖位置 A 处。其原理如图 3-19 所示。

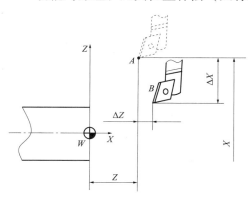

图 3-19 刀具位置补偿原理

每把刀具的偏移值（补偿值）是事先用手工对刀和测量的方式得到的，输入到数控系统的相应存储器中。另外，对于同一把刀具的磨损或重新安装造成的刀尖位置偏移时，可以通过修改刀具的补偿值来进行修正，而无须更改程序。

2. **刀尖圆弧半径补偿**

功能与原理：为提高刀具强度和降低加工表面的粗糙度，车刀刀尖常常刃磨成半径较小的圆弧，而编程时常以刀位点（理想刀尖）进行。如果直接按零件轮廓进行编程，当加工圆弧或圆锥时就会产生过切或欠切的现象如图 3-20 所示。所以必须对车刀圆弧半径。现代数控系统一般都具备刀尖圆弧半径补偿功能，这样通过在控制面板上手工输入刀尖圆弧补偿值，数控系统就会自动计算刀尖的运动轨迹，编程人员就可以直接按照零件的实际轮廓进行编程。

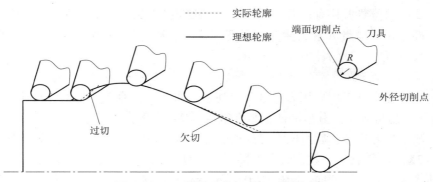

图 3-20 刀尖圆弧半径对加工的影响

刀尖圆弧半径是否进行补偿及采用何种补偿方式通过 G40、G41、G42 指令设定。

左右补偿的判断：沿垂直于加工平面的第三轴的正方向往负方向看去，再延刀具运动方向看，若刀具偏在工件轮廓的左侧，就称之为刀尖圆弧半径左补偿，用指令 G41；若刀具偏在工件轮廓的右侧，就称之为刀尖圆弧半径右补偿，用指令 G42，如图 3-21 所示。G41、G42 指令的取消均用 G40 指令。

指令格式：

$$N\_ \begin{Bmatrix} G14 \\ G42 \\ G40 \end{Bmatrix} \begin{Bmatrix} G00 \\ G01 \end{Bmatrix} X(U)\_ Z(W)\_ ;$$

其中，X（U）、Z（W）为终点坐标值，即建立或撤销刀补的位置点坐标。

刀尖圆弧半径补偿的执行过程如图 3-22 所示，分为以下三步。

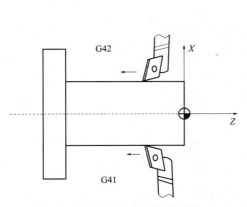

图 3-21 左右刀具补偿判断

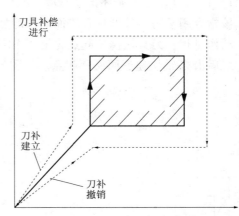

图 3-22 刀尖圆弧半径补偿

（1）刀具补偿建立：刀尖圆弧中心从编程与编程轨迹重合过渡到与编程轨迹偏离一个刀具半径的过程。

（2）刀具补偿进行：执行 G42、G41 指令后，刀尖圆弧中心始终与编程轨迹相距一个刀具半径的偏移量。

（3）刀具补偿取消：刀具离开工件，刀尖圆弧中心又过渡到与编程轨迹重合的过程。

3. 刀具补偿值的设定

刀具补偿可分为刀具位置和刀尖圆弧半径补偿。刀具位置补偿用以补偿不同刀具之间刀尖的 X 向、Z 向的位置偏移有；刀尖圆弧半径补偿包括刀尖圆弧半径值和刀尖位置方向所造成的误差，即半径补偿量 R 和刀尖方位号 T。加工之前，可用操作面板上的功能键 OFFSET 分别设定、修改每把刀具的补中 X、Z、R、T 参数。

4. 刀具补偿的实现

通过 T 指令指定加工中所用刀具号及刀补号，通过 G 指令确定如何进行补偿。

T 指令字由地址码 T 及其后的四位数字组成，格式：T_ _ _ _

前两位数字是刀具号，后两位为刀具补偿号。刀具补偿号其实是刀具补偿寄存器的地址号，为 00~32 中的任意一个数，对应于每一个刀具补偿号都有 X、Z、R、T 参数，00 表示不进行刀补或取消刀补。例如：N50 T0203；表示数控系统自动按照 03 号补偿存储器中的刀具补偿值修正 02 号刀具的位置偏移和刀尖圆弧半径，并根据程序段中的 G41/G42 指令来决定刀尖圆弧半径补偿的方向。

3.4.3 数控车床的循环指令

固定循环指令实质上是数控系统生产厂家针对数控机床的常见加工动作过程按规定的动作次序以子程序形式设计的指令集合，用 G 代码直接调用，这样可以减少编程工作量，简化程序。常见的数控车床循环指令主要分为两类，即简单固定循环指令和复合固定循环指令。

1. 简单循环指令（G90、G94、G92）

在数控机床上，有些加工虽然动作简单，但由于动作典型、使用次数频繁，这样的动作也常常以循环指令的的形式出现。

1）内、外径车削循环指令 G90

该指令用于内、外圆柱、锥面的车削加工。

动作过程：刀具从循环起点先沿 X 轴快进刀，再沿圆锥面进给切削，后沿 X 轴工进退刀，最后沿 Z 轴快速返回循环起点。如图 3-23 所示。

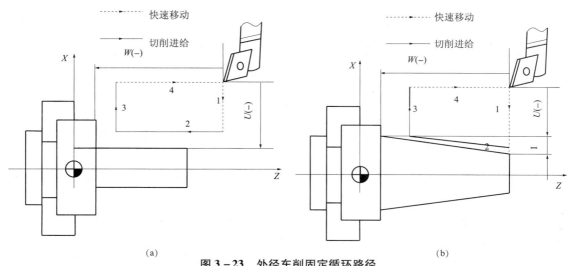

图 3-23 外径车削固定循环路径

(a) 外圆柱面车削循环；(b) 外圆锥面车削循环

指令格式：N_ G90 X（U）_ Z（W）_ I_ F_ ；（内外圆锥面）
　　　　　N_ G90 X（U）_ Z（W）_ F_ ；（内外圆柱面）

X、Z 为柱面或锥面的切削终点；U、W 为柱面或锥面的切削终点相对于循环起点的增量值，循环起点需要在执行固定循环前进行定位；I 为锥面车削始点相对于车削终点的半径增量值，可以将柱面切削看作是锥面切削的特例（I = 0）。F 指定进给速度。

【例 3 - 6】 加工如图 3 - 24 所示外圆柱面。

运用简单指令，程序指令如下。

解：N10　G00　X50；图中（1）步，快速定位；

N20　G01　Z - 30　F100；图中（2）步，加工圆柱面；

N30　X65.0；图中（3）步，工进退刀；

N40　G00　Z2；图中（4）步，快速退刀；

但用固定循环语句只要下面一句就可以代替：

N60　G90　X50　Z - 30　F100；

利用简单固定循环指令 G90 可以将一系列连续的动作"切入—切削—退刀—返回"简化为一个指令。

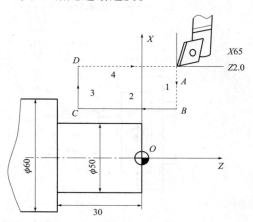

图 3 - 24　外圆柱面加工实例

2）端面车削固定循环指令 G94

使用指令 G94 对平、锥端面进行车削加工。

动作过程：先从循环起点沿 Z 轴快速进刀，再沿 X 轴或锥形端面进给切削，后沿 Z 向工进退刀，最后沿 X 轴快速返回循环起点。如图 3 - 25 所示。

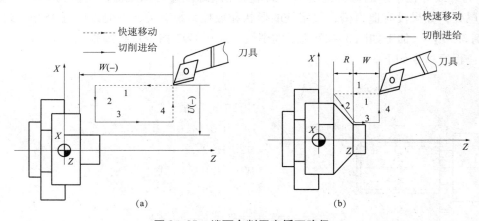

图 3 - 25　端面车削固定循环路径
（a）垂直端面车削；（b）锥形端面车削

指令格式：N_ G94 X（U）_ Z（W）_ K F_ ；（锥形端面车削）
　　　　　N_ G94 X（U）_ Z（W）_ F_ ；（垂直端面车削）

其中，X（U）、Z（W）、F 的含义与 G90 相同；K 为端面车削始点相对于端面车削终点在 Z 方向的坐标增量。垂直端面车削是锥形端面车削的特例（K = 0）。F 为进给速度。

3）简单螺纹切削循环指令 G92

该指令用于等螺距的圆柱、圆锥螺纹的车削加工。

动作过程：刀具从循环起点出发先沿 X 轴快速进刀到切入点，然后以工进速度切削螺纹，沿 X 轴快速退刀，最后快速返回循环起点。如图 3-26 所示。

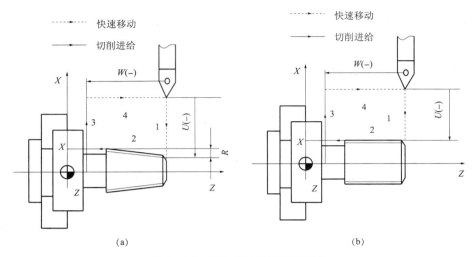

图 3-26 简单螺纹切削循环路径
(a) 圆锥面螺纹车削；(b) 圆柱面螺纹车削

指令格式：N_ G92 X(U)_ Z(W)_ R_ F(L)_ ;（圆锥螺纹）
　　　　　N_ G92 X(U)_ Z(W)_ F(L)_ ;（圆柱螺纹）

X(U)、Z(W) 为螺纹切削的终点值；R 为锥螺纹切削起点与切削终点的半径差值；F(L) 为螺纹导程给出的每转进给率，如果是单线螺纹即为螺距值，单位为 mm/r。螺纹车削到螺尾处，如果没有退刀槽，收尾处的形状和数控系统有关，一般以接近 45°退刀收尾。

【例 3-7】 加工如图 3-27 所示的螺纹，运用 G92 指令进行编程。

解：程序指令如下。

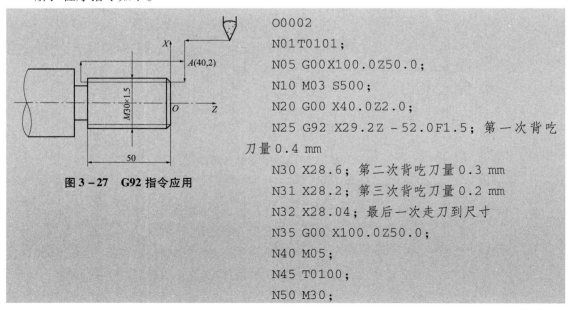

图 3-27 G92 指令应用

```
O0002
N01 T0101;
N05 G00 X100.0 Z50.0;
N10 M03 S500;
N20 G00 X40.0 Z2.0;
N25 G92 X29.2 Z-52.0 F1.5;  第一次背吃刀量 0.4 mm
N30 X28.6;  第二次背吃刀量 0.3 mm
N31 X28.2;  第三次背吃刀量 0.2 mm
N32 X28.04; 最后一次走刀到尺寸
N35 G00 X100.0 Z50.0;
N40 M05;
N45 T0100;
N50 M30;
```

2. 复合循环指令（G71、G72、G73、G70、G76）

在车削加工时，往往加工余量较大，需要多次切削，且每次加工的刀具运动轨迹相差不大，为进一步简化程序，可以使用复合车削固定循环指令。数控系统会根据设置的粗车时每次的被吃刀量、精车余量、进给量等参数，根据编制好的精加工路线自动计算出粗加工走刀路线，控制机床自动重复切削，直至完成工件的全部加工。

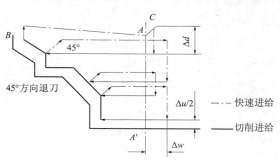

图 3-28　G71 指令循环路径

1）内、外径粗车复合循环指令 G71

适合于圆柱毛坯料粗车外径和圆筒毛坯料粗车内径，特别是切除余量较大的情况。

指令格式：N_　G71　U（Δd）R（e）；
　　　　　　N_　G71　P（ns）Q（nf）U（Δu）W（Δw）F_　S_　T_　；

Δd：为粗加工每次切深（半径值编程）。

e：为退刀量。

ns：为精加工程序组的第一个程序段号。

nf：为精加工程序组的最后一个程序段号。

Δu：为 X 轴方向精加工余量（直径值）。

Δw：为 Z 轴方向精加工余量。

F、S、T：分别为进给功能、主轴功能、刀具功能指令代码。

指令说明：

（1）使用 G71 进行粗加工循环时，只有含在 G71 程序段中的 F、S、T 功能才有效，而含在 ns 至 nf 程序段中的 F、S、T 功能只对精加工有效，即使指定对粗加工循环也无效；

（2）A-B 之间一般符合 X 轴、Z 轴方向的共同单调增大或减少的模式。

（3）粗车循环指令可以进行刀具补偿。

（4）粗加工后的精加工路线为 A—A′……B；

（5）P（ns）和 Q（nf）之间的程序段不能调用子程序。

【例 3-8】　试按图 3-29 所示尺寸编写外径粗车循环加工程序。

解：程序指令如下。

```
O0010
N10  G50  X200  Z140  T0101;
N20  G40  G97  G95  S240  M03;
N30  G00  G42  D01  X122  Z12  M08;
N40  G96  S120;
N50  G71  U2  R0.1;
N60  G71  P70  Q130  U2  W2 F0.3;
N70  G00  X40;
N80  G01  Z-30  F0.15  S150;
```

```
N90  X60  Z-60;
N100  Z-80;
N110  X100  Z-90;
N120  Z-110;
N130  X-120  Z-130;
N140  G00  X125  G40;
N150  X200  Z140;
N160  M02;
```

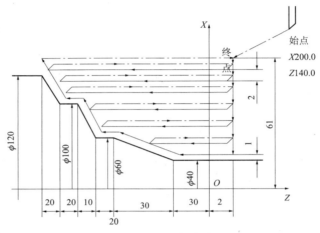

图 3-29 G71 指令应用

2）端面粗车复合循环 G72

G72 指令适用于切除余量较大的棒料毛坯端面方向上的粗车加工。

指令格式：N_ G72 W（Δd）R（e）;
　　　　　N_ G72 P（ns）Q（nf）U（Δu）W（Δw）F_ S_ T_ ;

其地址码含义与内、外径粗车复合循环指令 G71 相同，不同之处是 G71 平行于 Z 轴为主要加工方向，而 G72 是沿着平行于 X 轴进行切削循环加工的。其加工路线如图 3-30 所示。

3）固定形状粗车复合循环指令 G73

指令 G73 适用于毛坯轮廓与零件轮廓形状基本接近时的粗车加工。这种方式对于铸造或锻造毛坯的切削是一种效率很高的方法。G73 循环方式如图 3-31 所示。

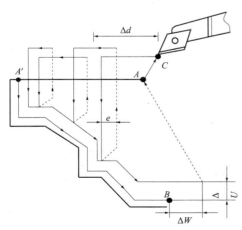

图 3-30 G72 指令循环路径

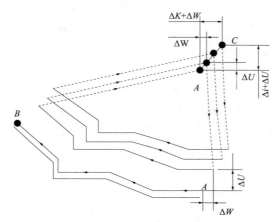

图 3-31 G73 指令循环路径

指令格式：N_ G73 U (Δi) W (Δk) R (d);
　　　　　N_ G73 P (ns) Q (nf) U (Δu) W (Δw) F_ S_ T_ ;

Δi：粗车时 X 轴上的总的切除余量（或称总退刀量），半径值。

Δk：粗车时 Z 轴上的总的切除余量（或称总退刀量）。

d：重复加工次数。

其他参数同 G71、G72。

执行 G73 功能时，每一刀的加工路线的轨迹是相同的，只是位置不同，每走完一刀就把加工轨迹向工件方向移动一个位置。

4）精加工循环指令 G70

由 G71、G72、G73 完成粗加工后，可以用 G70 进行精加工。

指令格式：G70 P (ns) Q (nf);

ns 和 nf 与前述含义相同。在这里 G71、G72、G73 程序段中的 F、S、T 指令都无效，只有 ns 和 nf 在程序段中 F、S、T 才有效，以下面的程序为例，在 N130 程序段之后再加上：

　　N140 G70 P70 Q130;

就完成从粗加工到精加工的全过程。

【例 3-9】 G73 指令应用。如图 3-32 所示，根据图示尺寸编制程序。

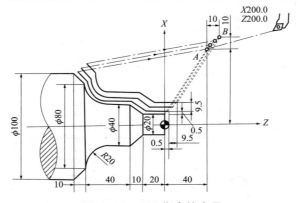

图 3-32 G73 指令的应用

解：程序如下。

```
O0020
N10  G50  X200  Z200  T0101;
N20  G90  G97  G40  S200  M03;
N30  G00  G42  X140  Z40  M08;
N40  G96  S120;
N50  G73  U9.5  W9.5  R3;
N60  G73  P70  Q130  U1.0  W0.5  F0.3;
N70  G00  X20  Z0;  (ns)
N80  G01  Z-20  F0.15  S150;
N90  X40  Z-30;
N100  Z-50;
N110  G02  X80  Z-70  R20;
N120  G01  X100  Z-80;
N130  X105;  (nf)
N140  G00  X200  Z200  G40;
N150  M02;
```

5）螺纹切削复合循环指令 G76

指令功能：一般用于大螺距低精度的螺纹的加工。

指令格式：

N_ G76 P (m) (r) (a) Q (Δdmin) R (d);

N_ G76 X (U) Z (W) R (i) P (k) Q (Δd) F (f);

图 3-33 所示，指令参数说明如下。

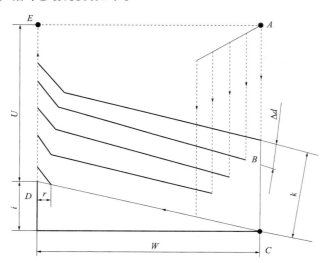

图 3-33 螺纹切削复合循环指令 G76

m：为最后精加工的重复次数，输入范围 1~99

r：为螺纹倒角量。如果 L 为导程的话，该值范围在 0.1～9.9L 之间，以 0.1L 为一挡，用 01～99 代码去指定。

a：为刀尖的角度（螺纹牙的角度），可选择 80°、60°、55°等；m、r、a 用同一地址 P 一次指定。当 m = 2，r = 1.2L，a = 60°，则 P 指令为 P021260。

Δdmin：为最小切入量。

d：为精加工余量。

i：为螺纹部分的半径差，i = 0 为切削直螺纹。

k：为螺纹牙高（X 轴方向的距离用半径值指令）。

Δd：为第一次切入量。

F：为螺纹导程值。

X（U）Z（W）：为螺纹终点坐标。

【例 3 – 10】 螺纹车削复合循环指令 G76 的应用。如图 3 – 34 所示，零件其余加工已完成，应用 G76 指令编制螺纹加工部分程序。

解：程序如下。

```
O0015
N10    G00   G98   G21；（设置快速定位、每分进给、公制尺寸）
N20    T0101；（指定 1 号刀具、刀补号）
N30    S500   M03；（指定 1 号刀具的切削参数，起动主轴正转）
N40    G50   X60   Z130；（设置工件坐标系）
N50    G76   P011060   Q0.1   R0.2；（取 m = 1，r = 1.0L，a = 60°）
N60    G76   X30.32   Z25   P3.68   Q1.8   F6.0；（给定循环参数）
N70    G00   X60   Z130   M05；（关主轴）
N80    M02；（程序结束）
```

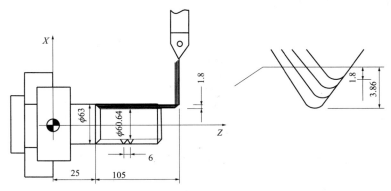

图 3 – 34 螺纹加工指令 G76 应用

3.4.4 数控车床编程实例

【例 3 – 11】 零件如图 3 – 35 所示，试编写数控加工程序。

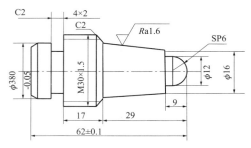

图 3-35 数控车床编程实例

解：

1）零件分析

该工件为阶梯轴零件，其成品最大直径为 φ38，由于直径较小，可以采用 φ40 的圆柱棒料加工后切断即可，这样可以节省装夹料头，并保证各加工表面间具有较高的相互位置精度。装夹时注意控制毛坯外伸量，提高装夹刚性。毛坯为 φ40×1 m 的圆钢棒料。

2）工艺分析

由于阶梯轴零件径向尺寸变化较大，注意恒线速度切削功能的应用，以提高加工质量和生产效率。从右端至左端轴向走刀车外圆轮廓，切螺纹退刀槽，车螺纹，最后切断。切削用量参数见参考程序。

（1）加工工序安排如下。

①用外圆车刀平右端面，用试切法对刀。

②从右端至左端粗加工外圆轮廓（留 0.2～0.5 mm 精加工余量）。

③精加工外圆轮廓至图样要求。

④切螺纹退刀槽。

⑤加工螺纹至图样要求。

⑥切断，并保证总长尺寸要求。

⑦去毛刺，检测工件各项尺寸要求。

（2）工件坐标系原点：工件右端面回转中心。

（3）刀具及切削参数的选择

本程序共用 4 把刀具见表 3-7。各刀具切削参数应根据工件、机床等的不同查阅相关手册确定。

表 3-7 切削参数表

刀具号	刀具名称	主轴转速/（r/min）	进给速度
T01	外圆粗车车刀	800	0.5 mm/r（0.4 m/min）
T02	外圆精车车刀	120	0.1（mm/r）
T03	外切槽刀（刀宽4 mm）	70	0.008（mm/r）
T04	外螺纹车刀	600	1.5（mm/r）

3）参考程序

参考程序见表 3-8。

表 3-8 车削加工程序清单

加工程序	说明
%	程序开始符号
O0006	程序号
N10 G95 G21;	定义毫米制输入、每转入进给方式编程
N20 M03 S800 T0101;	换 T01 号外圆车刀，进行 01 号刀补，主轴正转，$n=800$ r/min
N30 G50 S1500	定义最大主轴转速为 1500 r/min
N40 G96 S100	恒表面线速度切削
N50 G00 X43. Z2. M08	快速点定位，切削液开
N60 G71 U2. R1	外径粗加工循环
N70 G71 P80 Q160 U0.5 W0 F0.5	外径粗加工循环
N80 G00 X0	精车路线 N80～N160
N90 G01 Z0 F0.1	
N100 G03 X12. W-6. R5.	
N110 G01 Z-9	
N115 X16.	
N120 X25.8. Z-29.	
N130 X29.8 W-2	
N140 Z-50	
N150 X38.	
N160 Z-67.	精车线路 N80～N160
N170 G00 X100. Z150	快速返回换刀点
N180 T0202	换 T02 号外圆车刀，02 号刀补
N190 G96 S120	恒表面速度切削
N200 G70 P80 Q160	用 G70 循环指令进行精加工
N210 G00 X100. Z150	快速返回到换刀点
N220 T0303	换 T03 号外切槽刀，03 号刀补
N230 G96 S70	恒表面速度切削
N240 G00 X39. Z-50	快速点定位
N250 G01 X26. F0.08	切槽
N260 G00 X39.	退刀
N270 X100. Z150	快速返回到换刀点

续表

加 工 程 序	说　　明
N280 T0404	换 T04 号外螺纹车刀，导入该刀刀补
N300 M03 G97 S600	主轴正转，$n=600$ r/min
N310 G00 X32 Z-28	快速点定位到螺纹循环起点
N320 G92 X29.205 Z-47 F1.5	第一刀车进 0.8 mm
N330 X28.705	第二刀车进 0.6 mm
N340 X28.38	第三刀车进 0.4 mm
N350 X28.22	第四刀车进 0.16 mm
N360 G00 X100.Z150	快速返回换刀点
N370 T0303	换 T03 号 4 mm 外切槽刀，导入该刀刀补
N380 G00 X40.Z150	快速定位到切断的起始位置
N390 G01 X34.W-3.F0.1	倒角
N400 X0	切断
N410 X0	退刀
N420 G00 X100.Z150	快速返回到换刀点
N430 M30	程序结束，返回程序头

3.5　数控铣床的程序编制

数控铣床具有多坐标轴联动，可以加工平面二维轮廓、平面型腔和曲面轮廓和箱体类零件，如叶片、凸轮、螺旋桨、模具等；此外数控铣床也可以进行钻孔、扩孔、铰孔、攻螺纹、镗孔、螺纹加工等。

3.5.1　数控铣床编程的特点

（1）数控铣床上没有刀库和自动换刀装置，如需换刀，由人工手动完成。
（2）数控铣床具有多种特殊插补功能，如圆柱插补、螺旋线插补等。
（3）数控铣床常具有简化编程功能指令，如镜像、比例缩放等图形变换功能指令和孔加工的固定循环指令等。编程时要充分利用这些功能，提高加工精度和编程效率。
（4）数控铣床编程时，工件坐标系的设定通过 G92 指令实现。另外镗铣类数控机床通过 G90 或 G91 指令选择绝对坐标或增量坐标编程，不能用混合坐标编程，因在数控镗铣床上 U、V、W 为与 X、Y、Z 平行的附加坐标地址，是基本坐标轴。
（5）为了适应圆周分布孔系加工（如法兰类零件）、圆周镗等加工需要，镗铣类数控机床都具有极坐标编程功能。

3.5.2 数控铣床刀具功能的实现

刀具补偿的数值与数控车床一样是通过对刀得到的，在编程前输入到数控系统中，编程时直接通过指令调用就可以实现对刀具的补偿。数控铣床的刀具补偿可分为两类：刀具长度补偿（偏置）和刀具半径补偿。

1. 刀具长度补偿（G43、G44、G49）

数控铣床或者加工中心上，刀具长度偏置指令一般用于刀具轴向（Z向）的补偿。它可以使刀具在Z方向上的实际位移量比程序给定值增加或减少一个偏置量，重新换刀或者磨损后刀尖的长度（刀尖到主轴端面距离）不可能一致，这时可以不改变程序，通过修改刀具长度偏置值，即可加工出所要求的零件尺寸。刀具偏置值在加工前通过MDI方式存放在"刀具偏置值寄存器中"，编程时通过指令调用，编程时就可以不用考虑刀具实际长度变化而直接按照编程尺寸进行计算。刀具长度补偿的建立与撤销都是在刀具的运动过程中，所以必须与运动指令一起使用。

指令格式：

$$N\_ \begin{Bmatrix} G43 \\ G44 \end{Bmatrix} \begin{Bmatrix} G01 \\ G00 \end{Bmatrix} Z\_ \ H\_ \ ;$$

N_ G49 Z_ ;

其中，G43指令为刀具长度正补偿，执行指令时，Z轴实际移动距离等于Z指令值与H中的偏置值之和；G44指令为刀具长度负补偿，执行指令时，Z轴实际移动距离等于Z指令值与H中的偏置值之差；G49指令为取消刀具长度补偿，有的数控系统用G40，或者用H00表示刀具长度补偿的取消；格式中的Z值是指程序中的指令值，即目标点坐标；H为刀具长度补偿代码，后面两位数字是刀具长度补偿寄存器的地址符。如H01指01号寄存器，在该寄存器中存放对应刀具长度的补偿值。

2. 刀具半径补偿指令（G41、G42、G40）

根据已知的零件轮廓，数控系统自动计算刀具中心轨迹称为刀具半径补偿。具有刀具半径补偿功能的数控系统，可按被加工工件轮廓曲线编程，在程序中利用刀具补偿指令，就可以加工出零件的实际轮廓。操作时还可以用同一个加工程序，通过改变刀具半径的偏移量，对零件轮廓进行粗、精加工。

刀具半径补偿根据方向分为左刀补和右刀补两种情况。左、右刀补的判断方法与车床相同。

指令格式：

N_ G41/G42 G00/G01 X_ Y_ D_ ;

N_ G40 G00/G01 X_ Y_ ;

其中，X、Y值是建立、取消补偿的终点坐标值；D为刀具半径补偿代号地址字，后面一般用两位数字表示刀具半径存储地址。刀具半径补偿亦通过G00或G01运动指令建立、取消。另外，补偿建立一般在加工轮廓之前，撤销在轮廓加工完成之后，补偿过程分三步，与车床相同。

3.5.3 简化编程功能指令

数控铣削加工中，常遇到一些加工结构相似或对称，还有一些加工动作顺序固定，这时可以使用简化编程指令。主要有两类：图形变换功能指令和孔加工固定循环指令。

1. 图形变换功能指令

1）比例缩放功能指令（G51、G50）

G51 可使原编程尺寸按指定比例缩放，也可使图形按指定规律进行镜像变换；G50 用来取消比例缩放。

（1）各轴以相同比例进行缩放。

指令格式：N_ G51 X_ Y_ Z_ P_ ；（被缩放的图形加工程序）
　　　　　N_ G50；（取消比例缩放）

其中以 X、Y、Z 为中心进行缩放，省略时默认刀具当前位置，P 为缩放比例，输入范围为 0.001~999.999。该程序段后紧跟被缩放前的图形加工程序，G51 指令只对其后面程序所加工的形状进行缩放加工，对刀具补偿无影响。G50 为取消比例缩放指令，需要单独设置程序段。

（2）各轴以不同比例进行缩放。

指令格式：N_ G51 X_ Y_ Z_ I_ J_ K_；（被缩放前的图形程序）；
　　　　　N_ G50；（取消比例缩放）

X、Y、Z 为缩放中心，省略时默认刀具当前位置；I、J、K 为各轴缩放比例，输入范围为 0.001~9.999，不能用小数表示，表示为 0.001 的整数倍，例如：1 表示为 1000；I、J、K 为负时，为镜像加工。

2）坐标旋转指令（G68、G69）

指令功能：G68 可使图形按指定中心及方向旋转一定角度。G69 用来撤销旋转指令。

指令格式：

$$N\_ \begin{Bmatrix} G17 \\ G18 \\ G19 \end{Bmatrix} G68 \begin{Bmatrix} X\_ \ Y\_ \\ X\_ \ Z\_ \\ Y\_ \ Z\_ \end{Bmatrix} R\_ ;（变换前的图形程序）$$

N_ G69；

该指令通过平面选择指令 G17/G18/G19 确定被旋转图形的旋转中心（X、Y、Z 中的任意两个坐标轴），X、Y、Z 省略时，默认刀具当前位置为旋转中心；R 为旋转角度，最小输入量为 0.001°，输入范围为 -360.000~360.000，正值表示逆时针，负值表示顺时针。

3）图形变换功能指令的应用

【例 3-12】 加工如图 3-36 所示的 4 个凸台，台高为 6 mm。利用图形变换功能指令进行编程。

解：设刀具当前所在位置为如图 3-36 所示工件原点处（0，0），凸台上表面 Z=0，经分析得知：凸台 2 可由凸台 1 经过等比例缩放得到，凸台 3 可由凸台 1 做关于 X=55 这个平面的镜像加工得到，凸台 4 可由凸台 1 经过旋转得到。加工程序清单如表 3-9 所示。

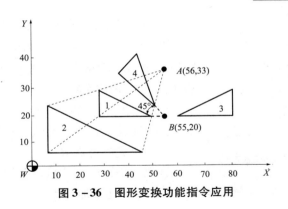

图 3-36 图形变换功能指令应用

表 3-9 例 3-12 的加工程序清单

主 程 序	说 明
O0040	程序号
N0010 G94 G97 G21 G40 G49;	程序初始化
N0020 G92 X0 Y0 Z0;	建立工件坐标系
N0030 M98 P0050;	调用子程序，加工图形 1
N0040 G51 X56.0 Y33.0 P2;	比列缩放
N0050 M98 P0050;	调用子程序，加工图形 2
N0060 G51 X55.0 Y20.0 I-1000 J1000;	镜像加工
N0070 M98 PO050;	调用子程序，加工图形 3
N0080 G50;	取消比列缩放
N0090 G17 G68 X55.0 Y20.0 R-45.000;	坐标旋转
N0100 M98 P0050;	调用子程序，加工图形 4
N0110 G69;	取消坐标旋转
N0120 M30;	程序结束
子 程 序	说 明
O0050	
N0010 G41 G00 X30.0 Y20.0 D02 S1000 M03 M08;	快进，准备加工
N0020 G43 G01 Z-6.0 H02 F100;	下刀
N0030 X50.0;	加工轮廓
N0040 X30.0 Y30.0;	
N0050 Y20.0;	
N0060 G49 Z0.0;	抬刀
N0070 G40 G00 X0.0 Y0.0 M05 M09;	快回至起刀点
N0080 M99;	子程序结束

2. 孔加工固定循环指令

数控铣床、加工中心和车削中心上一般都具有孔加工固定循环功能：钻孔、锪孔、镗孔、铰孔、攻螺纹等。

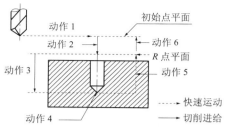

图 3-37 固定循环指令的基本动作

1) 固定循环指令的基本动作

孔加工固定循环指令即用一个 G 代码代替多个有序的简单指令的组合。一般包括如图 3-37 所示 6 个动作，三个作用平面。

（1）固定循环的动作包括以下几种。

①X 轴及 Y 轴快速定位于初始点 B。

②快进到参考点 R。

③以切削进给方式执行孔加工动作。

④孔底动作，如暂停、主轴准停、刀具偏移、光整加工等。

⑤返回参考平面。

⑥快速返回初始点。

（2）孔加工中的三个作用平面。

①初始平面：初始点 B 所在的与 Z 轴垂直平面。初始平面是为了安全操作而设定的一个平面。初始平面到工件表面的距离可以任意设定。当使用同一把刀具加工若干个孔时，孔间存在障碍需要跳跃或全部加工完成之后才使刀具返回初始平面的初始点。

②参考平面：参考点 R 所在的与 Z 轴垂直的平面。它是刀具下刀时从快进转为工进的高度平面，与工件的距离主要考虑工件表面尺寸的变化，一般为 2~5 mm。

③孔底平面：孔底点所在的与 Z 轴垂直的平面。加工盲孔时，孔底平面就是孔底部 Z 轴高度；加工通孔时，一般刀具要伸出工件一定距离，保证全部孔深加工到尺寸；钻孔时还要考虑钻尖对孔深的影响。

2) 固定循环指令基本格式

N_ G91 G98
N_ G90 G99 } G73 ~ G89 X_Y_Z_R_Q_P_F_K；

X_ Y_ 为孔的位置（与 G90，G91 有关）

Z：为孔底坐标值，使用指令 G90 时为 Z 的绝对坐标值；使用指令 G91 时是孔底相对于参考平面的增量坐标值。

R：为参考面的 Z 坐标值，使用指令 G90 时为 Z 的绝对坐标值；使用指令 G91 时是 R 平面相对于 B 平面的增量坐标值。

P：为刀具在孔底的暂停时间，为整数，单位为 ms。

Q：为每次加工的深度（与 G90、G91 无关，G73/G83），或规定刀具孔底偏移量的（G76 或 G87）。

K：为循环次数。G90 模态下，可对原来的孔重复进行加工；G91 模态下能够依次加工出分布均匀的孔系。加工一次可省略。

G98 加工完成返回初始点 B 平面，G99 加工完成返回参考点 R 平面。

指令说明：

（1）G73、G74、G76 和 G81~G89 是模态指令，孔加工的数据也是模态的。G80、G00、G01、G02、G03 等都可以取消孔加工固定循环；孔加工固定循环指令中指定的进给速度 F 为模态指令，即使取消了固定循环，在其后的加工程序中仍然有效。

（2）为了提高加工效率，在使用固定循环指令时，应事先使主轴回转。

（3）使用孔加工固定循环指令时，刀具长度补偿指令至点 R 时生效，刀具半径补偿机能失效。

3）指令介绍

下面主要主要介绍三类孔加工固定循环指令：钻孔循环、镗孔循环、攻螺纹循环。

（1）钻孔固定循环指令。

①高速深孔往复排屑钻循环指令 G73。

指令格式：N_G73 X_Y_Z_R_Q_F_K_；

G73 指令是在钻孔时间段进给，有利于断屑和排屑，适于深孔加工，如图 3-38 所示。其中 Q 为分步切深，最后一次进给深度≤Q，退刀距离为 d，由系统内部设定。

②定点钻孔循环指令 G81。

指令格式：G81 X_Y_Z_R_F_K；

用于一般孔钻削，动作过程如图 3-39 所示。

③带暂停的钻孔循环指令 G82。

指令格式：G82 X_Y_Z_R_P_F_K；

G82 与 G81 的区别在于，G82 指令使刀具在孔底暂停，如图 3-40 所示。暂停时间用 P 来指定。

④深孔往复排屑钻循环指令 G83。

指令格式：G83 X_Y_Z_R_Q_F_K；

其中 Q、d 与 G73 相同；G83 与 G73 的区别在于，G83 指令在每次进刀 Q 距离后返回 R 点，这样对深孔钻削时排屑有利，其动作如图 3-41 所示。

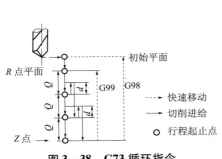

图 3-38　G73 循环指令

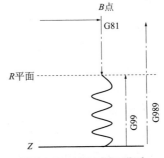

图 3-39　G81 循环指令

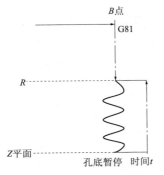

图 3-40　G82 循环指令

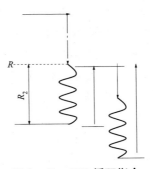

图 3-41　G83 循环指令

（2）镗孔固定循环指令。

①镗孔循环指令 G85。

指令格式：G85 X_Y_Z_R_ F_K；

执行 G85 指令，起动主轴正转，刀具以进给速度镗孔至孔底后以进给速度退出，无孔底动作。动作过程如图 3-42 所示。

②精镗固定循环指令 G76。

指令功能：G76 指令用于精密镗孔加工，精镗至孔底后，有三个孔底动作：进给暂停（P）、主轴定向准停（OSS）及刀具偏移 Q 距离，然后刀具退出，从而消除退刀痕。其动作循环如图 3-43 所示。

指令格式：G76 X_Y_Z_R_Q_P_F_K；

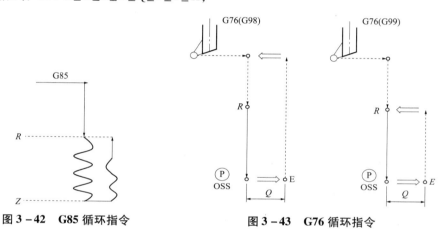

图 3-42　G85 循环指令　　　　图 3-43　G76 循环指令

③镗孔循环指令 G86。

指令格式：G86 X_Y_Z_R_P_F_K；

G86 与 G85 的区别在于，执行 G86 指令刀具到达孔底位置后，主轴停转，并快速退回。动作过程如图 3-44 所示。

④反镗孔固定循环指令 G87。

指令功能：G87 指令用于精密镗孔加工，它可以通过主轴定向准停动作，让刀进入孔内实现反镗。其动作过程如图 3-45 所示。

指令格式：G98 G87 X_Y_Z_R_Q_F_K；

执行 G87 指令，动作步骤如下：①主轴正转，刀具快速定位到 B 点，主轴准停且刀具沿刀尖的反方向偏移 Q 值；②快速运动到孔底位置；③刀具沿刀尖正方向偏移 Q，恢复让刀量，起动主轴正转；④沿 Z 轴正向进给运动至 R 点，主轴准停，刀具沿刀尖的反方向偏移 Q 并快退；⑤沿刀尖正方向偏移到 B 点，再次起动主轴正转。该指令只能返回 B 平面，故只能用 G98 指令。

⑤带手动的镗孔固定循环指令 G88。

指令格式：G98/G99 G88 X_Y_Z_R_P_F_K；

该指令用于带手动的镗孔加工。循环加工到孔底之后，在孔底暂停，主轴停转，刀具可在手动方式下退出工件，再转为自动方式，按下循环起动键，刀具自动返回参考平面或者初始平面，起动主轴正转。动作过程如图 3-46 所示。

⑥带暂停的镗孔固定循环指令 G89。

指令格式：G98/G99 G89 X_Y_Z_R_P_F_K；

该指令用于镗孔加工，与 G85 的区别是多了孔底暂停动作，且 G89 是以工进速度退刀的。动作过如图 3-47 所示。

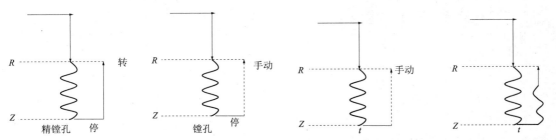

图 3-44　G86 循环指令　　图 3-45　G87 循环指令　　图 3-46　G88 循环指令　　图 3-47　G89 循环指令

（3）攻螺纹循环指令 G74/G84。

指令格式：N_ G84/ G74 X_Y_Z_R_P_F_K；

G74 指令用于反转攻螺纹（左螺纹）。执行指令前应使主轴反转，攻螺纹至孔底后，主轴暂停后变为正转，同时 Z 轴退出，动作过程如图 3-48。操作机床时应注意：G74 指令执行过程中，"进给速度倍率"开关无效，此外，即使进给保持信号有效，在返回动作结束前，Z 轴也不会停止运动，这样可以避免误操作引起螺纹加工误差及刀具不能退出工件现象的出现。G84 正转攻螺纹（攻右螺纹）指令与之类似，只是主轴转向恰好相反，动作过程如图 3-49 所示。

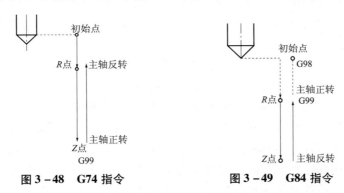

图 3-48　G74 指令　　　　　图 3-49　G84 指令

（4）取消孔加工固定循环指令 G80。G80 指令可取消孔加工固定循环，孔的加工数据包括点 R、点 B 等，但进给功能 F 指令续效。还可用 G00、G01、G02、G03 等指令取消孔的固定循环。

【例 3-13】　运用 G73 指令编制程序，完成如图 3-50 所示板类零件上的孔系加工。

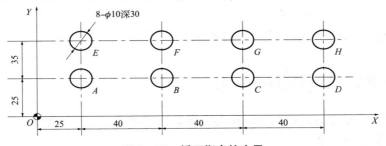

图 3-50　循环指令的应用

解：程序如下。

```
O0002;                                      程序号
N10 G90 G54 G00 X0 Y0;                      建立工件坐标系
N20 M03 S600 F100;                          主轴正转
N30 G99 G73 X25.0 Y25.0 Z-30.0 R3.0 Q6.0 F50;   加工 A 孔
N40 G91 X40.0 L3;                           加工 B、C、D 孔
N50   Y35.0;                                加工 H 孔
N60   X-40.0 L3;                            加工 G、F、E 孔
N70   G80 G00 X0 Y0;                        取消循环
N80 M05;                                    主轴停转
N90 G00 Z50.0;                              提刀
N100 M05;                                   主轴停转
N110 M30;                                   结束程序并返回
```

数控铣床与镗铣类数控机床（加工中心）的编程基本相同，由于篇幅有限，不再单独举例。

3.5.4 镗铣类数控机床（加工中心）编程的特点

加工中心是从数控铣床发展而来的，具有刀库和自动换刀装置，因而，加工中心具有数控镗、铣、钻床的综合功能，可实现钻、镗、铣、铰、攻螺纹、切槽等加工功能。

1) 数控加工中心的编程特点

数控加工中心具有刀库和自动换刀装置，可在一个工序中多次换刀，工序可以集中。能够实现精度要求较高的复合加工，生产效率高，质量稳定；在批量小、刀具种类不多时，宜手动换刀，以减少机床调整时间；一般批量大于 10 件需要频繁更换刀具时，才采用自动换刀。自动换刀时要留有足够的空间，避免发生撞刀事故；加工中心编程时，一般不同的工艺内容应编制不同的子程序，可选用不同的工件坐标系，主程序主要完成换刀及子程序的调用。这样便于各工序程序独立调试，也便于调整加工顺序。除换刀程序外，加工中心的编程和铣床的基本相同，编程时要注意灵活应用其特殊插补功能和循环指令。

2) 加工中心的自动换刀

加工中心的自动换刀功能包括选刀和换刀两部分内容。①选刀是把刀库上被指定的刀具自动转换到换刀位置，为下次换刀做准备，是通过 TXXXX 指令实现的；②换刀是把刀库中处于换刀位置的刀具与主轴上的刀具进行自动交换，是由换刀指令 M06 来实现的。通常选刀和换刀分开进行，不同的加工中心其过程是不完全一样的。

3.5.5 数控镗铣床编程实例

【例 3-14】 使用刀具补偿功能和固定循环加工功能，加工如图 3-51 所示零件上的 13 个孔。试编制数控程序。

解：分析如下。

1）零件图分析

该零件的孔加工中有通孔、盲孔，需要钻、镗加工，可以在数控铣床或数控加工中心上完成加工。在此采用数控加工中心来实现程序，要注意刀具的更换。

2）工艺分析

（1）工艺路线的确定。孔加工按照先小孔后大孔的加工原则，确定工艺路线从编程原点开始，再顺序加工 1 号至 13 号孔。

（2）工艺参数的确定。根据零件图的孔径要求，加工需要 3 把刀具。钻：φ10 孔的钻头刀具 T11，钻 φ20 孔的钻头刀具 T15，镗 φ95 孔的镗刀 T31。具体切削参数见表 3-10。

表 3-10 切削参数

刀具号	刀具名称	刀具（长度）补偿号	主轴转速	进给速度/（mm/min）
T11	钻 φ10 通孔钻头	11	30 r/min	120
T15	钻 φ20 通孔钻头	15	20 r/min	70
T31	外切槽刀（刀宽 4 mm）	31	70 m/min	50

（3）工件坐标系的确定。工件坐标系的原点设定在参考点位置，如图 3-51 所示。

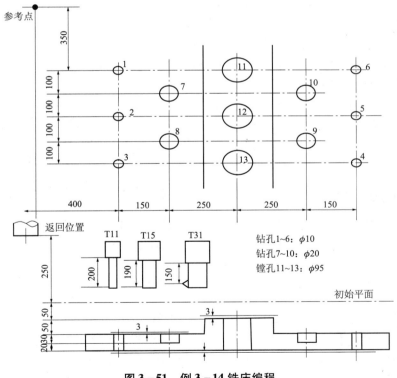

图 3-51 例 3-14 铣床编程

3）程序清单

例 3-14 的程序清单如表 3-11 所示。

表 3-11 例 3-14 的加工程序清单

加 工 程 序	说　　明
O0020	程序号
N0010　G92　X0　Y0　Z0；	工件坐标系设置在参考点
N0020　G90　G00　Z250.0　T11　M06；	到换刀点换 T11 刀具
N0030　G43　Z0　H11；	到初始平面，长度补偿
N0040　S30　M03；	主轴正转
N0050　G99　G81　X400.0　Y-350.0　Z-153.0　R-97.0　F120；	钻 1 孔
N0060　Y-550.0；	钻 2 孔
N0070　G98　Y-750.0；	钻 3 孔
N0080　G99　X1200.0；	钻 4 孔
N0090　Y-550.0；	钻 5 孔
N0100　G98　Y-350；	钻 6 孔
N0110　G00　X0　Y0　M05；	X、Y 坐标返回到参考点，主轴停
N0120　G49　Z250.0　T15　M06；	到换刀点，取消刀具长度补偿，换 T15 刀具
N0130　G43　Z0　H15；	到初始平面，并进行刀具长度补偿
N0140　S20　M03；	主轴正转
N0150　G99　G82　X550.0　Y-450.0　Z-130.0　R-97.0　P300　F70；	定位，钻 7 孔，返回到 R 平面，孔底暂停
N0160　G98　Y-650.0；	定位，钻 8 孔，返回到初始平面，孔底暂停
N0170　G99　X1050.0；	定位，钻 9 孔，返回到 R 平面，孔底暂停
N0180　G98　X-450.0；	定位，钻 10 孔，到初始平面，孔底暂停
N0190　G00　X0　Y0　M05；	返回到参考点，主轴停
N0200　G49　Z250.0　T31　M06；	到换刀点，取消长度补偿，换 T31 刀具
N0210　G43　Z0　H31；	到初始平面，进行刀具长度补偿
N0220　S10　M03；	主轴正转
N0230　G99　G85　X800.0　Y-350.0　Z-153.0　R-47.0　F50；	定位，钻 11 孔，返回到 R 平面
N0240　G91　Y-200.0　K2；	定位，钻 12、13 孔，返回到 R 平面
N0250　G28　X0　Y0　M05；	经中间点（0，0，-47.0）回到参考点，主轴停
N0260　G49　Z0；	取消刀具长度补偿
N0270　M30；	程序停止

知识拓展

随着数控技术的发展,先进的数控系统不仅向用户编程提供了一般指令代码,如 G、M 指令等,而且向编程者提供了扩展数控功能的手段——用户宏程序,如 FANUC、SIEMENS 等数控系统的宏程序与参数编程。

所谓宏程序(Custom Macro)其实质与子程序相似,就是以变量的组合,通过各种算术和逻辑运算,转移和循环等命令,编制的一种可以灵活运用的程序,只要改变变量的值,即可以完成不同的加工和操作。用宏程序可以简化程序的编制,提高工作效率,实现普通编程难以实现的功能。

本章小结

本章共分为五个知识模块。第一知识模块讲述了数控机床编程的基础知识,包括数控编程的概念、机床坐标系和工件坐标系的建立、程序的构成与格式等,为数控程序的编制做准备;第二知识模块通过 FUNAC 数控系统介绍了数控机床的基本通用指令,包括准备功能 G 指令、准备功能 M 指令、进给功能 F 指令、主轴功能 S 指令、刀具功能 T 指令。虽然为通用指令,但是不同的数控系统仍可能有不同之处,使用时应参阅数控系统使用手册;第三知识模块为数控车床的程序编制。讲述了数控车床的编程特点及简化编程功能指令,并通过实例进行了指令的应用。第四知识模块为数控铣床的程序编制,讲述了数控铣床的编程特点和简化编程功能指令,并通过实例进行应用。第五知识模块为镗铣类数控机床(加工中心)程序编制,这一部分只讲述了加工中心的程序编制的特点,因为数控加工中心的程序编制和数控铣床的类似,只需注意刀具的更换即可。完成本章学习后,应该能够对简单零件的加工进行工艺分析,编制出加工程序。

思考题与习题

1. 简述数控程序编制的基本内容和步骤。
2. 如何确定数控机床的坐标轴及运动方向?画出常见的数控机床的机床坐标系。
   (1) 卧式数控车床。
   (2) 双立柱式龙门数控铣床。
   (3) 牛头刨床。
   (4) 卧式镗铣床。
3. 参考点与机床原点之间有什么关系?这种关系是如何建立起来的?
4. 工件坐标系的作用是什么?如何建立工件坐标系?
5. 完整的数控程序由几部分组成?程序段常用哪一种格式?
6. 数控车床的程序编制有何特点?其刀具补偿是如何实现的?
7. 数控铣床的程序编制有何特点?其刀具补偿是如何实现的?
8. 数控车床有哪些常用的简化编程功能指令?使用时有哪些注意事项?
9. 数控铣车床有哪些常用的简化编程功能指令?使用时有哪些注意事项?
10. 数控加工中心的程序编制有何特点?与数控车床和铣床的主要区别是什么?
11. 编写如图 3-52 所示零件的精加工程序,图中 $\phi100$ 外圆不需加工。
12. 加工如图 3-53 所示零件,工件材料为 45 号钢,毛坯尺寸为 $\phi52$ 的棒料,粗糙度

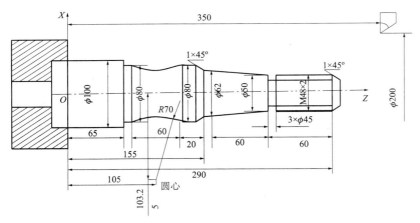

图 3-52 题 11 图

Ra 为 1.6 μm。编写零件的加工程序。

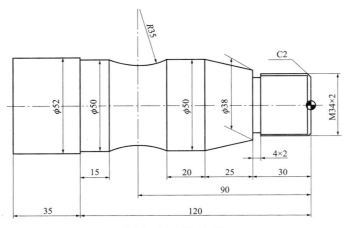

图 3-53 题 12 图

13. 用立式铣床，加工如图 3-54 所示板类零件上方高度为 10 mm 的凸台外轮廓，考虑刀具补偿。

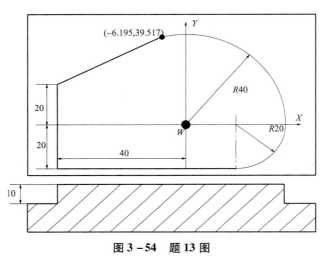

图 3-54 题 13 图

14. 用立式数控加工中心或数控铣床加工如图3-55所示零件上的各孔，试编制加工程序。要求预钻中心孔。

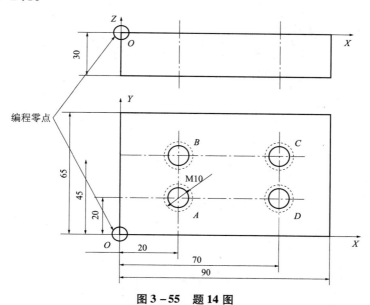

图3-55 题14图

第 4 章　插补原理

【本章知识点】
1. 插补的概念及分类。
2. 基准脉冲插补的原理，重点是逐点比较法和数字积分法。
3. 数据采样插补的原理，重点是内接弦法。
4. 加工过程中不同插补法下的速度控制方法。

4.1　概　　述

插补功能是整个数控系统中一个极其重要的功能模块之一，其算法的选择将直接影响到系统的精度、速度及加工能力等。

根据零件图编写出数控加工程序后，通过输入设备将其传送到数控装置内部，然后经过数控系统控制软件的译码和预处理，就开始针对刀具补偿计算后的刀具中心轨迹进行插补运算处理。

4.1.1　插补的基本概念

数控系统根据零件轮廓线形、运动速度等信息，实时地计算出刀具的一系列加工点，或用基本线形（如直线、圆弧等）去拟合复杂曲线曲面，从而进行速度控制和位置控制。通常把这个过程称为"插补"。插补原理也叫轨迹控制原理。插补实质上是根据有限的信息完成"数据点的密化"工作。

插补主要有两项任务：一是用小线段逼近产生基本线形（如直线、圆弧等）；二是用基本线形拟合其他轮廓曲线。插补运算具有实时性，直接影响刀具的运动。插补运算的速度和精度是数控装置的重要指标。

4.1.2　插补的分类

插补工作可由硬件逻辑电路或软件程序来完成，也可由软、硬件结合完成。因此根据插补器形式的不同，可分为硬件插补器、软件插补器和软硬件结合插补器。显然，硬件插补的速度快，但电路复杂，并且调整和修改都相当困难，缺乏柔性；而软件插补器的速度虽然慢一些，但软件插补结构简单、灵活易变、可靠性好、调整方便，特别是目前计算机处理速度的不断提高，缓和了插补速度与精度之间的矛盾，多数控制系统都采用软件插补器。

常见零件轮廓的形状有直线、圆弧、抛物线、自由曲线等，但其中直线和圆弧是构成被加工零件轮廓的基本线形，所以绝大多数数控系统都具有直线和圆弧插补功能，下面将对此进行重点介绍。而对于某些高档数控系统中所具有的椭圆、抛物线、螺旋线、列表曲线等复杂线形的插补功能，可以参阅有关书籍。

根据插补所采用的原理及算法的不同，可有多种插补方法。目前普遍应用的两类插补方法为基准脉冲插补和数据采样插补。

1) 脉冲增量插补算法

脉冲增量插补（又称行程标量插补）算法通过向运动部件的各个坐标轴分配脉冲，控制其相互间协调运动，从而按程序要求完成运动。这类插补算法的特点是每次插补仅产生一个单位的行程增量，以单位脉冲的形式输出给步进电动机。因此，该类插补被称为脉冲增量插补。每个单位脉冲对应的坐标轴位移量，称之为脉冲当量。脉冲当量是脉冲分配的基本单位，它决定了设备的控制精度。

在脉冲增量插补算法中，脉冲序列的频率代表坐标运动的速度，而脉冲的数量代表运动位移的大小。一般而言，脉冲增量插补算法较适合于中等精度和速度的数字控制系统。由于脉冲增量插补误差不大于一个脉冲当量，并且其输出的脉冲速率主要受限于插补程序所用的时间。例如：实现某一脉冲增量插补算法大约需要 50 s 的时间，当系统脉冲当量为 0.001 mm 时，则可求得单个坐标轴的极限运动速度约为 1.2 m/min。当要求两个或两个以上坐标轴联动控制时，所获得的运动速度将进一步降低。如果需要将单轴的极限运动速度提高到 12 m/min，则在插补算法不变的条件下，必须将脉冲当量增大到 0.01 mm。这种制约关系就限制了机电设备的运行精度和速度的提高。

2) 数据采样插补算法

数据采样插补（又称时间标量插补）算法是根据输入控制系统的运动信息，先将执行部件按插补周期分割为一系列首尾相连的微小直线段，然后将这些微小直线段对应的位置增量数据输出，用以控制伺服系统实现坐标轴进给。与脉冲增量插补算法相比，数据采样插补算法的结果不再是单个脉冲，而是位置增量的数字量。这类插补算法适用于以直流或交流伺服电动机作为执行元件的闭环或半闭环控制系统。

在数据采样插补的数控系统中，每调用一次插补程序，就计算出本次插补周期内各坐标轴的位置增量，并与采样所获得的实际位置（反馈值）进行比较，从而获得位置跟踪误差。控制系统根据当前的位置误差计算出各坐标轴的速度，随后输出至驱动装置，通过执行机构带动系统中的运动部件朝着减小误差的方向运动，以保证整个系统的控制精度。

机电控制系统是一个多任务控制系统，它不仅有插补运算任务，而且还应完成程序编制、数据存储、任务管理等其他功能。因此，要求插补运算仅占用插补周期的部分时间，一般要求插补程序占用的时间不大于计算机在一个插补周期工作时间的 40%，以便在余下的时间内，计算机可以去做其他工作，也就是说数据采样插补程序的运行时间已不再是限制运动速度的主要因素。运动速度的上限将取决于圆弧插补过程中的弦弧误差以及执行元件的动态响应特性。

4.2 脉冲增量插补算法

脉冲增量插补算法比较简单，通常仅需几次加法和移位操作就可完成插补运算。比较容易用硬件实现，并且处理速度很快。当然，也可以用软件来实现。属于这类插补的具体算法有：逐点比较法、最小偏差法、数字积分法、比较积分法、目标点跟踪法等。

4.2.1 逐点比较法

1. 逐点比较法基本原理

数控系统在刀具按要求轨迹运动加工零件轮廓的过程中，不断比较刀具与被加工零件轮廓之间的相对位置，并根据比较结果决定下一步的进给方向，使刀具沿着坐标轴向减小偏差的方向进给，且只有一个方向的进给。也就是说，逐点比较法每一步均要比较加工点瞬时坐标与规定零件轮廓之间的距离，依此决定下一步的走向。如果加工点走到轮廓外面去了，则下一步要朝着轮廓内部走；如果加工点处在轮廓的内部，则下一步要向轮廓外面走，以缩小偏差。周而复始，直至全部结束，从而获得一个非常接近于数控加工程序规定轮廓的刀具中心轨迹。

逐点比较法既可实现直线插补，也可实现圆弧插补。其特点是运算简单直观，插补过程的最大误差不超过一个脉冲当量，输出脉冲均匀，而且输出脉冲速度变化小，调节方便，但不易实现两坐标以上的联动插补。因此，在两坐标数控机床中应用较为普遍。

一般来讲，逐点比较法插补过程每一步都要经过如图4-1所示的四个工作节拍。

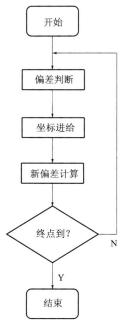

图4-1 逐点比较法插补工作流程

1）偏差判别

判别刀具当前位置相对于给定轮廓的偏差情况，即通过偏差值符号确定加工点处在理想轮廓的哪一侧，并以此决定刀具进给方向。

2）坐标进给

根据偏差判别结果，控制相应坐标轴进给一步，使加工点向理想轮廓靠拢，从而减小其间的偏差。

3）新偏差计算

刀具进给一步后，针对新的加工点计算出能反映其偏离理想轮廓的新偏差，为下一步偏差判别提供依据。

4）终点判别

每进给一步后都要判别刀具是否达到被加工零件轮廓的终点，若到达了则结束插补，否则继续重复上述四个节拍的工作，直至终点为止。

下面就对逐点比较法直线插补和圆弧插补的基本原理及其实现方法进行详细介绍。

2. 逐点比较法直线插补

设第一象限直线$\overline{OE}$，起点为坐标原点$O(0,0)$，终点为$E_e(X_e, Y_e)$，另有一个动点为$P(X_i, Y_i)$，如图4-2所示。其中，各个坐标值均是以脉冲当量为单位的整数，以便于后面的推导与讲解，并且在脉冲增量式插补算法中都是这样约定的。

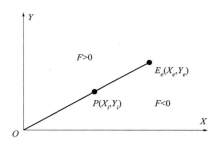

图4-2 第一象限动点与直线

1）偏差函数的构造

当动点P正好在直线$\overline{OE}$上时，则有下式成立：

$$\frac{Y_i}{X_i} = \frac{Y_e}{X_e} \quad (4-1a)$$

即
$$X_e Y_i - X_i Y_e = 0 \quad (4-1b)$$

当动点P处于直线$\overline{OE}$的下方时，直线$\overline{OP}$的斜率小于直线$\overline{OE}$的斜率，从而有：

$$\frac{Y_i}{X_i} < \frac{Y_e}{X_e} \quad (4-2a)$$

即
$$X_e Y_i - X_i Y_e < 0 \quad (4-2b)$$

当动点P处于直线$\overline{OE}$的上方时，直线$\overline{OP}$的斜率大于直线$\overline{OE}$的斜率，从而有：

$$\frac{Y_i}{X_i} > \frac{Y_e}{X_e} \quad (4-3a)$$

即

$$X_e Y_i - X_i Y_e > 0 \quad (4-3b)$$

由上述关系可以看出，表达式 $(X_eY_i - X_iY_e)$ 的符号就能反映出动点 P 相对直线 $\overline{OE}$ 的偏离情况，为此取偏差函数 F 为

$$F = X_eY_i - X_iY_e \quad (4-4)$$

根据上述过程可以概括出如下关系。

当 $F=0$ 时，动点 P (X_i, Y_i) 正好处在直线 $\overline{OE}$ 上。

当 $F>0$ 时，动点 P (X_i, Y_i) 落在直线 $\overline{OE}$ 上方区域。

当 $F<0$ 时，动点 P (X_i, Y_i) 落在直线 $\overline{OE}$ 下方区域。

2）进给方向的判别

假设要加工如图 4-3 所示的直线轮廓 $\overline{OE}$，动点 P (X_i, Y_i) 为刀具对应的切削位置。显然，当刀具处在直线 $\overline{OE}$ 的下方区域（即 $F<0$ 时，为了减小动点相对直线轮廓的偏差，则要求刀具向 $+Y$ 方向进给一步；当刀具处在直线 $\overline{OE}$ 的上方区域（即 $F>0$ 时，为了减小动点相对直线轮廓的偏差，则刀具应向 $+X$ 方向进给一步；当刀具正好处在直线上（即 $F=0$），且刀具尚未到达直线轮廓的终点时，在理论上既可要求刀具向 $+X$ 方向进给一步，也可要求其向 $+Y$ 方向进给一步。一般情况下，统一规定当 $F=0$ 时，刀具向 $+X$ 方向进给一步，从而使 $F>0$ 和 $F=0$ 两种情况统一起来，即 $F \geq 0$。

根据上述原则，从原点 O $(0, 0)$ 开始，刀具每走一步之前，需判别 F 的符号，以确定趋近直线的进给方向，随后计算一次 F，步步前进，直至终点 E。由此可见，采用逐点比较法插补可控制刀具走出一条尽量接近零件直线轮廓的轨迹，如图 4-3 所示的折线。显然，脉冲当量的大小与折线逼近零件轮廓的程度有关，脉冲当量越小，折线的逼近程度越高，反之越低。

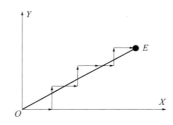

图 4-3　第一象限直线插补轨迹

3）新偏差函数的构造

由式 (4-4) 可以看出，在计算 F 时，总是要做乘法和减法运算。在用硬件或汇编语言软件实现时不太方便，还会增加运算时间。因此，为了简化运算，通常采用递推算式来求取 F 值，即每进给一步后，新加工点的偏差值总是通过前一点的偏差值递推算出来的。

现假设第 i 次插补后，动点坐标为 N (X_i, Y_i)，偏差函数为

$$F_i = X_eY_i - X_iY_e$$

若 $F_i \geq 0$，刀具应向 $+X$ 方向进给一步，新的动点坐标值为

$$X_{i+1} = X_i + 1, \quad Y_{i+1} = Y_i$$

则新的偏差函数为

$$F_{i+1} = X_eY_{i+1} - X_{i+1}Y_e = X_eY_i - X_iY_e - Y_e$$

所以有：

$$F_{i+1} = F_i - Y_e \tag{4-5}$$

同理，当 $F_i < 0$ 时，刀具应向 $+Y$ 方向进给一步，新的动点坐标值为

$$X_{i+1} = X_i, \quad Y_{i+1} = Y_i + 1$$

对应的新偏差函数为

$$F_{i+1} = X_e Y_{i+1} - X_{i+1} Y_e = X_e Y_i - X_i Y_e + X_e$$

所以有：

$$F_{i+1} = F_i + X_e \tag{4-6}$$

由式（4-5）和式（4-6）可以看出，采用递推公式计算偏差函数 F，将不涉及动点坐标与乘法运算，仅与直线的终点坐标以及前一点的偏差函数值有关，并且算法简单，易于实现。

要说明的是，通过坐标平移的方式可以使每个直线轮廓段的起点总处在坐标系的原点上。因此，偏差函数的初始值为 $F_0 = 0$。

综上所述，第Ⅰ象限的偏差函数与进给方向有以下关系。

当 $F_i \geq 0$ 时，刀具向 $+X$ 方向进给，新的偏差函数值为 $F_{i+1} = F_i - Y_e$。
当 $F_i < 0$ 时，刀具向 $+Y$ 方向进给，新的偏差函数值为 $F_{i+1} = F_i + X_e$。

4）终点判别

在插补计算过程中，还有一项工作需要同步进行，即终点判别，以确定刀具是否抵达直线终点。如果到了就停止插补运算，否则继续作循环插补处理。

常用的终点判别方法有以下三种。

（1）总步长法。在插补计算之前，先设置一个总步长计数器，并将被插补直线轮廓在各个坐标轴方向上应走的总步数求出来，加在一起存入计数器中，即

$$\sum = |X_e| + |Y_e| \tag{4-7}$$

然后每插补计算一次，无论向哪个坐标轴进给一步，计数器都做减 1 修正，这样当总步数减到零时，则表示刀具已经抵达直线轮廓的终点。

（2）投影法。与总步长法相似，将被插补直线轮廓终点坐标值中较大的那一个轴总步数求出，并存入计数器中，即

$$\sum = \max\{|X_e|, |Y_e|\} \tag{4-8}$$

然后在插补过程中，每当终点坐标值较大的那个轴进给一步，相应计数器就做减 1 修正，直至为零，则表示刀具到达直线轮廓的终点。

（3）终点坐标法。在插补运算之前，先设置两个步长计数器，分别记录被插补直线轮廓在两个坐标轴方向上应走的总步数，并存入各自的计数器中，即

$$\sum\nolimits_1 = |X_e|, \quad \sum\nolimits_2 = |Y_e| \tag{4-9}$$

然后在插补过程中，每当 $+X$ 方向进给一步，计数器 $\sum_1$ 就减 1 修正一次；每当 $+Y$ 方向进给一步，计数器 $\sum_2$ 就减 1 修正一次。只有当两个步长计数器均为零时，则表示刀具到达直线轮廓的终点。

逐点比较法软件实现时具有极大的灵活性，但插补的精度和速度受到控制系统中所用计算机的字长和运算速度等方面的限制。

【例 4-1】 设欲加工第 I 象限直线 $\overline{OE}$ 如图 4-4 所示，直线的起点 O 在坐标原点，终点为 E（4，3）。试用逐点比较法对该直线进行插补，并画出插补轨迹图。

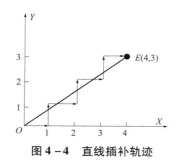

图 4-4 直线插补轨迹

解：插补前应对偏差函数 F、总步数 $\sum$ 赋初值，则有：

$$F_0 = 0, \quad \sum_0 = 4 + 3 = 7, \quad X_e = 4; \quad Y_e = 3$$

插补计算过程按四个工作节拍重复进行，如表 4-1 所示，插补轨迹如图 4-4 所示。

表 4-1 直线插补运算过程

序号	偏差判别	坐标进给	偏差计算	终点判别
起点			$F_0 = 0$	$\sum = 7$
1	$F_0 = 0$	$+X$	$F_1 = F_0 - Y_e = -3$	$\sum = 6$
2	$F_1 < 0$	$+Y$	$F_2 = F_1 + X_e = 1$	$\sum = 5$
3	$F_2 > 0$	$+X$	$F_3 = F_2 - Y_e = -2$	$\sum = 4$
4	$F_3 < 0$	$+Y$	$F_4 = F_3 + X_e = 2$	$\sum = 3$
5	$F_4 > 0$	$+X$	$F_5 = F_4 - Y_e = -1$	$\sum = 2$
6	$F_5 < 0$	$+Y$	$F_6 = F_5 + X_e = 3$	$\sum = 1$
7	$F_6 > 0$	$+X$	$F_7 = F_6 - Y_e = 0$	$\sum = 0$

第 I 象限直线插补方法可通过处理推广到其他象限的直线插补。为适用于不同象限的直线插补，在插补计算时，均用绝对坐标计算，与前面介绍的第 I 象限直线插补公式相比较后发现，当被插补直线处于不同象限时，其计算公式及处理过程一样，仅仅是进给方向不同而已。进一步可总结出 L_1、L_2、L_3、L_4 的进给方向如图 4-5 所示，相应的偏差计算如表 4-2 所示。

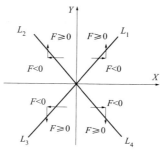

图 4-5 不同象限的直线插补进给方向

由图可见，$F \geq 0$ 时，都是沿着 $|X|$ 增大的方向进给，$F<0$ 时都是沿着 $|Y|$ 增大的方向进给的。

表 4-2 不同象限直线插补偏差计算与进给方向

线形	$F \geq 0$		$F<0$	
	偏差计算	坐标进给	偏差计算	坐标进给
L_1	$F-\|Y_e\| \to F$	$+X$	$F+\|X_e\| \to F$	$+Y$
L_2		$-X$		$+Y$
L_3		$-X$		$-Y$
L_4		$+X$		$-Y$

3. 逐点比较法圆弧插补

逐点比较法的圆弧插补与直线插补一样也是按照每一步四个工作节拍来逼近圆弧的，包括偏差判别、进给控制、偏差计算和终点判别。下面以第 I 象限的顺圆插补为例进行讲解。

1）偏差函数的构造

在圆弧加工过程中，可用动点到圆心的距离来描述刀具位置与被加工圆弧之间的关系。设圆弧圆心在坐标原点，已知圆弧起点 $A(X_a, Y_a)$，终点 $B(X_b, Y_b)$，圆弧半径为 R。加工点可能在三种情况出现，即圆弧上、圆弧外、圆弧内。

当动点 $P(X_i, Y_i)$ 位于圆弧上时有：
$$X_i^2 + Y_i^2 = R^2 \qquad (4-10)$$

当动点 P 在圆弧外侧时，则 OP 大于圆弧半径 R，即
$$X_i^2 + Y_i^2 > X_b^2 + Y_b^2 = R^2 \qquad (4-11)$$

当动点 P 在圆弧内侧时，则 OP 小于圆弧半径 R，即
$$X_i^2 + Y_i^2 < X_b^2 + Y_b^2 = R^2 \qquad (4-12)$$

用 F 表示 P 点的偏差值，定义圆弧偏差函数判别式为
$$F = X_i^2 + Y_i^2 - R^2 \qquad (4-13)$$

2）进给方向的判别

如图 4-6 所示，进行顺圆插补时，当动点落在圆外时，为了减小加工误差，应向圆内进给，即向 $-Y$ 轴方向走一步；当动点落在圆内时，应向圆外进给，即向 $+X$ 轴方向走一步。当动点正好落在圆弧上且尚未到达终点时，为了使加工继续下去，理论上向 $-Y$ 轴或 $+X$ 轴方向进给均可以，但一般情况下约定将其和 $F>0$ 一并考虑，故向 $-Y$ 轴方向进给。

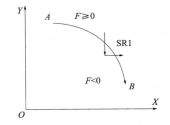

图 4-6 逐点比较法第 I 象限顺圆插补

综上所述，现将逐点比较法第Ⅰ象限顺圆插补规则概括如下。

当 $F_i \geq 0$ 时，即 $F = X_i^2 + Y_i^2 - R^2 \geq 0$，动点落在圆外或圆上，则向 $-Y$ 轴方向进给一步。

当 $F_i < 0$ 时，即 $F = X_i^2 + Y_i^2 - R^2 < 0$，动点落在圆内，则向 $+X$ 轴方向进给一步。

3）新偏差函数的计算

由偏差函数表达式（4-13）可知，计算偏差 F 值，就必须进行动点坐标、圆弧半径的平方运算。为了简化计算，新判别函数通过递推关系推导得出。

假设第 i 次插补后，动点坐标为 $P(X_i, Y_i)$，其对应偏差函数为
$$F_i = X_i^2 + Y_i^2 - R^2$$

当 $F_i \geq 0$，向 $-Y$ 轴方向进给一步，则新的动点坐标值为
$$X_{i+1} = X_i \quad Y_{i+1} = Y_i - 1$$

因此，新的偏差函数为
$$F_{i+1} = X_{i+1}^2 + Y_{i+1}^2 - R^2 = (Y_i - 1)^2 + X_i^2 - R^2$$

所以有：
$$F_{i+1} = F_i - 2Y_i + 1 \tag{4-14}$$

同理，当 $F_i < 0$，则向 $+X$ 轴方向进给一步，则新的动点坐标值为
$$X_{i+1} = X_i + 1 \quad Y_{i+1} = Y_i$$

因此，可求得新的偏差函数为
$$F_{i+1} = X_{i+1}^2 + Y_{i+1}^2 - R^2 = Y_i^2 + (X_i + 1)^2 - R^2$$

所以有：
$$F_{i+1} = F_i + X_i + 1 \tag{4-15}$$

进给后新的偏差函数值与前一点的偏差值以及动点坐标 $P(X_i, Y_i)$ 均有关系。由于动点坐标值随着插补过程的进行而不断变化，因此，每插补一次，动点坐标就必须修正一次，以便为下一步的偏差计算做好准备。

4）终点判别

和直线插补一样，圆弧插补过程也有终点判别问题。当圆弧轮廓仅在一个象限区域内，其终点判别仍可借用直线终点判别的三种方法进行，只是计算公式略有不同。

$$\sum = |X_b - X_a| + |Y_b + Y_a| \tag{4-16}$$

$$\sum = \max \{|X_b - X_a| + |Y_b - Y_a|\} \tag{4-17}$$

$$E_1 = |X_e - X_s|, \quad \sum_2 = |Y_e - Y_s| \tag{4-18}$$

式中：X_a、Y_b——被插补圆弧轮廓的起点坐标；

X_a、Y_b——被插补圆弧轮廓的终点坐标。

【例 4-2】 设将要加工的零件轮廓为第Ⅰ象限顺圆 $\overset{\frown}{AB}$，如图 4-7 所示，圆心在坐标原点，起点为 $A(0, 4)$，终点为 $B(4, 0)$，试用逐点比较法进行插补，并画出插补轨迹。

解：该圆弧插补的总步数为 $\sum = |X_b - X_a| + |Y_b - Y_a| = |4-0| + |0-4| = 8$

插补开始时刀具正好在圆弧的起点 $A(0, 4)$ 处，故 $F_0 = 0$。

根据上述插补方法列表计算，插补过程如表 4-3 所示，插补轨迹如图 4-7 所示折线。

表 4-3 逐点比较法圆弧插补运算过程

步数	偏差判别	坐标进给	偏差计算	坐标计算	终点判别
起点			$F_0 = 0$	$X_0 = 0$, $Y_0 = 4$	$\sum = 8$
1	$F_0 = 0$	$-Y$	$F_1 = F_0 - 2Y_0 + 1 = -7$	$X_1 = 0$, $Y_1 = 3$	$\sum = 7$
2	$F_1 < 0$	$+X$	$F_2 = F_1 + 2X_1 + 1 = -6$	$X_2 = 1$, $Y_2 = 3$	$\sum = 6$
3	$F_2 < 0$	$+X$	$F_3 = F_2 + 2X_2 + 1 = -3$	$X_3 = 2$, $Y_3 = 3$	$\sum = 5$
4	$F_3 < 0$	$+X$	$F_4 = F_3 + 2X_3 + 1 = 2$	$X_4 = 0$, $Y_4 = 3$	$\sum = 4$
5	$F_4 > 0$	$-Y$	$F_5 = F_4 - 2Y_4 + 1 = -3$	$X_5 = 3$, $Y_5 = 2$	$\sum = 3$
6	$F_5 < 0$	$+X$	$F_6 = F_5 + 2X_5 + 1 = 4$	$X_6 = 4$, $Y_6 = 2$	$\sum = 2$
7	$F_6 > 0$	$-Y$	$F_7 = F_6 - 2Y_6 + 1 = 2$	$X_7 = 4$, $Y_7 = 1$	$\sum = 1$
8	$F_7 > 0$	$-Y$	$F_8 = F_7 - 2Y_7 + 1 = 0$	$X_8 = 4$, $Y_8 = 0$	$\sum = 0$

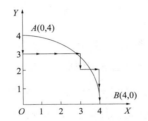

图 4-7 第 I 象限顺圆插补段迹

圆弧插补情况比直线插补复杂，不仅有象限问题，而且还有圆弧走向问题。根据顺圆插补算法推导出其他象限不同走向圆弧的插补公式，比较第 I 象限的顺圆与逆圆插补，可以得出有两点不同：①当 $F_i \geqslant 0$ 或 $F_i < 0$ 时，对应的进给方向不同；②插补计算公式中动点坐标的修正也不同，以至于偏差计算公式也不相同。进一步还可将各种进给情况汇总如图 4-8 所示，相应偏差计算如表 4-4 所示。

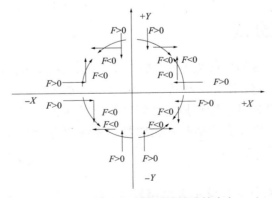

图 4-8 不同象限圆弧插补进给方向

表4-4　不同象限圆弧插补偏差计算与进给方向

线形	$F \geq 0$		$F < 0$	
	偏差计算	坐标进给	偏差计算	坐标进给
SR1		$-\Delta Y$		$+\Delta X$
NR2	$F - 2|Y| + 1 \to F$	$-\Delta Y$	$F + 2|X| + 1 \to F$	$-\Delta X$
SR4	$|Y| - 1 \to |Y|$	$+\Delta Y$	$|X| + 1 \to |X|$	$-\Delta X$
NR4		$+\Delta Y$		$+\Delta X$
NR1		$-\Delta X$		$+\Delta Y$
SR2	$F - 2|X| + 1 \to F$	$+\Delta X$	$F + 2|Y| + 1 \to F$	$+\Delta Y$
NR4	$|X| - 1 \to |X|$	$+\Delta X$	$|Y| + 1 \to |Y|$	$-\Delta Y$
SR4		$-\Delta X$		$-\Delta Y$

通过前面分析可以看出，直线只可能处在一个象限内，因此，不存在过象限问题。但圆弧轮廓就有可能跨越几个象限，这时需要在两象限交接处作相应的处理，以保证加工的继续进行。

圆弧过象限，即圆弧的起点和终点不在同一象限内。若坐标采用绝对值进行插补运算，应先进行过象限判断，当 $X = 0$ 或 $Y = 0$ 时过象限。如图4-9所示，需将圆弧 $\overset{\frown}{AC}$ 分成两段圆弧 $\overset{\frown}{AB}$ 和 $\overset{\frown}{BC}$，到 $X = 0$ 时，进行处理，对应调用顺圆2和顺圆1的插补程序。

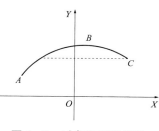

图4-9　过象限圆弧插补

终点判别不能直接使用前面的式（4-16）~式（4-18），否则，将丢失一部分圆弧轮廓。最好直接采用终点坐标的代数值进行判别，也就是在插补过程中，比较动点坐标和终点坐标的两个代数值，只有全部相等的情况下，才能真实反映插补过程的完成。当然，也可以采用一些行之有效的其他判别方法，这里就不再深入讨论。

4.2.2　数字积分法

利用数字积分原理构成的插补装置称为数字积分器，又称数字微分分析器（Digital Differential Analyzer，DDA）。数字积分器插补的最大优点在于容易实现多坐标轴的联动插补、能够描述空间直线及平面各种函数曲线等。因此，数字积分法插补在轮廓数控系统中得到广泛的应用。

1. 数字积分法原理

从几何角度来看，积分运算就是求出函数 $Y = f(t)$ 曲线与横轴所围成的面积，如图4-10所示，从 $t = t_0$ 到 t_n 时刻，函数 $Y = f(t)$ 的积分值可表述为

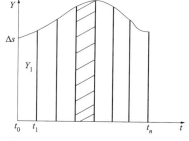

图4-10　函数 $Y = f(t)$ 的积分

$$S = \int_{t_0}^{t_n} Y \mathrm{d}t = \int_{t_0}^{t_n} f(t) \mathrm{d}t \qquad (4-19)$$

如果进一步将 $t \in [t_0, t_n]$ 的时间区划分为若干个等间隔 Δt 的小区间,当 Δt 足够小时,函数 Y 的积分可用下式近似表示为

$$S = \int_{t_0}^{t_n} Y \mathrm{d}t \approx \sum_{i=0}^{n-1} Y_i \Delta t \qquad (4-20)$$

在几何上就是用一系列的小矩形面积之和来近似表示函数 $f(t)$ 以下的积分面积。进一步,如果在式 (4-20) 中,取 Δt 为基本单位"1",则上式可演化成数字积分器算式:

$$S = \sum_{i=0}^{n-1} Y_i \qquad (4-21)$$

由此可见,通过假设 $\Delta t =$ "1",就可将积分运算转化为式 (4-21) 所示的求纵坐标值的累加运算。若再假设累加器容量为一个单位面积值,则在累加过程中超过一个单位面积时立即产生一个溢出脉冲。这样,累加过程所产生的溢出脉冲总数就等于所求的总面积,即所求的积分值。下面就以直线和圆弧轨迹为例详细介绍数字积分法在轮廓插补中的具体应用。

2. 数字积分法直线插补

设要加工的直线为 XOY 平面内第 I 象限直线 $\overline{OE}$,如图 4-11 所示,直线的起点在坐标原点,终点为 $E(X_e, Y_e)$。同样,假设坐标值均为以脉冲当量为单位的整数。

若此时刀具在两坐标轴上的进给速度分量分别为 V_X、V_Y,则刀具在 X 轴、Y 轴方向上位移增量分别为

$$\Delta X = V_X \Delta t \qquad (4-22\mathrm{a})$$

$$\Delta Y = V_Y \Delta t \qquad (4-22\mathrm{b})$$

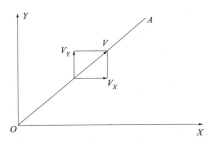

图 4-11 第 I 象限 DDA 直线插补

由图 4-11 所示的几何关系可以看出:

$$\frac{V}{\overline{OE}} = \frac{V_X}{X_e} = \frac{V_Y}{Y_e} = K \ （常数） \qquad (4-23)$$

现将式 (4-23) 中的 V_X、V_Y 分别代入式 (4-22),可得:

$$\Delta X = K X_e \Delta t \qquad (4-24\mathrm{a})$$

$$\Delta Y = K Y_e \Delta t \qquad (4-24\mathrm{b})$$

可见,刀具由原点 O 走向终点 E 的过程,可以看作是每经过一个单位时间间隔 Δt,就分别以增量 $|KX_e|$、$|KY_e|$ 同时在两个坐标轴累加的结果。也可以这样认为,数字积分法插补实际上就是利用速度分量,进行数字积分来确定刀具在各坐标轴上位置的过程,即

$$X = \sum_{i=1}^{n} \Delta X_i = \sum_{i=1}^{n} K X_e \Delta t_i \qquad (4-25\mathrm{a})$$

$$Y = \sum_{i=1}^{n} \Delta Y_i = \sum_{i=1}^{n} KY_e \Delta t_i \qquad (4-25b)$$

当取 $\Delta t_i = $ "1"（一个单位时间间隔），则式（4-25）将演变为

$$X = KX_e \sum_{i=1}^{n} \Delta t_i = nKX_e \qquad (4-26a)$$

$$Y = KY_e \sum_{i=1}^{n} \Delta t_i = nKY_e \qquad (4-26b)$$

设经过 n 次累加后，刀具正好到达终点 $E(X_e, Y_e)$，即要求式（4-26）中常量满足下式

$$nK = 1 \text{ 或 } n = \frac{1}{K} \qquad (4-27)$$

从上式可以看出，比例常数 K 和累加次数 n 之间的关系是互为倒数，即两者相互制约，不能独立自由选择。也就是说只要选定了其中一个，则另一个也就随之确定了。由于式中 n 是累加次数，必须取整数，这样 K 就必须取小数。

为了保证每次分配给坐标轴的进给脉冲不超过 1 个单位（一般指 1 个脉冲当量），则有：

$$\Delta X = KX_e < 1 \qquad (4-28a)$$
$$\Delta Y = KY_e < 1 \qquad (4-28b)$$

上式中 X_e、Y_e 的最大允许值受系统中相应寄存器的容量限制。现假设寄存器为 N 位，则其容量为 2^N，对应存储的最大允许数字量为 $(2^N - 1)$，将其代入式（4-28）中 X_e、Y_e，则可得到：

$$K < \frac{1}{(2^N - 1)} \qquad (4-29)$$

现不妨取 $K = 2^N$，显然它满足式（4-28）和式（4-29）的约束条件，再将 K 值代入式（4-27），可得累加次数为

$$n = \frac{1}{K} = 2^N \qquad (4-30)$$

上式表明，若寄存器位数是 N，则直线整个插补过程要进行 2^N 次累加才能到达终点。

事实上，如果将 n、K 值代入式（4-26），则动点坐标为

$$X = KX_e n = \frac{1}{2^N} X_e 2^N = X_e \qquad (4-31)$$

$$Y = KY_e n = \frac{1}{2^N} Y_e = Y_e$$

根据前面的分析，平面直线插补器由两个数字积分器组成，每个坐标的积分器由累加器和被积函数寄存器组成。两个被积函数寄存器 J_{VX}、J_{VY} 分别存放终点坐标值 X_e、Y_e，还有两个余数寄存器，即累加器 J_{RX} 和 J_{RY}，每经过一个时间间隔 Δt，X 轴积分器和 Y 轴积分器各累加一次。当累加结果超出余数寄存器容量 $2^N - 1$ 时，就产生一个溢出脉冲 ΔX（或 ΔY）。这样，经过 2^N 次累加后，每个坐标轴溢出脉冲的总数就等于该轴的被积函数值（X_e 和 Y_e），从而控制刀具到达了终点 E。

对于二进制数来说，一个 N 位寄存器中存放 X_e 和存放 KX_e 的数字是一样的，只是小数

点的位置不同，X_e 除以 2^N，只需把小数点左移 N 位，小数点出现在最高位数 N 的前面。采用 KX_e 进行累加，累加结果大于 1，就有溢出。若采用 X_e 进行累加，超出寄存器容量 2^N 有溢出。将溢出脉冲用来控制机床进给，其效果是一样的。在被寄函数寄存器里可只存 X_e，而省略 K。

直线插补原理如图 4-12 所示。

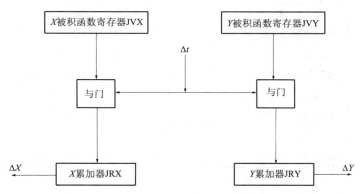

图 4-12　DDA 直线插补积分器原理

【**例 4-3**】　设要插补第 Ⅰ 象限直线 $\overline{OE}$，如图 4-13 所示，起点坐标为 O（0，0），终点坐标为 E（4，3），单位为脉冲当量。试用 DDA 法对其进行插补，并画出插补轨迹。

解：假设选取累加器和寄存器的位数为 3 位，即 $N=3$，则累加次数为 $n=2^N=8$。其插补运算过程见表 4-5。若用二进制表示，起点坐标 O（000，000），终点坐标 E（100，011），$J \geq$ 1000 时溢出。

插补前，余数寄存器的初值为零，被积函数寄存器则存放终点坐标，步数寄存器存放累加次数，即 $J_{RX}=J_{RY}=0$，$J_{VX}=X_e=4$，$J_{VY}=Y_e=3$，$J=2^N=8$。该直线的插补运算过程如表 4-5 所示，插补轨迹如图 4-13 所示的折线。

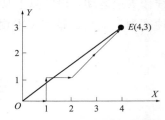

图 4-13　DDA 直线插补实例

表 4-5　DDA 直线插补运算过程

累加次数 n	X 积分器			Y 积分器			终点计数器 J_E
	J_{VX}	J_{RX}	ΔX	J_{VY}	J_{RY}	ΔY	
0	4 100	0		3 011	0		0 000
1	4 100	0+4=4 000+100=100		3 011	0+3=3 000+011=011		1 001
2	4 100	4+4=8+0 100+100=1000	1	3 011	3+3=6 011+011=110		2 010
3	4 100	0+4=4 000+100=100		3 011	6+3=8+1 110+011=1001	1	3 011

续表

累加次数	X 积分器			Y 积分器			终点计数器 J_E
n	J_{VX}	J_{RX}	ΔX	J_{VY}	J_{RY}	ΔY	
4	4 100	4 + 4 = 8 + 0 100 + 100 = 1000	1	3 011	1 + 3 = 4 001 + 011 = 100		4 100
5	4 100	0 + 4 = 4 000 + 100 = 100		3 011	4 + 3 = 7 100 + 011 = 111		5 101
6	4 100	4 + 4 = 8 + 0 100 + 100 = 1000	1	3 011	7 + 3 = 8 + 2 111 + 011 = 1010	1	6 110
7	4 100	0 + 4 = 4 000 + 100 = 100		3 011	2 + 3 = 5 010 + 011 = 101		7 111
8	4 100	4 + 4 = 8 + 0 100 + 100 = 1000	1	3 011	5 + 3 = 8 + 0 101 + 011 = 1000	1	8 1000

3. 数字积分法圆弧插补

现以第 I 象限顺圆插补为例讲解数字积分法圆弧插补。如图 4-14 所示圆弧 $\overparen{AB}$ 的圆心在坐标原点 O，起点为 $A(X_a, Y_a)$，终点为 $B(X_b, Y_b)$。圆弧插补时，要求刀具沿圆弧切线作等速运动。设圆弧上某一点 (X_i, Y_i) 的速度为合成速度为 V，则在两个坐标方向的分速度为 V_x、V_y，根据图中相似三角形关系，有如下关系式：

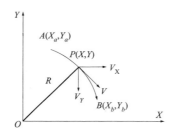

图 4-14 DDA 顺圆插补

$$\frac{V}{R} = \frac{V_X}{Y_i} = \frac{V_Y}{X_i} = K \quad (K \text{ 为常数})$$

则有：

$$V = KR, \quad V_X = KY_i, \quad V_Y = KX_i \tag{4-32}$$

由于半径 R 为常数，若切向速度 V 为匀速，则 K 为常数，那么，动点在两坐标轴上的速度分量将随其坐标值的变化而变化。

当给定一个时间增量 Δt，动点在 X、Y 坐标轴上位移增量分别为

$$\Delta X_i = V_X \Delta t = K Y_i \Delta t \tag{4-33a}$$
$$\Delta Y_i = -V_Y \Delta t = -K X_i \Delta t \tag{4-33b}$$

由于第一象限顺圆对应 Y 坐标值逐渐减小，所以式（4-33）中表达式中取负号，即 V_X，V_Y 均取绝对值计算。

从而获得第一象限顺圆 DDA 法插补公式如下：

$$X = \sum_{i=1}^{n} \Delta X_i = \sum_{i=1}^{n} KY_i \Delta t_i \qquad (4-34\text{a})$$

$$Y = \sum_{i=1}^{n} \Delta Y_i = -\sum_{i=1}^{n} KX_i \Delta t_i \qquad (4-34\text{b})$$

与 DDA 直线插补类似，选取累加器容量为 2^N，N 为累加器、寄存器的位数，也可用两个积分器来实现平面圆弧插补，原理如图 4-15 所示。

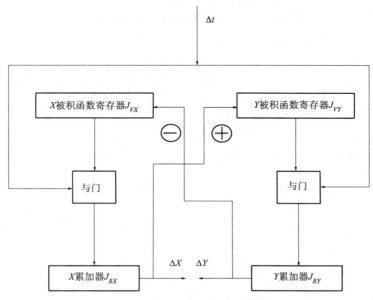

图 4-15　第 I 象限 DDA 顺圆插补原理

与直线插补相比，DDA 圆弧插补具有两个方面的不同：①被积函数寄存器与坐标轴的关联关系不同：直线插补中，J_{VX} 与 X 坐标轴相关联，J_{VY} 与 Y 坐标轴相关联。但在圆弧插补中，J_{VX} 与 Y 坐标轴相关联，J_{VY} 与 X 坐标轴相关联。②被积函数寄存器存放的数据形式不相同。在 DDA 直线插补中，被积函数寄存器 J_{VX}、J_{VY} 存放的是终点坐标，即一个不受插补进程变化的常量；而在圆弧插补过程中，被积函数寄存器 J_{VX}、J_{VY} 存放着动点坐标，即一个随着插补过程不断变化的变量，其数值影响插补速度，所以又称速度寄存器，所以必须根据刀具的位置变化来改变速度寄存器 J_{VX}、J_{VY} 中的内容。

例如，在如图 4-15 所示的顺圆插补过程中，开始时被积函数寄存器 J_{VX}、J_{VY} 的初值分别为起点坐标 Y_a 和 X_b。然后，每当 Y 轴产生一个溢出脉冲（$-\Delta Y$）时，J_{VX} 就作"-1"修正；反之，每当 X 轴产生一个溢出脉冲（$+\Delta X$），J_{VY} 就作"$+1$"修正。作"$+1$"还是"-1"修正，取决于动点 P 所在的象限以及圆弧走向。

在这里要说明的是，DDA 圆弧插补的终点判别与直线插补也有所不同，需要设置两个终点计数器 $JE_X = |X_b - X_a|$ 和 $JE_Y = |Y_b - Y_a|$，分别对 X 轴和 Y 轴进行终点监控。每当 X 轴或 Y 轴产生一个溢出脉冲，相应的终点计数器就作减"1"修正，直到为零，则表明该坐标轴已到终点，并停止其坐标的累加运算。只有当两个坐标轴均到达终点时，圆弧插补才结束。对于直线插补，如果寄存器位数为 N，无论直线长短都需迭代 2^N 次到达终点。

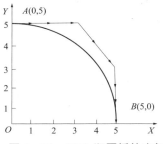

图 4-16 DDA 顺圆插补实例

【例 4-4】 设有第 Ⅰ 象圆弧 $\overset{\frown}{AB}$，如图 4-16 所示，圆心为 O (0, 0)，半径为 5，起点为 A (0, 5)，终点为 B (5, 0)，且寄存器位数 $N=3$。试用 DDA 法对该圆弧进行顺圆插补，并画出插补轨迹。

解：插补开始时，被积函数寄存器初值分别为 $J_{VX} = Y_a = 5$，$J_{VY} = X_a = 0$，终点判别寄存器 $J_{EX} = |X_b - X_a| = 5$，$J_{EY} = |Y_b - Y_a| = 5$。该圆弧插补运算过程如表 4-6 所示，插补轨迹如图 4-16 所示的折线。

表 4-6 DDA 圆弧插补运算过程

累加次数 (Δt)	X 轴积分器				Y 轴积分器			
	J_{VX}	J_{RX}	ΔX	J_{EX}	J_{VY}	J_{RY}	ΔY	J_{EY}
0	5	0		5	0			5
1	5	5+0=5		5	0	0+0=0		5
2	5	5+5=8+2	1	4	0 1	0+0=0		5
3	5	2+5=7		4	1	1+0=1		5
4	5	7+5=8+4	1	3	1 2	1+1=2		5
5	5	4+5=8+1	1	2	2 3	2+2=4		5
6	5	1+5=6		2	3	4+3=7		5
7	5 4	6+5=8+3	1	1	3 4	7+3=8+2	1	4
8	4	3+4=7		1	4	2+4=6		4
9	4 3	7+4=8+3	1	0	4 5	6+4=8+2	1	3
10	3	停止			5	2+5+7		3
11	3 2				5	7+5=8+4	1	2
12	2 1				5	4+5=8+1	1	1
13	1				5	1+5=6		1
14	1 0				5	6+5=8+3	1	0
15	0				5	停止		

4. 数字积分法插补的象限处理

DDA 插补不同象限直线和圆弧时，可用绝对值进行累加，进给方向则另做讨论。DDA 插补是沿着工件切线方向移动，四个象限直线进给方向如图 4-17（a）所示。

圆弧插补时被积函数是动点坐标，在插补过程中要进行修正，坐标值的修改要看动点运动是使该坐标绝对值是增加还是减少，来确定是加 1 还是减 1，四个象限圆弧插补进给方向如图 4-17（b）所示。

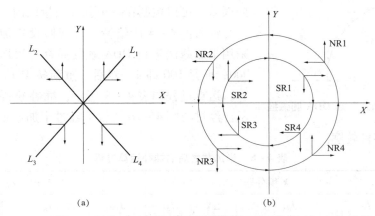

图 4-17 DDA 插补算法的进给方向
（a）四象限直线插补进给方向；（b）四象限圆弧插补进给方向

四个象限直线进给方向和圆弧插补的坐标修改及进给方向如表 4-7 所示。

表 4-7 DDA 法插补不同象限直线和圆弧

内容		L_1	L_2	L_4	L_4	NR1	NR2	NR4	NR4	SR1	SR2	SR4	SR4
动点	J_{VX}					+1	−1	+1	−1	−1	+1	−1	+1
修正	J_{VY}					−1	+1	−1	+1	+1	−1	+1	−1
进给	ΔX	+	−	−	+	−	−	+	+	+	+	−	−
方向	ΔY	+	+	−	−	+	−	−	+	−	+	+	−

5. 提高插补精度的措施

前面提到，脉冲增量式插补误差一般都小于一个脉冲当量。但对于 DDA 法圆弧插补来讲，其径向误差有可能大于或等于一个脉冲当量，如果刀具的运动轨迹与坐标轴平行或接近时，一个累加器中的被积函数值接近于零，而另一个累加器中的被积函数值却接近于最大值（圆弧半径）。这样，后者可能产生若干个连续溢出脉冲，而前者可能很长时间才溢出一个脉冲，从而导致两个积分器的溢出脉冲速率相差很悬殊，使插补轨迹相对给定圆弧轮廓偏差较大。

为了减小上述原因带来的误差，可采取两种措施。

1) 增加寄存器的位数

增加寄存器的位数即相当于减小积分区间的宽度 Δt，但这样会造成累加次数增多，降低实际进给速度，并且寄存器位数也不可能无限制地增加，因此，这种措施的使用有一定的限制。

2）采用余数寄存器半加载法

采用余数寄存器半加载法即在插补累加之前，先给余数寄存器 J_{VX}、J_{VY} 预置一个不为零的初值 $2^N/2 = 2^{N-1}$，这样只要再累加一个大于或等于 2^{N-1} 的数，就可以产生一个溢出脉冲。这相当于使溢出脉冲提前，从而改变了溢出脉冲在时间上的分布，达到提高插补精度的目的。

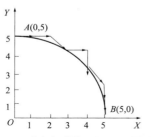

图 4-18 "半加载"后 DDA 圆弧插补

显然，通过半加载法处理后，DDA 法插补直线的轨迹误差可以缩减到半个脉冲当量以内，而插补圆弧的径向误差也可以控制在一个脉冲当量以内。

针对例 4-4 所给情况，现假设累加器位数 $N=3$，采用半加载法进行 DDA 顺圆插补。累加器初值不再是 000，而是 100 即 4。然后，重新按 DDA 法进行插补计算，运算过程如表 4-8 所示，插补轨迹如图 4-18 所示。经过与图 4-16 比较，经过半加载处理后，插补轨迹将更接近于零件轮廓。

表 4-8 半加载之后的插补运算过程

累加次数 (Δt)	X 积分器				Y 积分器			
	J_{VX}	J_{RX}	ΔX	J_{EX}	J_{VY}	J_{RY}	ΔY	J_{EY}
0	5	4		5	0	4		5
1	5	5+4=8+1	1	4	0 1	0+4=4		5
2	5	5+1=6		4	1	1+4=5		5
3	5	5+6=8+3	1	3	1 2	1+5=6		5
4	5 4	5+3=8+0	1	2	2 3	2+6=8+0	1	4
5	4	4+0=4		2	3	3+0=3		4
6	4	4+4=8+0	1	1	3 4	3+3=6		4
7	4 3	4+0=4		1	4	4+6=8+2	1	3
8	3	3+4=7		1	4	4+2=6		3
9	3 2	3+7=8+2	1	0	4 5	4+6=8+2	1	2
10	2	停止			5	5+2=7		2
11	2 1				5	5+7=8+4	1	1
12	1 0				5	5+4=8+1	1	0
						停止		

至此，较为详细地介绍了 DDA 法直线和圆弧插补，这种算法也很容易实现其他平面曲线如抛物线、双曲线和椭圆等的插补，使用 DDA 法还可以实现多坐标的联动插补，例如空间直线的插补、螺旋线的插补等。

4.3 数据采样法

4.3.1 数据采样法简介

1. 数据采样法的概念及基本原理

随着数控系统中计算机的引入，大大缓解了插补运算时间和计算复杂性之间的矛盾，相应地，这些现代数控系统中采用的插补方法，就不再是最初硬件数控系统中所使用的脉冲增量法，而是结合了计算机采样思想的数据采样法。

数据采样法利用一系列首尾相连的微小直线段来逼近给定曲线。由于这些线段是按加工时间来分割的，因此，数据采样法又称为"时间分割法"。这种方法先根据程编进给速度 F，将给定轮廓曲线按插补周期 T（某一单位时间间隔）分割为插补进给段（轮廓步长），即用一系列首尾相连的微小线段来逼近给定曲线，即粗插补；再对粗插补输出的微小线段进行二次插补，即精插补。一般情况下，数据采样插补法中的粗插补是由软件实现。由于粗插补可能涉及一些比较复杂的函数运算，因此，大多采用高级语言完成。而精插补算法大多采用前面介绍的脉冲增量法，它既可由软件实现也可由硬件实现，由于相应算术运算较简单，所以软件实现时大多采用汇编语言完成。

相邻两次粗插补的时间间隔称为插补周期；精插补读取粗插补输出位移量的时间间隔称为采样周期。对于给定的数控系统而言，插补周期和采样周期是两个固定不变的时间参数。

插补周期对于直线插补，不会造成轨迹误差。在圆弧插补中，会带来轨迹误差。一般情况下，插补周期越长，插补计算误差越大。因此，单从减小插补计算误差的角度来考虑时，希望插补周期 T 越小越好。但另一方面，插补周期也不能太小，因为 CNC 系统在进行轮廓插补控制时，除完成插补计算外，数控装置还必须处理一些其他任务，如显示、监控、位置采样及控制等，所以插补周期应大于插补运算时间和其他实时任务所需时间之和。据有关资料介绍，数控系统数据采样法插补周期一般不大于 20 ms，使用较多的大都在 10 ms 左右。随着 CPU 处理速度的提高，为了获得更高的插补精度，插补周期也会越来越小。

计算机定时对坐标的实际位置进行采样，采样数据与指令位置进行比较，得出位置误差用来控制电动机，使实际位置跟随指令位置。对于给定的某个数控系统，插补周期 T 和采样周期 T_C 是固定的，通常 $T \geq T_C$，一般要求 T 是 T_C 的整数倍。如某数控系统中 $T = 8$ ms、$T_C = 4$ ms，即插补周期是采样周期的 2 倍。插补程序每 8 ms 调用一次，计算出该周期内各坐标轴相应的进给增量，而位置控制程序每 4 ms 将插补计算增量的一半作为该位置控制周期的位置给定，也就是说，每个插补周期计算出来的坐标增量均分两次送给伺服系统去执行。这样，在不改变计算机速度的前提下，可提高位置环的采样频率，使得进给速度变化较为平缓，提高了系统的动态性能。

2. 插补周期与精度、速度之间的关系

在数据采样法直线插补过程中，由于给定轮廓本身就是直线，那么插补分割后的小直线段与给定直线在理论上是重合的，也就不存在插补误差问题。但在圆弧插补过程中，一般采用切线、内接弦线和割线来逼近圆弧，显然，这些微小直线段不可能完全与圆弧相重合，从而造成了轮廓插补误差。下面就以弦线逼近法为例来加以分析。

图 4-19 所示为弦线逼近圆弧的情况，其最大径向误差为 e_r，轮廓步长为 l，步距角为 θ，r 为插补圆弧的半径，根据图示有如下关系：

$$r^2 - (r - e_r)^2 = \left(\frac{l}{2}\right)^2 \quad (4-35)$$

即

$$2re_r - e_r^2 = \frac{l^2}{4} \quad (4-36)$$

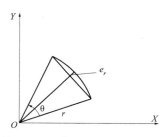

图 4-19 内接弦线逼近圆弧式

由（4-36）舍去高阶无穷小 e_r^2 得到

$$e_r \approx \frac{l^2}{8r} = \frac{(FT)^2}{8r} \quad (4-37)$$

由式（4-37）可以看出：在圆弧插补过程中，插补误差 e_r 与被插补圆弧半径 r 成反比，与插补周期 T_s 以及程编进给速度 F 的平方成正比。即 T 越长，F 越大，R 越小，圆弧插补的误差就越大；反之，误差就越小。对于给定的圆弧轮廓以及插补误差而言，T 尽可能选小一些，以便获得较高的进给速度 F，提高了加工效率。进一步，当插补周期、插补误差不变时，被加工圆弧轮廓的曲率半径越大，其允许使用的切削速度就越高。

4.3.2 数据采样法直线插补基本原理

假设刀具在 XOY 平面内加工直线轮廓 $\overline{OE}$，起点为 $O(0, 0)$，终点为 $E(X_e, Y_e)$，动点为 $N_{i-1}(X_{i-1}, Y_{i-1})$，且程序中给定进给速度为 F，插补周期为 T，如图 4-20 所示。

在一个插补周期内，进给直线的长度为 $\Delta L = FT$，根据如图 4-20 所示几何关系，很容易求出该插补周期内各坐标轴对应的位置增量为

$$\Delta X_i = \frac{\Delta L}{L} X_e = K X_e \quad (4-38a)$$

$$\Delta Y_i = \frac{\Delta L}{L} Y_e = K Y_e \quad (4-38b)$$

式中：L——被插补直线长度，$L = \sqrt{X_e^2 + Y_e^2}$，mm；

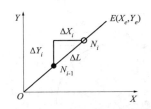

图 4-20 数据采样法直线插补

K——每个插补周期内的进给速率数，$K = \dfrac{\Delta L}{L} = \dfrac{FT}{L}$。

从而得出下一个动点 N_i 的坐标值为

$$X_i = X_{i-1} + \Delta X_i = X_{i-1} + \dfrac{\Delta L}{L} X_e \quad (4-39\text{a})$$

$$Y_i = Y_{i-1} + \Delta Y_i = Y_{i-1} + \dfrac{\Delta L}{L} Y_e \quad (4-39\text{b})$$

通过前面的分析可以看出，利用数据采样法插补直线的算法比较简单。主要分为两个步骤：第一步是插补准备，主要完成一些常量的计算工作，例如，L、K 的计算，对于每个零件轮廓段一般仅执行一次；第二步是插补计算，主要完成该周期对应坐标增量值（ΔX_i，ΔY_i）及动点坐标值（X_i，Y_i）的计算工作，一般每个插补周期均执行一次。

4.3.3 数据采样法圆弧插补

数据采样法圆弧插补的基本思路是在满足加工精度的前提下，用弦线、割线或切线来代替弧线实现进给，即用直线段逼近圆弧。

1. 内接弦线法

所谓"内接弦线法"就是利用圆弧上相邻两个采样点之间的弦线来逼近相应圆弧的插补算法。实质上是在已知加工点 A 的情况下求出下一个加工点 B 的过程，即求出第 i 个插补周期内 X 轴和 Y 轴的增量 ΔX_i 和 ΔY_i，进而求出新的插补点坐标即

$$X_i = X_i + \Delta X$$
$$Y_i = Y_i + \Delta Y$$

图 4-21 所示，点 B（X_{i+1}，Y_{i+1}）是继点 A（X_i，Y_i）之后在圆弧上的插补点，弦 $\overline{AB}$ 是弧对应的弦长 ΔL，AP 是 A 点的切线，M 是弦的中点，$OM \perp AB$，$ME \perp AG$，E 为 AG 的中点，δ 为 $\overline{AB}$ 对应的圆心角（步距角）。则有如下关系：

$$\phi_{i+1} = \phi_i + \delta \quad (4-40)$$

若进给速度为 F，插补周期为 T，则有 $\Delta L = FT$。当刀具由 A 点运动到 B 点时，其对应的 X 轴坐标增量为 $|\Delta X_i|$，Y 轴的坐标增量为 $|\Delta Y_i|$。由于 A、B 两点均为圆弧上的点，故它们均应满足圆的方程，即

$$X_i^2 + Y_i^2 = (X_{i-1} + \Delta X_i)^2 + (Y_{i-1} + \Delta Y_i)^2 = R^2 \quad (4-41)$$

式中，ΔX_i、ΔY_i 均为带符号数，且有 $\Delta X_i > 0$，$\Delta Y_i < 0$。

根据图中几何关系可得：

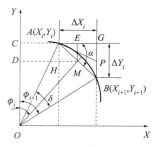

图 4-21 内接弦法圆弧插补

$$\angle PAB = \angle AOM = \angle MOB = \frac{1}{2}\delta$$

$$\alpha = \angle GAB + \angle GAP + \angle PAB = \phi_i + \frac{1}{2}\delta = \angle DOM$$

$$\Delta X_i = \Delta L\cos\alpha = \Delta L\cos\left(\phi_i + \frac{1}{2}\delta\right) \tag{4-42}$$

所以即得到:

$$\tan\alpha = \tan\angle DOM = \tan\left(\phi_i + \frac{\delta}{2}\right) = \frac{DH+HM}{OC-CD} = \frac{DH+AE}{OC-EM} = \frac{X_i + 0.5\Delta L\cos\alpha}{Y_i - 0.5\Delta L\sin\alpha} \tag{4-43}$$

由式（4-43）及式（4-44）可知圆弧上任意相邻两插补点坐标之间的关系，但由于 $\sin\alpha$ 和 $\cos\alpha$ 都未知，不能直接求得余弦值，只有通过近似方法来求，用 $\sin 45°$ 和 $\cos 45°$ 代替 $\sin\alpha$ 和 $\cos\alpha$，由式（4-43）计算出 $\tan\alpha$，再由 $\tan\alpha$ 和 $\cos\alpha$ 的关系推导出 $\cos\alpha$，进而求得 $\Delta X_i = \Delta L\cos\alpha$。

由式（4-43）得：

$$\tan\alpha = \frac{X_i + 0.5\Delta X_i}{Y_i - 0.5\Delta Y_i}$$

又因为：

$$\tan\alpha = \frac{\Delta X_i}{\Delta Y_i}$$

所以有：

$$\frac{\Delta X_i}{\Delta Y_i} = \frac{X_i + 0.5\Delta X_i}{Y_i - 0.5\Delta Y_i} \tag{4-44}$$

将前面求得的 ΔX_i 带入式（4-44）可求出 ΔY_i。

2. 误差分析

由于是近似计算，从而造成了 $\tan\alpha$ 的偏差，如图 4-22 所示，让理论值 α 变为 α'，ΔL 变为 $\Delta L'$，但这种偏差不会使动点 B 偏离开圆弧，式（4-44）的约束条件保证了所有插补点均落在圆弧上，因此，插补的主要误差来自弦线代替弧线进给所造成的误差。因此这种算法只是在每次插补时引起了轮廓步长的微小变化，这种变化在实际切削加工时是微不足道的，可以近似认为插补速度的变化是均匀的。根据图 4-19 和图 4-21 的几何关系，可推得：

$$\left(\frac{\Delta L}{2}\right)^2 = R^2 - (R - e_r)^2$$

所以有：

$$\Delta L = 2\sqrt{2Re_r - e_r^2} \leqslant \sqrt{8Re_r} \qquad (4-45)$$

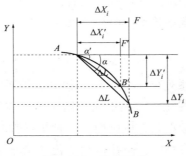

图 4 – 22　速度偏差

现假设允许的最大径向误差为 $e_r \leqslant 1$ mm，插补周期为 $T = 8$ ms，进给速度单位为 mm/min，将其代入式（4-45），并运算整理后得：

$$F \leqslant \sqrt{2.88 \times 10^{10} R} \qquad (4-46)$$

可见，为了保证最大径向误差不超过 1 mm，要求进给速度满足式（4-46）的要求。

3. 终点判别

任何轮廓曲线在插补过程中都要进行终点判别，以便顺利进入下一个零件轮廓段的插补与加工。对于数据采样法插补而言，由于插补动点的坐标与位置增量值均采用带符号的代数值参与运算，因此，利用当前插补点 (X_i, Y_i) 与该轮廓段终点 (X_e, Y_e) 之间的距离判断是否抵达终点是最简单明了的。设插补动点与轮廓终点之间的距离为 S_i，则终点判断条件为

$$S_i = (X_i - X_e)^2 + (Y_i - Y_e)^2 \leqslant \left(\frac{FT_s}{2}\right)^2 \qquad (4-47)$$

上式表明，当动点距终点"半步之遥"时（轮廓步长为 FT_s，F 为进给速度，T_s 为插补周期），理论上就认为到达了终点。但事实上，也可以按上一个插补周期的斜率将余下的距离分解到两个坐标轴上，控制刀具继续进给，从而加工出更精确的零件轮廓。

当动点到达轮廓曲线的转接点时，应设置相应的标志，以便读取下一个轮廓段进行插补处理。当轮廓段之间为非光滑连接时，一般在接近本段终点不远处需要实施减速，这就需要不断检查当前插补动点是否已经到达减速区，如果已到达将要进行减速处理。

4. 粗插补与精插补

1）粗插补

由前面的介绍可知，数据采样法的粗插补，仅仅是将给定的轮廓曲线按一定算法分割成一系列微小直线段，并计算出插补动点的坐标以及位置增量值。因此，粗插补过程可按如下三步完成。

第一步，插补准备。将插补过程中可能用到的一些常量预先计算出来，为后续的插补运算做好准备。例如：$L = FT$，$L = \sqrt{X_e^2 + Y_e^2}$、$K = (FT)/R$ 等。这些常量对于某一个给定的程序段而言是共用参数，只需要计算一次，在该程序段的插补过程中可以重复使用。

第二步，插补计算。根据零件轮廓的类型作相应插补计算，一般需要计算出插补过程的一系列动点坐标以及相应的位置增量值，即 X_i、Y_i、ΔX_i、ΔY_i 四个值。这种插补计算在每一个插补周期中都要执行一次，并将计算结果输出给位置环控制软件使用，以控制刀具进给

到该插补点处。

第三步，终点判断。在每一次插补计算完成后，都必须进行终点判别。当插补动点到达终点后，还必须在相应单元设置该轮廓段插补结束的标志，以便数控系统软件作相应的后续处理。

2）精插补

由于粗插补仅仅计算出一系列微小直线段，相对数控系统的脉冲当量而言仍然是很大的。因此，有必要作进一步的细化，即在粗插补给出的相邻两插补点之间再插入一些中间点，使轮廓误差进一步减小。最直观、最典型的一种粗/精插补思路是：在粗插补输出处再设置一个脉冲增量式插补器，将每次粗插补得到的位置增量值 ΔX_i、ΔY_i，看作起点为（0，0），终点为（ΔX_i，ΔY_i）的微小直线段，再进行脉冲增量插补，然后将此插补结果以脉冲序列的形式提供给位置控制环，作为给定量来控制刀具完成进给。精插补所用的脉冲增量插补器（这里使用 DDA 法插补）既可用软件实现，也可用硬件实现，具体实现方法要根据数控系统的控制结构而定。

另外，为了进一步提高系统的精度与响应速度，有时选取插补周期是位置控制周期的 2 倍，即 $T = 2T_C$。那么，每个插补周期得到的增量值，将提供给两个位置控制周期使用，也就是说每次只取粗插补输出位置增量值的一半作为位置环的给定值。显然，这种处理方法无形中起到了在起点（0，0）和终点（ΔX_i，ΔY_i）之间插入了一个中间点（$\Delta X_i/2$，$\Delta Y_i/2$）的效果。然后，利用伺服系统本身对指令信号的跟踪能力以及它的均匀性来实现精插补，不仅可以提高刀具进给速度的平稳性，而且还可以提高位置环的响应速度。

前面已经介绍了几种较常用的插补方法，但数控技术经过数十年的发展，特别是微处理器的应用，在原有的脉冲增量法插补原理基础上又派生出许多改进或新型的插补算法，例如：比较积分法、时差法、矢量判别法、最小偏差法、脉冲增量式的直接函数法等。针对复杂曲线轮廓或列表曲线轮廓，在数据采样法中又提出了一些新的插补算法，例如：样条插补、螺纹插补等。由于篇幅有限，不一一讲解。

4.4 加工过程的进给速度控制

机床加工过程中，不同尺寸、不同材质的零件，切削速度亦不同。因此，进给速度可调性控制是数控系统中的一个重要内容。

CNC 系统进给速度控制包括自动调节和手动调节两种方式。自动调节方式：按照零件加工程序中速度功能指令中的 F 值进行速度控制。手动调节方式：加工过程中由操作者根据需要随时使用倍率旋钮对进给速度进行手动调节。

不同的控制系统，进给速度的控制方法也不同。开环系统中常采用脉冲增量插补法，坐标轴运动速度是通过调节向步进电动机输出脉冲的频率来实现，其速度控制方法是根据程编 F 值来确定其频率。半闭环和闭环系统中，采用数据采样方法进行插补加工，其速度计算是根据程编 F 值将轮廓曲线分割为采样周期的轮廓步长。因此，进给速度控制方法与系统采用的插补方法有关。

4.4.1 脉冲增量插补算法的进给速度控制

基准脉冲插补多用于以步进电动机作为执行元件的开环数控系统中,各坐标的进给速度是通过控制向步进电动机发出脉冲的频率来实现的,所以进给速度处理是根据程编的进给速度值来确定脉冲源频率的过程。进给速度 F 与脉冲源频率 f 之间关系为

$$F = 60\delta f \qquad (4-48)$$

式中:δ——为脉冲当量(mm/脉冲);

F——脉冲源频率(Hz);

F——进给速度(mm/min)。

脉冲源频率为

$$f = \frac{F}{60\delta} \qquad (4-49)$$

基准脉冲插补法插补速度的调节常用下面两种方法:程序计时法和时钟中断法。

1)程序计时法

程序计时法利用调用延时子程序的方法来实现速度控制。根据要求的进给速度 F,求出与之对应的脉冲频率 f,再计算出两个进给脉冲的时间间隔,即插补周期 $T = 1/f$。在控制软件中,只要控制两个脉冲的间隔时间,就可以方便地实现速度控制。进给脉冲的间隔时间长,进给速度慢;反之,进给速度快。这一间隔时间,通常由插补运算时间 T_c 和程序计时时间 T_j 两部分组成,即 $T = T_c + T_j$,由于插补运算所需时间 T_c 一般来说是固定的,因此只要改变程序计时时间 T_j 就可控制进给速度的快慢。程序计时时间(每次插补运算后的等待时间),可用空运转循环来实现。用 CPU 执行延时子程序的方法控制空运转循环时间。

程序计时法比较简单,但占用 CPU 时间较长,适合于较简单的控制过程,多用于点位直线控制系统。

2)时钟中断法

时钟中断法只要求一种时钟频率,用软件控制每个时钟周期内的插补次数,以达到进给速度控制的目的。其速度要求用每分钟毫米数值直接给定。

设 F 是以 mm/min 为单位的给定速度。为了换算出每个时钟周期应插补的次数(即发出的进给脉冲数),要选定一个适当的时钟频率,选择的原则是满足最高插补进给的要求,并考虑到计算机换算的方便,取一个特殊的 F 值(如 $F = 256$ mm/min)对应的频率。该频率对给定速度,每个时钟周期插补一次。当脉冲当量 δ 为 0.01 mm 时,由式(4-49)得出输出插补脉冲的频率为

$$f = \frac{256}{60 \times 0.01} \text{Hz} = 426.67 \text{ Hz}$$

故取时钟频率为 427 Hz。这样对 Ff 为 256 mm/min 的进给速度恰好每次时钟中断做一次插补运算。采用该方法时,要对给定速度进行换算。因为 $256 = 2^8$,用二进制表示为 1 0000 0000,所以可用两个 8 位寄存器分别寄存其低 8 位和高 8 位。寄存高 8 位的称为 F 整寄存器,寄存低 8 位的称为 F 余寄存器,对速度 $F = 256$ mm/min,就有 $F_{整} = 1$,$F_{余} = 0$。时钟频率为 427 Hz 时,对任意一个以 mm/min 为单位给定的 F 值进行十进制数转换为二进制

数的运算即可,其结果的高 8 位为 $F_整$,低 8 位为 $F_余$。

根据给定速度换算的结果 $F_整$ 和 $F_余$ 即可进行进给速度的控制。例如:数控系统采用 427 Hz 时钟频率,进给速度为 600 mm/min,(600)10 =(10 0101 1000)2。高 8 位 $F_整$ 为 (10)2 即是本次时钟中断做 2 次插补运算,得到 512 mm/min 的进给速度;低 8 位 $F_余$ 为 (88)10 =(0101 1000)2,$F_余$ 不能丢掉,否则将使实际速度减小(512 mm/min < 600 mm/min)。$F_余$ 在本次时钟周期保留,并在下次时钟中断到来时,做累加运算,若有溢出时,应多做一次插补运算,并保留累加运算的余数。进给速度为 $F_整$ 和 $F_余$ 的两个速度合在一起,即(512 + 88)mm/min = 600 mm/min。

4.4.2 数据采样插补算法的进给速度控制

数据采样插补方式多用于以直流电动机或交流电动机作为执行元件的闭环和半闭环数控系统中,速度计算的任务是确定一个插补周期的轮廓步长,即一个插补周期 T 内的位移量。当机床起动、停止或加工过程中改变进给速度时,系统应自动进行加减速处理。加减速控制多数采用软件来实现。

进行加减速控制,首先要计算出稳定速度和瞬时速度。所谓稳定速度,就是系统处于稳定进给状态时,每插补一次(一个插补周期)的进给量。在数据采样系统中,零件程序段中速度命令(或快速进给)的 F 值(mm/min),需要转换成每个插补周期的进给量。另外为了调速方便,设置了快速和切削进给两种倍率开关,一般 CNC 系统允许通过操作面板上进给速度倍率修调旋钮,进行进给速度倍率修调。

稳定速度的计算公式如下:

$$V_w = \frac{TKF}{60 \times 1000} \qquad (4-50)$$

式中:V_w——稳定速度(mm/插补周期);

T——插补周期(ms);

F——程编指令速度(mm/min);

K——速度系数,调节范围在 0 ~ 200% 之间,它包括快速倍率、切削进给倍率等。

稳定速度计算完之后,进行速度限制检查,如果稳定速度超过由参数设定的最高速度,则取限制的最高速度为稳定速度。

所谓瞬时速度 V_i,即系统在每一瞬时,每个插补周期的进给量。当系统处于稳定进给状态时,$V_i = V_w$;当系统处于加速状态时,$V_i < V_w$;当系统处于减速状态时 $V_i > V_w$。

加减速控制既可以在插补前进行,也可在插补后进行。在插补前进行的加减速控制称为前加减速控制;在插补后进行的加减速控制称为后加减速控制。

前加减速控制对合成速度即编程指令速度 F 进行控制,其优点是不影响实际插补输出的位置精度。缺点是需要预测减速点,减速点的预测需要根据实际刀具位置与程序段终点之间的距离来确定,计算量较大。

后加减速控制对各运动轴分别进行加减速控制,不需要预测减速点,在插补输出为零时开始减速,并通过一定的时间延迟逐渐靠近程序段终点。缺点是对各运动轴分别进行控制,实际的各轴的合成位置可能不准确,但这种影响只存在于加减速的过程中,匀速状态时不存在。

自动加减速处理可按常用的指数加减速或直线加减速规律进行,如图4-23所示。

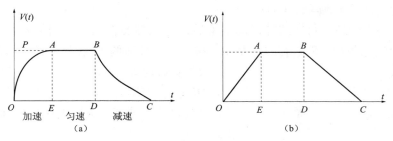

图 4-23 加减速控制
(a) 指数加减速;(b) 直线加减速

指数加减速控制的目的是将起动或停止时的速度突变成随时间按指数规律加速或减速,如图4-23(a)所示。指数加减速的速度与时间的关系如下。

加速时为

$$V(t) = V_W(1 - e^{-\frac{t}{\tau}}) \qquad (4-51)$$

式中:τ——时间常数;

V_w——稳定速度(mm/min)。

匀速时为

$$V(t) = V_w \qquad (4-52)$$

减速时为

$$V(t) = V_w e^{-\frac{t}{\tau}} \qquad (4-53)$$

直线加减速控制算法使机床在起动和停止时,速度沿一定斜率的直线上升或下降,如图4-23(b)所示,速度变化曲线是OABC。

1) 前加减速控制

(1) 线性加减速处理。当机床起停时或切削加工过程中改变进给状态时,系统要自动进行加减速控制。加减速速率分为进给速率和切削速率两种,应作为机床参数预置好。设进给速度为F(mm/min),加速到F所需时间为t(ms),则加速度a为

$$a = 1.67 \times 10^{-2} \frac{F}{t}$$

加速处理:加速时,系统每插补一次都要进行稳定速度、瞬时速度计算和加减速处理。当计算出的稳定速度V_w大于原来的稳定速度V_w时,需要加速。加速之后的瞬时速率为

$$V_{i+1} = V_i + aT \qquad (4-54)$$

新的瞬时速率V_{i+1}参加插补运算,向各个坐标轴分配插补进给量。这样一直到新的稳定速度为止。

减速处理:减速时,系统每进行一次插补计算,都要进行终点判别,计算出距离终点的瞬时距离S_i,并根据本程序段的减速标志,检查是否已达到减速区域S。若已达到,则开始减速。当稳定速度V_w和设定的加减速度a确定以后,则减速区域S为

$$S = \frac{V_w^2}{2a} \qquad (4-55)$$

若本程序段要减速,且满足 $S_i \leq S$,则设置减速状态标志,开始减速处理。每减速一次,新的瞬时速度为 $V_{i+1} = V_i - aT$。新的瞬时速度参加插补运算,向各坐标轴分配插补进给量。一直减到新的稳定速度或减到零为止。

(2) 终点判别处理。每次插补运算结束后,系统都要根据各轴的插补进给量计算刀位点与本程序段终点的距离 S_i 进行终点判别。按直线和圆弧两种情况,对终点判别进行处理。

直线插补时 S_i 的计算。如图 4-24 所示,设刀具沿 OP 作直线运动,P 为程序段终点,A 为某一瞬时点。通过插补计算,求得 X 轴和 Y 轴的进给量 ΔX 和 ΔY。因此,A 点的瞬时坐标为

$$X_i = X_{i-1} + \Delta X \quad (4-56a)$$
$$Y_i = Y_{i-1} + \Delta Y \quad (4-56b)$$

设 X 为长轴,已知其增量值,则刀具在 X 方向上离终点的距离为 $|X - X_i|$。因为长轴与刀具移动方向的夹角 ∂ 是定值,所以瞬时点 A 离终点 P 的距离 S_i 为

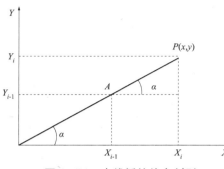

图 4-24 直线插补终点判别

$$S_i = |X - X_i| \frac{1}{\cos \partial} \quad (4-57)$$

圆弧插补时 S_i 的计算。当圆弧对应的圆心角小于 π 时,瞬时点距圆弧终点的直线距离越来越小,如图 4-25 (a) 所示。$A(X_i, Y_i)$ 为顺圆弧插补时圆弧上的某一瞬时点,$P(X, Y)$ 为圆弧的终点;AM 为 A 点在 X 方向距终点的距离,$|AM| = |X - X_i|$;MP 为 A 点在 Y 轴方向距终点的距离,$MP = |Y - Y_i|$;$AP = S_i$。以 MP 为基准,则 A 点离终点的距离为

$$S_i = \frac{|MP|}{\cos \partial} = \frac{|Y - Y_i|}{\cos \partial} \quad (4-58)$$

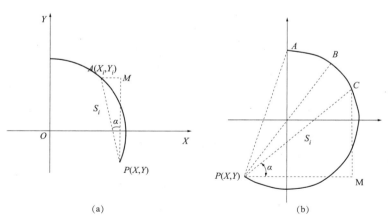

图 4-25 圆弧插补终点判别
(a) 圆心角小于 π 的圆弧终点判别;(b) 圆心角大于 π 的圆弧终点判别

当圆弧弧长对应的同心角大于 π 时,如图 4-25 (b) 所示,设 A 点为圆弧的起点,B 为离终点的弧长所对应的圆心角等于 π 时的分界点。C 点为插补到离终点的弧长所对应的圆心角小于 π 的某一瞬时点。这样瞬时点离圆弧终点的距离 S_i 的变化规律是,当从圆弧起点

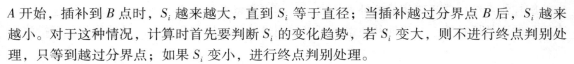

A 开始，插补到 B 点时，S_i 越来越大，直到 S_i 等于直径；当插补越过分界点 B 后，S_i 越来越小。对于这种情况，计算时首先要判断 S_i 的变化趋势，若 S_i 变大，则不进行终点判别处理，只等到越过分界点；如果 S_i 变小，进行终点判别处理。

2）后加减速控制

直线加减速控制是机床在起动时，速度沿一定斜率的直线上升；机床停止时，速度沿一定斜率的直线下降。如图 4-23 所示，速度变化曲线是 $OABC$。直线加减速控制分为五个过程：

（1）加速过程。如果输入速度 V_w 与输出速度 V_{i-1} 之差大于一个常值 K_L，即 $V_w - V_{i-1} > K_L$，则使输出的速度值增加 K_L 值，即 $V_i = V_{i-1} + K_L$，其中 K_L 为加减速的速度阶跃因子。显然在加速过程中，输出速度沿斜率为 $K' = K_L/\Delta t$ 的直线上升，Δt 为采样周期。

（2）加速过渡过程。如果输入速度 V_w 大于输出速度 V_i，但其差值小于 K_L，即 $0 < V_w - V_{i-1} < K_L$ 时，改变输出速度，使其与输入相等，即 $V_i = V_w$。经过此过程系统进入稳定速度状态。

（3）匀速过程。该过程中保持输出速度不变，即 $V_i = V_{i-1}$，但这时的输出速度 V_i 不一定等于输入速度 V_w。

（4）减速过渡过程。若输入速度 V_w 小于输出速度 V_{i-1}，但其差值不足 K_L 值时，即 $0 < V_{i-1} - V_w < K_L$，改变输出速度，使其减小到与输入速度相等，即 $V_i = V_w$。

（5）减速过程。若输入速度 V_w 小于输出速度 V_{i-1}，且其差值大于 K_L 值时，即 $V_{i-1} - V_w > K_L$，改变输出速度，使其减小 K_L 值，即 $V_i = V_{i-1} - K_L$。显然在减速过程中，输出速度沿斜率 $K' = -K_L/\Delta t$ 的直线下降。

不论是采用指数加减速控制算法还是直线加减速控制算法，都必须保证系统不产生失步和超程，即在系统的整个加、减速过程中，输入到加减速控制器的总位移量之和必须等于该加减速控制器实际输出的位移量之和，这是设计后加减速控制算法的关键，对于定位加工的数控机床尤为重要。要做到这一点，在加速过程中，用位置误差累加器寄存由于加速延迟失去的位置增量之和；在减速过程中，又将位置误差累加器中的位置值按照指数或直线规律逐渐释放出来。这样就能保证在加减速过程全部结束时，机床到达指定的位置。

知识拓展

本章介绍了几种较常用的插补方法，但数控技术经过数十年的发展，在原有的脉冲增量法插补原理基础上又派生出许多改进或新型的插补算法，如比较积分法、时差法、矢量判别法、最小偏差法、脉冲增量式的直接函数法等。针对复杂曲线轮廓或列表曲线轮廓，在数据采样法中又提出了一些新的插补算法，如样条插补、螺纹插补等。

本章小结

本章重点介绍了插补的基本概念，基本理论和基本计算方法。通过实例对常用的几种插补算法，如逐点比较法、数字积分法及内接弦法的直线插补和圆弧插补进行了较详细阐述，并且还简要介绍了一些其他插补算法。

逐点比较法是常用的插补方法之一。它具有精度较高，速度平稳等特点，可实现直线和圆弧的插补。逐点比较法插补既可以用硬件实现，也可以用软件来完成。数字积分法是一种在轮廓控制系统中广泛应用的插补方法之一。其主要特点是容易实现多轴联动，可进行空间直线和曲面的插补等。至于插补质量，可以采用进给速度均匀化与溢出脉冲均匀化等措施来改善。

数据采样法又称"时间分割法"，是一种典型的二级插补方法，即粗插补与精插补结合。粗插补，其实质是使用一系列首尾相接的微小直线段逼近给定轮廓，基本计算过程分为插补准备与插补计算共两步。精插补则是在粗插补提供的微小直线段的基础上，进一步实施插补点的密化。

系统采用插补算法不同，进给速度的控制方式也随之不同。采用基准脉冲插补法的数控系统通过插补运算的频率来实现进给速度调节，常用的两种方法是程序计时法和时钟中断法。采用数据采样法的数控系统可以采用前加减速控制或者后加减速控制的方式进行速度控制。

思考题与习题

1. 何谓插补？在数控机床加工过程中，刀具能否严格沿着零件的轮廓轨迹运动？为什么？
2. 何谓脉冲当量？脉冲当量与数控机床的进给速度、加工精度有何关系？
3. 常用的轮廓插补计算方法有哪几类？各有何特点？
4. 若直线轮廓的起点为 $O(0, 0)$，终点 E 的坐标分别为：
   (1) $E(6, 4)$；(2) $E(-4, 3)$
   分别用逐点比较法和数字积分法进行插补，并绘出其插补轨迹，比较两种算法的插补误差；若数控机床的插补时钟频率 $f_{MF} = 2000$ Hz，脉冲当量为 0.01 mm，试计算进行上述直线轮廓插补时刀具的进给速度为多少？
5. 若 AB 为 XOY 面的圆弧，圆心为 $O(0, 0)$，起点 A 和终点 E 分别如下：
   (1) $A(0, 4)$、$B(4, 0)$；(2) $A(-5, 0)$、$B(0, 5)$
   试用逐点比较法和数字积分法分别对圆弧进行插补，并绘出其插补轨迹。
6. 如何提高数字积分法的插补质量？
7. 试述数据采样法的基本原理并分析影响数据采样法插补精度的因素。

第 5 章　计算机数控系统

【本章知识点】
1. CNC 系统的组成和工作内容。
2. CNC 系统的软硬件结构和分类。
3. CNC 系统的控制原理。

5.1　CNC 系统的组成和功能特点

　　CNC 系统的核心是 CNC 装置。CNC 装置实质上是一种专用计算机，它除具有一般计算机的结构外，还具有与机床控制有关的功能模块和接口单元。CNC 装置由硬件和软件组成。硬件是基础，软件是灵魂。软件必须在硬件的支持下运行，离开软件，硬件无法工作。硬件的集成度、位数、运算速度、指令和内存容量等决定了数控装置的性能，而高水平的软件又可弥补硬件性能的某些不足。

5.1.1　CNC 系统的组成

　　数控系统主要靠存储程序来实现各种机床的控制。由图 5-1 可知，整个数控系统由程序、I/O 设备、计算机数控（CNC）装置、可编程控制单元、主轴控制单元和速度控制单元等部分组成，习惯上简称为 CNC 系统。

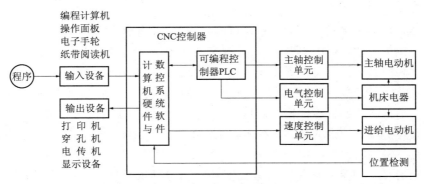

图 5-1　CNC 系统的结构框图

1）数控程序

在数控机床上加工零件，首先需要根据被加工零件图样确定零件的几何信息（如零件轮廓形状、尺寸等）及工艺信息（如进给速度、主轴转速、主轴正反转、换刀、切削液开关等），再根据数控机床编程手册规定的代号与程序格式编写零件数控加工程序。

2）输入/输出设备

输入/输出设备（I/O设备）主要有键盘、纸带阅读机、软盘驱动器、通信装置、显示器等。用以控制数据的输入/输出，监控数控系统的运动，进行机床操作面板及机床机电控制/监测机构的逻辑处理和监控，并为数控装置提供机床状态和有关应答信号。

3）计算机数控装置

计算机数控装置是数控设备的核心，输入装置将控制介质上的程序代码编程，可产生相应的电脉冲信号，经过计算机数控装置的控制软件和逻辑电路进行编译、运算和逻辑处理，然后将各种信息指令输出给伺服系统，使设备各部分进行规范而有序的动作。这些指令主要是经过插补运算决定的各坐标轴的进给速度、进给方向和位移量；主运动部件的变速、换向和起停信号；选择和交换刀具的指令信号；切削液的开停信号；工件松夹、分度工作台的转位等辅助指令信号。

4）可编程控制单元

PLC在数控系统中是介于数控装置与机床之间的中间环节，根据输入的离散信息，在内部进行逻辑运算，并完成输出控制功能。从原理上来讲，PLC实际上也是计算机控制系统。它的特点是面向工业现场，具有更多、功能更强的I/O接口和面向电气工程技术人员的编程语言。

5）主轴控制单元和速度控制单元

控制主轴的转速、主轴的准停；控制进给切削速度、同步进给速度、快速进给速度等。

5.1.2 CNC装置的工作内容和功能特点

CNC装置的工作内容有输入、译码、刀具补偿、进给速度处理、插补、位置控制、I/O处理、显示、诊断等。根据这些特点，CNC装置具有很多特点，比如灵活性、通用性、可靠性、数控功能多样化等。

1. CNC装置的工作内容

（1）输入。输入CNC装置的有零件程序、控制参数和补偿量等数据。输入的形式有键盘、磁盘、连接上级计算机的DNC接口、网络输入等。CNC装置在输入过程中还要完成无效码删除、代码校验和代码转换等工作。输入信息存放在CNC装置的内存储器中。

（2）译码。不论系统工件在MDI方式还是存储器方式，都是将零件程序以程序段为单位进行处理，把其中的各种零件轮廓信息、加工速度信息和其他辅助信息，按照一定的语法规则翻译成计算机能够识别的数据，存放在指定的内存单元中。译码过程中，还要对程序段进行语法检查，发现错误立即报警。

（3）刀具补偿。刀具补偿包括刀具长度补偿和刀具半径补偿，作用是把零件轮廓轨迹转换成刀具中心轨迹。先进的CNC装置中，在刀具的运动中引入了一些相关点，从而解决了工件的转接和过切削问题，这就是CNC刀具补偿。

（4）进给速度处理。编程时程序中给出的速度为合成速度，要根据合成速度计算各运动坐标轴的分速度。同时还要限制机床的最低和最高速度并对自动加减速进行控制处理。

（5）插补。插补的任务是在一条给定起点和终点的曲线上进行"数据点的密化"。在每个插补周期内，根据指令进给速度计算出一个微小的直线数据段。插补计算的实时性很强，只有尽量缩短每一次运算的时间，才能提高进给速度。

（6）位置控制。位置控制是在伺服系统位置环上进行的，可由软件或硬件完成。主要任务是将指令位置和实际反馈位置相比较，用差值控制伺服电动机。还要完成位置回路的增益调整、坐标方向的螺距误差补偿和反向间隙补偿，以提高机床的定位精度。

（7）I/O 处理。主要处理 CNC 装置面板开关信号、机床电气信号的输入、输出信号（如换刀、换挡、冷却等）。

（8）显示。实现人机交互，用于零件程序、参数、刀具位置、机床状态、报警显示等。CNC 装置中还有刀具加工轨迹的静态和动态图形模拟仿真显示。

（9）诊断。CNC 装置都具有自诊断功能，随时检查数控装置中出现的问题。有的配备各种离线诊断程序，以检查存储器、外围设备、I/O 接口等。还可以采用远程网络与诊断中心的计算机相连，对 CNC 装置进行诊断、故障定位。

2. CNC 系统的特点

（1）灵活性。对于 CNC 系统，一旦提供了某些控制功能，就不能被改变，除非改变硬件。而 CNC 系统只要改变相应的软件即可，而不要改变硬件。

（2）通用性。在 CNC 系统中，硬件采用通用的模块化结构，而且易于扩展，并结合软件变化来满足数控机床的各种不同要求。接口电路由标准电路组成，给机床厂和用户带来了很大方便。这样用一种 CNC 系统就能满足多种数控机床的要求，当用户要求某些特殊功能时，仅仅改变某些软件即可。

（3）可靠性。CNC 系统中，零件数控加工程序在加工前一次性全部输入存储器，并经过模拟后才被调用加工，这就避免了在加工过程中因程序输入出错而产生的停机现象。许多功能都由软件完成，硬件结构大为简化，特别是大规模和超大规模集成电路的采用，可靠性得到很大的提高。

（4）数控功能多样化。CNC 系统利用计算机的快速处理能力，可以实现许多复杂的数控功能，如多种插补功能、动静态图形显示、数字伺服控制等。

（5）使用维护方便。有的 CNC 系统含有对话编程、图形编程、自动在线编程等功能，使编程工作简单方便，编好的程序通过模拟运行，很容易检查程序是否正确。CNC 系统中还含有诊断程序，使得维修十分方便。

5.2　CNC 装置的硬件结构

CNC 装置是在硬件和系统软件的支持与控制下进行工作的。硬件根据控制功能复杂程度的不同可分为单微处理器和多微处理器两种结构；按 CNC 装置中电路板的插接方式可分为单板式和功能模块式结构；按硬件的制造方式可分为专用型和通用型结构；按 CNC 装置的开放程度可分为封闭式、PC 嵌入 NC 式、NC 嵌入 PC 式和软件型开放式结构。

5.2.1 单微处理器结构

单微处理器结构是指在 CNC 装置中只有一个微处理器（CPU），工作方式是集中控制，分时处理数控系统的各项任务。某些 CNC 装置中虽用了两个 CPU，但能够控制系统总线的只有一个，通过总线与存储器、输入/输出等各种接口相连。其他的 CPU 则作为专用的智能部件，它们不能控制总线，也不能访问存储器，是一种主从结构。如图 5-2 所示为单微处理器结构框图。

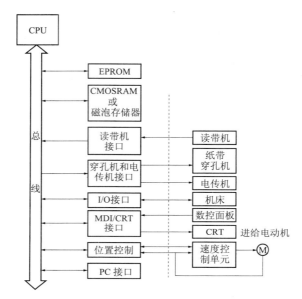

图 5-2 单微处理器结构框图

单微处理器结构的 CNC 装置可划分为计算机部分、位置控制部分、I/O 接口及外围设备。CPU 执行系统程序，首先读取工件加工程序，对加工程序段进行译码和数据处理，然后根据处理后得到的指令，对该加工程序段进行实时插补和机床位置伺服控制；它还将辅助动作指令通过可编程控制器（PLC）送到机床，同时接收由 PLC 返回机床的各部分信息并予以处理，以决定下一步的操作。位置控制部分包括位置控制单元和速度控制单元。I/O 接口与外围设备是 CNC 装置与操作者之间交换信息的桥梁。

在单微处理器结构中，仅由一个微处理器进行集中控制，故其功能将受 CPU 字长、数据字节数、寻址能力和运算速度等因素的限制。如果插补等功能由软件来实现，则数控功能的实现与处理速度就成为突出的矛盾。解决方法有：增加浮点协处理器、采用带有 CPU 的 PLC 和 CRT 智能部件等。

单微处理器 CNC 的结构特点如下。

（1）CNC 装置内只有一个微处理器，对存储、插补运算、输入/输出控制、CRT 显示等功能实现集中控制分时处理。

（2）微处理器通过总线与存储器、I/O 控制等接口电路相连，构成 CNC 装置。

（3）结构简单，实现容易。

5.2.2 多微处理器结构

多微处理器结构的 CNC 装置中有两个或两个以上的处理器。多微处理器的 CNC 采用模块式结构,把系统控制按功能划分为多个子系统模块,每个子系统分别承担相应的任务,各子系统协调动作,共同完成整个控制任务。子系统之间采用紧耦合或松耦合方式。紧耦合又集中地操作系统,实现共享资源;松耦合采用多重操作系统,实现并行处理。

1. 多微处理器结构的组成

组成 CNC 装置将数控机床的总任务划分为多个子任务,每个子任务均由一个独立的 CPU 来控制,与单 CPU 结构相比大大提高了处理速度。多 CPU 结构可采用模块化设计,模块间有符合工业标准的接口,彼此间可以进行信息交换。这样可以缩短设计制造周期,且具有良好的适应性和扩展性。多微处理器结构由以下模块组成。

(1) CNC 管理模块管理和组织整个 CNC 系统的工作,主要包括初始化、中断管理、总线裁决、系统诊断等功能。

(2) CNC 插补模块完成插补前的预处理,如对零件程序的译码、刀具半径补偿、坐标位移量计算及进给速度处理等,为各个坐标提供给定值。

(3) 位置控制模块完成位置给定值与检测所得实际值的比较,进行自动加减速、回基准点、伺服系统滞后量的监视和漂移补偿,最后得到速度控制值。

(4) 存储器模块作为程序和数据的主存储器或作为各功能模块间进行数据传送的共享存储器。

(5) PLC 模块对程序中的开关量和机床传送来的信号进行逻辑处理,实现主轴运转、换刀、冷却液的开和关、工件的夹紧和松开等。

(6) 操作控制数据输入、输出和显示模块,它包括零件程序、参数、数据及各种操作命令的输入/输出、显示所需的各种接口电路。

2. 功能模块的互连方式

多 CPU 的 CNC 装置典型结构有共享总线和共享存储器两大类。

(1) 共享总线结构,如图 5-3 所示,这种结构以系统总线为中心,按照功能系统划分为若干功能模块。带有 CPU 的模块称为主模块,不带 CPU 的称为从模块。所有的主、从模块都插在配有总线插座的机柜内。系统总线的作用是把各个模块有效地连接在一起,按照要求交换各种数据和控制信息,实现各种预定的功能。这种结构中只有主模块有权控制使用系

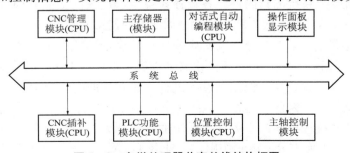

图 5-3 多微处理器共享总线结构框图

统总线，由于有多个主模块，系统通过总线仲裁电路来解决多个主模块同时请求使用总线的矛盾。共享总线结构的优点是系统配置灵活，结构简单，容易实现，造价低。不足之处是会引起竞争，使信息传输率降低，总线一旦出现故障，会影响全局。

（2）共享存储器结构，如图5-4所示。这种结构以存储器为中心，它采用多端口存储器来实现各微处理器之间的互连和通信，每个端口都配有一套数据、地址、控制线，由专门的多端口控制逻辑电路解决访问中的冲突问题。当微处理器数量增多时，往往会由于争用共享而造成信息传输的阻塞，降低系统效率，因此这种结构功能扩展比较困难。

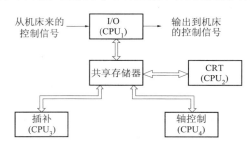

图5-4 多微处理器共享存储器结构框图

3. 多微处理器结构的特点

多微处理器硬件结构多应用于高档、全功能的CNC机床，满足机床高进给速度和高加工精度的要求，并实现一些复杂控制功能。

（1）性能价格比高。采用多微处理器完成各自特定的功能，适应多轴控制、高精度、高进给速度、高效率的控制要求。由于单个低规格CPU的价格较为便宜，因此其性能价格比较高。

（2）模块化结构。具有良好的适应性与扩展性，结构紧凑，调试、维修方便。

（3）具有很强的通信功能，便于实现FMS、CIMS。

5.2.3 开放式数控系统

对于专用结构数控系统，由于专门针对CNC设计，其结构合理并可获得高的性能价格比。厂家为了保护各自的权益，CNC具有不同的编程语言、非标准的人机接口、多种实时操作系统、非标准的硬件接口等。CNC装置软硬件对用户都是封闭的，这些缺陷造成了CNC系统使用和维护的不便，也限制了数控系统的集成和进一步发展。其具体有下列情况。

（1）由于传统数控系统的封闭性，各数控系统生产厂家的产品软硬件不兼容，使得用户投资安全性受到威胁，购买成本和产品生命周期内的使用成本高。

（2）系统功能固定，不能充分反映机床制造厂的生产经验，不具备某些机床或工艺特征需要的性能，用户无法对系统进行重新定义和扩展，很难满足用户的特殊要求。

（3）传统数控系统缺乏与其他控制设备进行高速互连的有效通道，信息被锁在"黑匣子"中，每一台设备都成为自动化的"孤岛"，对企业的网络化和信息化发展是一个障碍。

（4）传统数控系统人机界面不灵活，系统的培训和维护费用昂贵。由于缺乏使用和维护知识，购买的设备不能充分发挥其作用。一旦出现故障，面对"黑匣子"无从下手。

对此，为适应柔性化、集成化、网络化和数字化制造环境，发达国家相继提出数控系统要向标准化、规范化方向发展,并提出开放式数控系统研发计划。1987 年,美国提出了下一代控制器 NGC（Next Generation Controller）计划及以后的 OMAC（Open Modular Architecture Controller）计划。20 世纪 90 年代欧洲提出了 OSACA（Open System Architecture for Control with in Automation System）计划。1995 年,日本提出了 OSEC（Open System Environment for Controller）计划。

1. 美国的 NGC 和 OMAC 计划及其结构

NGC 是实时加工控制器和工作站控制器,要求适用于各类机床的 CNC 控制和周边装置的过程控制,包括切削加工（钻、铣、磨等）、非切削加工（电加工、等离子弧、激光等）、测量及装配、复合加工等。

NCC 与传统 CNC 的显著差别在于"开放式结构"。其首要目标是开发"开放式系统体系结构标准规范 SOSAS（Specification for an Open System Architecture Standard）",用来管理工作站和机床控制器的设计和结构组织。SOSAS 定义了 NGC 系统、子系统和模块的功能以及相互间的关系。

2. 欧共体的 OSACA 计划及其结构

OSACA 计划是针对欧盟的机床,目标是 CNC 系统开放,允许机床厂对系统作补充、扩展、修改、裁剪来适应不同需要,实现 CNC 的批量生产,增强数控系统和数控机床的市场竞争力。OSACA 提出由一系列逻辑上相互独立的控制模块组成开放式数控系统,其模块间及与系统平台间具有友好的接口协议,使不同制造商开发的应用模块可在该平台上运行。OSACA 平台的软硬件包括操作系统、通信系统、数据库系统、系统设定和图形服务器等。

3. 日本的 OSEC 计划及其结构

OSEC 采用了三层功能结构（应用、控制和驱动）。这种结构实现了零件造型、工艺规划（加工顺序、刀具轨迹、切削条件等）、机床控制处理（程序解释、操作模块控制、智能处理等）、刀具轨迹控制、顺序控制、轴控制等功能。

OSEC 采用了新的接口协议,它从 CAD 和生产管理开始,分为 CAM 和生产监控,综合成为任务调度,然后利用各种库进行解释,形成轴控制及 PLC 所需信息和数据,对机床的伺服和执行机构进行控制。可实现 IO 口控制、信号处理控制、电动机控制以及电动机联动控制。

4. 基于 Linux 的开放式结构数控系统

数控系统运行于设有运动控制卡的标准 PC 硬件平台上,软件平台采用 Linux 和 RTLinux 结合,一些时间性要求严的任务,如插补运算、加减速控制、现场总线通信、PLC 等,由 RTLinux 实现,而其他一些时间性不强的任务在 Linux 中实现。系统主要特点如下。

（1）自动识别。控制器具有动态地自动识别系统接口卡的功能,系统可重配置以满足不同加工工艺的机床和设备的数控要求,驱动电动机可配数字伺服、模拟伺服和步进电动机。

（2）网络功能。通过以太网实现数控系统与车间网络或 Intranet/Internet 的互联,利用 TCP/IP 开放数控系统的内部数据,实现与生产管理系统和外部网络的高速双向数据交流。具有常规 DNC 功能、生产数据和机床操作数据的管理功能、远程故障诊断和监视功能。

（3）标准的接口。系统除具有标准的串并口、USB 接口、以太网接口外,还配有高速现场总线接口以及红外无线接口等。

（4）友好界面。采用统一用户操作界面风格，用户可通过配置工具对动态软按键进行定义。

（5）多媒体技术。将多媒体技术应用于机床的操作、使用、培训和故障诊断，提供使用操作帮助、在线教程、故障和机床维护向导。

（6）动态仿真。提供三维加工仿真功能和加工过程刀具轨迹动态显示。

（7）高速插补。实现任意曲线、曲面的高速插补。输出电动机控制脉冲频率最高可达 4 MHz，当分辨率为 0.1 μm 时，快进速度可达 24 m/s，适合于高速、高精度加工。

（8）实时控制。伺服更新可达 500 μs（控制 6 轴），PLC 扫描时间不小于 2 ms。

（9）PLC 编程。符合国际电工委员会 IEC-61131-3 规范，提供梯形图和语句表编程。

（10）可靠稳定。采用高可靠性的工控单板机，保证数控系统的平均无故障时间达到 20000 h。

5.3　CNC 装置的软件结构

CNC 装置的软件是为了完成 CNC 数控机床的各项功能而专门设计和编制的，是一种专用软件，其结构取决于软件的分工，也取决于软件本身的工作特点。软件功能是 CNC 装置的功能体现。一般的 CNC 装置，硬件设计好后基本不变，而软件不断升级，以满足制造业客户的需求。

5.3.1　CNC 装置的软件组成

1. CNC 装置软件

CNC 装置软件是为实现 CNC 系统各项功能而编制的专用软件，分为管理软件和控制软件两大部分，如图 5-5 所示。

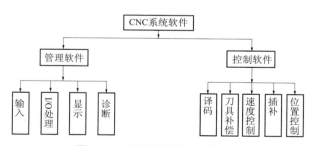

图 5-5　CNC 装置的软件框图

（1）输入数据处理程序接收零件加工程序，将标准代码表示的加工指令和数据进行译码、数据处理，并按规定的格式存放。有的系统还要进行插补运算和速度控制预处理。通常输入数据处理程序包括输入、译码和数据预处理三项内容。

（2）插补计算程序根据工件加工程序中提供的数据，如曲线的种类、起点、终点等进行运算，分别向各坐标轴发出进给脉冲，通过伺服系统驱动工作台或刀具作相应的运动，完成程序规定的加工任务。

（3）速度控制程序根据给定的速度值控制插补运算的频率，保证按照进给速度运行。在速度变化较大时，要进行自动加减速控制，避免速度突变。

（4）管理程序对数据输入、数据处理、插补运算等进行调度管理，还要对面板命令、时钟信号、故障信号等引起的中断进行处理。管理程序可使多个程序并行工作，如在插补运算与速度控制的空闲时间进行数据输入处理，即完成下一数据段的读入、译码和数据处理工作。

（5）诊断程序在程序运行中，检查系统各主要部件（CPU、存储器、接口、开关、伺服系统等）功能，及时发现系统的故障，并指出故障的类型。

2. 常规 CNC 系统软件的组成

CNC 软件分为系统软件和应用软件。CNC 系统的软件是为完成 CNC 系统的各项功能而专门设计和编制的，是数控加工系统的一种专用软件，又称为系统软件（系统程序或控制软件）。CNC 系统软件的管理作用类似于计算机的操作系统的功能。不同的 CNC 装置，其功能和控制方案不同，因而各系统软件在结构上和规模上差别较大，各企业的软件互不兼容。现代数控机床的功能大都采用软件来实现，所以，系统软件的设计及功能是 CNC 系统的关键。

数控系统是按照事先编制好的控制程序来实现各种控制的，而控制程序是根据用户对数控系统所提出的各种要求进行设计的。在设计系统软件之前必须细致地分析被控制对象的特点和对控制功能的要求，决定采用哪一种计算方法。在确定好控制方式、计算方法和控制顺序后，将其处理顺序用框图描述出来，使系统设计者对所设计的系统有一个明确而清晰的轮廓。

CNC 系统软件存放在计算机 EPROM 内存中，各种 CNC 系统的功能设置和控制方案各不相同，一般都包括输入数据处理程序、插补运算程序、速度控制程序、管理程序和诊断程序。下面分别叙述它们的作用。

1）输入数据处理程序

输入数据处理程序接收输入的零件加工程序，将标准代码表示的加工指令和数据进行译码、数据处理，并按规定的格式存放。有的系统还要进行补偿计算，或为插补运算和速度控制等进行预计算。通常，输入数据处理程序包括输入、译码和数据处理三项内容，分为输入程序、译码程序、数据处理程序。

2）插补计算程序

CNC 系统根据工件加工程序中提供的数据，如曲线的种类、起点、终点等进行运算。根据运算结果，分别向各坐标轴发出进给脉冲，这个过程称为插补运算。进给脉冲通过伺服系统驱动或刀具做相应的运动，完成程序规定的加工任务。

CNC 系统一边进行插补运算，一边进行加工，是一种典型的实时控制方式，所以，插补运算的快慢直接影响机床的进给速度。因此，编制插补运算程序的关键是尽可能地缩短运算时间。

3）速度控制程序

速度控制程序根据给定的速度值控制插补运算的频率，以保证预定的进给速度。在速度变化较大时，需要进行自动加减速控制，以避免因速度突变而造成驱动系统失步。

4）管理程序

管理程序对数据输入、数据处理、插补运算等为加工过程服务的各种程序进行调度管理。管理程序还要对面板命令、时钟信号、故障信号等引起的中断进行处理。

5）诊断程序

诊断程序的功能是在程序运行中及时发现系统的故障，并指出故障的类型。也可以在运行前或故障发生后，检查系统各主要部件（CPU、存储器、接口、开关、伺服系统等）的功能是否正常，并指出发生故障的部位。

3. CNC 装置软硬件的界面分配

在 CNC 系统中，由硬件完成的工作原则上也可以由软件来完成。但是它们各有特点。

硬件处理速度快，成本相对较高，适应性差；软件设计灵活，适应性强，但是处理速度慢。因此，CNC 系统中软、硬件的分配比例是由性价比决定的。这也在很大程度上涉及软、硬件的发展水平。一般说来，软件结构首先要受到硬件的限制，但软件结构也有独立性。对于相同的硬件结构，可以配备不同的软件结构。实际上，现代 CNC 系统中软、硬件界面并不是固定不变的，而是随着软、硬件的水平和成本，以及 CNC 系统所具有的性能不同而发生变化。如图 5-6 所示给出了不同时期和不同产品中的三种典型的 CNC 系统软、硬件界面。

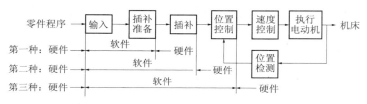

图 5-6　CNC 中三种典型的软、硬件界面

4. CNC 系统的多任务并行处理与实时中断处理

CNC 系统是在同一时间或同一时间间隔内完成两种以上性质相同或不同的工作，因此需要对系统软件的各功能模块实现多任务并行处理。为此，在 CNC 软件设计中，常采用资源重复、流水线并行处理和资源分时共享并行处理技术。由于两种技术处理方式不同，相应的 CNC 软件也可设计成不同的结构形式。不同的软件结构，对各任务的安排方式、管理方式不同。较常见的 CNC 软件结构形式有实时中断型软件结构和前后台型软件结构。

1）CNC 系统的多任务性

CNC 系统的多任务性表现在它必须完成管理和控制两大任务，如图 5-7 所示。其中系统管理包括输入、I/O 处理、通信、显示、诊断以及加工程序的编制管理等任务。系统的控制部分包括：译码、刀具补偿、速度处理、插补和位置控制等软件。

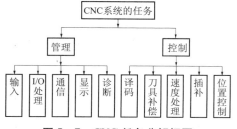

图 5-7　CNC 任务分解框图

同时，CNC 系统的这些任务必须协调地工作，在许多情况下，管理和控制的某些工作必须同时进行。例如，为了便于操作人员及时掌握 CNC 的工作状态，管理软件中的显示模块必须与控制模块同时运行。当 CNC 处于 NC 工作方式时，管理软件中的零件程序输入模块必须与控制软件同时运行。而控制软件运行时，其中一些处理模块也必须同时进行。如为了保证加工过程的连续性，即刀具在各程序段间不停刀，译码、刀具补偿和速度处理模块必须与插补模块同时运行，而插补又必须与位置控制同时进行等，这种任务并行处理关系如图 5-8 所示。

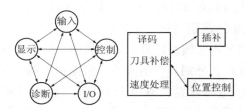

图 5-8　CNC 的并行任务处理关系需求示意图

事实上，CNC 系统是一个专用的实时多任务计算机系统，其软件必然会融合现代计算机软件技术中的许多先进技术，其中最突出的是多任务并行处理和多重实时中断技术。

2）并行处理

并行处理是指计算机在同一时刻或同一时间间隔内完成两种或两种以上性质相同或不相同的工作。并行处理的优点是可以提高运行速度。并行处理分为资源重复法、时间重迭法和资源共享法等并行处理方法。

资源重复是用多套相同或不同的设备同时完成多种相同或不同的任务。在 CNC 系统硬件设计中，广泛使用"资源重复"的并行处理技术，如采用多微处理器的系统体系结构来提高处理速度。时间重迭是根据"流水处理"技术，使多个处理过程在时间上相互错开，轮流使用同一套设备的几个部分。

3）实时中断处理

CNC 系统软件结构的另一个特点是实时中断处理。CNC 系统程序以零件加工为对象，每个程序段有许多子程序，它们按照预定的顺序反复执行，各个步骤间关系十分密切，有许多子程序的实时性很强，这就决定了中断成为整个系统不可缺少的重要组成部分。

CNC 系统的中断管理主要由硬件完成，而系统的中断结构决定了软件结构。

CNC 的中断类型如下。

（1）外部中断。主要有纸带光电阅读机中断、外部监控中断（如紧急停、量仪到位等）和键盘及操作面板输入中断。前两种中断的实时性要求很高，处在较高的优先级，而键盘和操作面板的输入中断则处在较低的中断优先级上。在有些系统中，甚至用查询的方式来处理它。

（2）内部定时中断。主要有插补周期定时中断和位置采样定时中断。有些系统中将两种定时中断合二为一。但是在处理时，总是先处理位置控制，然后处理插补运算。

（3）硬件故障中断。它是各种硬件故障检测装置发出的中断。如存储器出错、定时器出错、插补运算超时等。

（4）程序性中断。它是程序中出现的异常情况的报警中断。如各种溢出、除零等。

5. 常规 CNC 系统的软件结构

CNC 系统的软件结构决定于系统采用的中断结构。在常规的 CNC 系统中，有中断型软件结构和前后台型软件结构。

1) 中断型结构模式

中断型软件结构的特点是除了初始化程序之外，整个系统软件的各种功能模块分别安排在不同级别的中断服务程序中，整个软件就是一个大的多重中断系统。其管理的功能主要通过各级中断服务程序之间的相互通信来解决。

一般在中断型结构模式的 CNC 软件体系中，控制 CRT 显示的模块为低级中断（0 级中断），只要系统中没有其他中断级别请求，总是执行 0 级中断，即系统进行 CRT 显示。其他程序模块，如译码处理、刀具中心轨迹计算、键盘控制、I/O 信号处理、插补运算、终点判别、伺服系统位置控制等处理，分别具有不同的中断优先级别。开机后，系统程序首先进入初始化程序，进行初始化状态的设置、ROM 检查等工作。初始化后，系统转入 0 级中断 CRT 显示处理。此后系统就进入各种中断的处理，整个系统的管理是通过每个中断服务程序之间的通信方式来实现的。

2) 前、后台型结构模式

前、后台型结构模式的 CNC 系统的软件分为前台程序和后台程序。前台程序是指实时中断服务程序，可以实现插补、伺服、机床监控等实时功能。这些功能与机床的动作直接相关。后台程序是一个循环运行程序，完成管理功能和输入、译码、数据处理等非实时性任务，也叫背景程序，管理软件和插补准备在这里完成。后台程序运行中，实时中断程序不断插入，与后台程序相配合，共同完成零件加工任务。如图 5-9 所示为前、后台软件结构中实时中断程序与后台程序的关系。这种前、后台型的软件结构一般适合单处理器集中式控制，对 CPU 的性能要求较高。程序启动后先进行初始化，再进入后台程序环，同时开放实时中断程序，每隔一定的时间中断发生一次，执行一次中断服务程序。此时后台程序停止运行，实时中断程序执行后，再返回后台程序。

图 5-9 前、后台软件结构

5.4 CNC 系统的控制原理

5.4.1 零件程序的输入

数控加工程序的输入，通常是指将编制好的零件加工程序送入数控装置的过程，可分为手动输入和自动输入两种方式。手动输入一般是通过键盘输入。自动输入可用纸带、磁带、磁盘等程序介质输入，随着 CAD/CAM 技术的发展，越来越多地使用通信输入方式。

CNC 系统一般在存储器中开辟一个零件程序缓冲区作为零件程序进入 CNC 系统的必经之路。

5.4.2 译码

所谓译码是指将输入的数控加工程序段按一定规则翻译成数控装置中的计算机能够识别的数据形式,并按约定的格式存放在指定的译码结果缓冲器中。不论系统工作在存储器方式还是 NC 方式,译码处理都是将零件程序的一个程序段作为单位进行处理。具体地说,译码也就是把其中的零件轮廓信息(如起点、终点、直线或圆弧等)、进给速度信息(F 代码)和其他辅助信息(M、S、T 代码等)按照一定的语法规则解释成计算机能够识别的数据形式,并以一定的数据格式存放在指定的内存专用区域。在译码过程中,还要完成对程序段的语法检查,若发现语法错误便立即报警。

5.4.3 刀具补偿

经过译码后得到的数据,还不能直接用于插补控制,要通过刀具补偿计算,将编程轮廓数据转换成刀具中心轨迹的数据才能用于插补。刀具补偿分为刀具长度补偿和刀具半径补偿。

1) 刀具长度补偿

在数控立式铣镗床上,当刀具磨损或更换刀具使 Z 向刀尖不在原初始加工的程编位置时,必须在 Z 向进给中通过伸长(如图 5-10 所示)或缩短 1 个偏置值 e 的办法来补偿其尺寸的变化,以保证加工深度仍然达到原设计位置。刀具长度补偿由准备功能 G43、G44、G49 以及 H 代码指定。用 G43、G44 指令分别指定正向或负向偏置。G49 指令指定补偿撤销,H 代码指令指示偏置存储器中存偏置量的地址。无论是绝对或增量指令的情况,G43 总是执行将 H 代码指定的已存入偏置存储器中的偏置值加到主轴运动指令终点坐标值上去,而 G44 则相反,是从主轴运动指令终点坐标值中减去偏置值。G43、G44 是模态 G 代码。

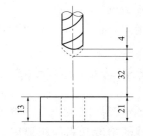

图 5-10 刀具长度补偿分析

用 H 代码后面跟的两位数是偏置号,在每个偏置号所对应的偏置存储区中,通过键盘或纸带预先设置相应刀具的长度补偿值。对应偏置号 00 即 H00 的偏置值通常不设置,取为 0,相当于刀具长度补偿撤销指令 G49。

2) 刀具半径补偿

刀具半径补偿是指数控装置使刀具中心偏移零件轮廓一个指定的刀具半径值。根据 ISO 标准,当刀具中心轨迹在程序加工前进方向的右侧时,称右刀具半径补偿,用 G42 表示;反之,称为左刀具半径补偿,用 G41 表示;撤销刀具半径补偿用 G40 表示。

刀具半径补偿功能的优点是:在编程时可以按零件轮廓编程,不必计算刀具中心轨迹;刀具的磨损、刀具的更换不要重新编制加工程序;可以采用同一程序进行粗、精加工;可以采用同一程序加工凸凹模。

刀具半径补偿的补偿值由数控机床调整人员根据加工需要,选择或刃磨好所需刀具,测量出每一把刀具的半径值,通过数控机床的操作面板,在 MDI 方式下,把半径值输入刀具参数中。

5.4.4 插补

由于指令行程信息的有限性，如对于一条直线仅给定的是起、终点坐标；对于一段圆弧除给定其起、终点坐标外，再给定其圆心坐标或圆弧半径，这样，要进行轨迹加工，CNC必须从一条已知起点和终点的曲线上自动进行"数据点密化"工作，这就是所谓插补。插补是在规定的周期（称插补周期）内执行一次，即在每个周期内，按指令进给速度计算出一个微小的直线数据段。通常经过若干个插补周期后，插补完一个程序段的加工，也就完成了从程序段起点到终点的"数据密化"工作。

目前，在一般的 CNC 中，都有直线、圆弧及螺旋线插补。根据需要，在某些较高档的 CNC 中还可配置椭圆、抛物线、正弦线和一些专用曲线的插补。

5.4.5 位置控制

位置控制处在伺服回路的位置环上，它的主要工作是在每个采样周期内，将插补计算出的理论位置与实际反馈位置相比较，用其差值去控制进给电动机。这部分工作可以由软件来完成，也可由硬件完成。在位置控制中，通常还要完成位置回路的增益调整、各坐标方向的螺距误差补偿和反向间隙补偿，以提高机床的定位精度。

5.4.6 速度控制

轮廓控制系统中，既要对运动轨迹严格控制，也要对运动速度严格控制，以保证被加工零件的精度和表面粗糙度、刀具和机床的寿命以及生产效率。在高速运动时，为避免在起动时和停止时发生冲击、失步、超程和振荡，数控装置还应对运动速度进行加减速控制。在零件数控程序中，F 指令设定了进给速度。速度控制的任务是为插补提供必要的速度信息。由于各种 CNC 系统采用的插补法不同，所以速度控制计算方法也不相同。

1. 进给速度控制

根据速度控制计算方法的不同有脉冲增量插补和数据采样插补两种方式。

1) 脉冲增量插补方式的速度计算

脉冲增量插补的输出形式是脉冲，其频率与进给速度呈正比。因此可以通过控制插补运算的频率来控制进给速度。常用的方法有软件延时法和中断控制法。脉冲增量插补方式用于以步进电动机为执行元件的系统中，坐标轴运动是通过控制步进电动机输出脉冲的频率来实现的。速度计算就是根据编程的 F 值来确定脉冲频率值。步进电动机走一步，相应的坐标轴移动一个对应的距离 δ（脉冲当量）。进给速度 F 与脉冲频率 f 之间的关系为

$$f = \frac{F}{60\delta} \tag{5-1}$$

式中：f——脉冲频率（Hz）；

F——进给速度（mm/min）；

Δ——脉冲当量（mm/脉冲）。

两轴联动时，各坐标轴的进给速度分别为

$$F_x = 60\delta f_x \qquad (5-2)$$

$$F_y = 60\delta f_y \qquad (5-3)$$

式中：F_x，F_y——x 轴、y 轴的进给速度（mm/min）；

f_x，f_y——x 轴、y 轴步进电动机的脉冲频率（Hz）。

合成进给速度为

$$F = \sqrt{F_x^2 + F_y^2} \qquad (5-4)$$

2）数据采样法插补的速度计算

数据采样法插补程序在每个插补周期内被调用一次，向坐标轴输出一个微小位移增量。数据采样插补根据程编进给速度计算一个插补周期内合成速度方向上的进给量。这个微小的位移增量被称为一个插补周期内的插补进给量，用 f_s 表示。根据数控加工程序中的进给速度 F 和插补周期 T，可以计算出一个插补周期内的插补进给量为

$$f_s = \frac{KFT}{6 \times 1000} \qquad (5-5)$$

式中：f_s——系统在稳定状态下一个插补周期内的插补进给量（mm）；

T——插补周期（ms）；

F——程编进给速度（mm/min）；

K——速度系数（快速倍率、切削进给倍率）。

为了调速方便，设置了速度系数 K 来反映速度倍率的调节范围，$K = 0\% \sim 200\%$，当中断服务程序扫描到面板上倍率开关状态时，给 K 设置相应参数，从而对数控装置面板手动速度调节做出正确的响应。

由此可得到指令进给值 f_s，即系统处于稳定进给状态时的进给量，因此称 f_s 为稳态速度。当数控机床起动、停止或加工过程中改变进给速度时，还需要进行自动加减速处理。

2. 加减速控制

数控机床进给系统的速度是不能突变的，进给速度的变化必须平稳过渡，以避免冲击、失步、超程、振荡或引起工件超差。在进给轴起动、停止时需要进行加减速控制。在程序段之间，为了使程序段转接处的被加工面不留痕迹，程序段之间的速度必须平滑过渡，不应有停顿或速度突变，这时也需要进行加减速控制。为了保证加工质量，在进给速度突变时，必须对送到进给电动机的脉冲频率和电压进行加减速控制，当速度突然升高时，应保证加在伺服电动机上的进给脉冲频率或电压逐渐增大；当速度突降时，应保证加在伺服进给电动机上的脉冲频率或电压逐渐减小。加减速控制多采用软件来实现。加减速控制可以在插补前进行，称为前加减速控制；也可以在插补之后进行，称为后加减速控制。

1）前加减速控制

前加减速控制优点是只对编程进给速度 F 进行控制，不会影响实际插补输出的位置精度，其缺点是需要预测加减速点。其控制方法有线性加减速控制算法等。

当进给速度因数控机床起动、停止或进给速度指令改变而变化时，系统自动进行线性加减速处理。设进给速度为 F（mm/min），加速到 F 所需要的时间为 t，则加减速为 a（μm/ms²）

$$a = 1.67 \times 10^{-2} \frac{F}{t} \tag{5-6}$$

每次加减速一次，瞬时速度为

$$f_{i+1} = f_t \pm at \tag{5-7}$$

减速需要在减速区域内进行，减速区域 S 为

$$S = \frac{f_s^2}{2a} + \Delta S \tag{5-8}$$

式中：ΔS——提前量（mm）。

2）后加减速控制

后加减速控制的优点是对各坐标轴分别进行控制，不需要预测加减速点；缺点是实际各坐标轴的合成位置就可能不准确。后加减速控制常用算法有指数加减速控制和直线加减速控制。

（1）指数加减速控制算法。这种算法是将起动或停止时的突变速度处理成随时间按指数规律上升或下降的速度，如图 5-11（a）所示。指数加减速控制时速度与时间的三种关系分别是：加速时：$v(t) = v_c(1 - e^{-\frac{t}{T}})$；减速时：$v(t) = v_c e^{-\frac{t}{T}}$，匀速时：$v(t) = vc$。式中，$v_c$ 为稳定速度；T 为时间常数。

（2）直线加减速控制算法。这种算法使数控机床起动/停止时，速度沿一定斜率的斜线上升/下降，如图 5-11（b）所示。

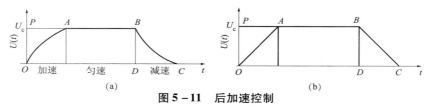

图 5-11 后加速控制

（a）指数加减速控制；（b）直线加减速控制

知识拓展

在单片机处理器数控系统中，一个 CPU 独自担任插补运算、数据处理、输入/输出等方面的任务；在多微处理器数控系统中，数控系统要完成的任务分别由各自的 CPU 来承担，各 CPU 通过主 CPU 来协调。多微处理器数控系统有共享总线结构与共享存储器结构形式。

本章小结

本章主要讲述了数控系统的组成及工作内容，CNC 系统的软、硬件结构及 CNC 系统的控制原理。其中重点内容是 CNC 系统的软、硬件结构和控制原理。

CNC 系统主要由程序、I/O 设备、计算机数控（CNC）装置、可编程控制单元、主轴控制单元和速度控制单元等部分组成。主要工作内容有输入、译码、刀具补偿、进给速度处理、插补、位置控制、I/O 处理、显示、诊断等。CNC 系统硬件结构主要有单微处理器和多微处理器类型。CNC 系统软件包括管理软件和控制软件。管理软件中有输入、I/O 处理、显示、诊断等；控制软件包括译码、刀具补偿、速度控制、插补、位置控制等。

 思考题与习题

1. CNC 系统的组成和特点有哪些？
2. 什么是 CNC 系统的多任务并行处理与实时中断处理？简述出其工作原理。
3. 分别简述单微处理器和多微处理器的工作原理及结构特点。
4. 说明 CNC 系统的速度控制原理和过程。

第 6 章　位置检测技术

【本章知识点】
1. 位置伺服控制分类、幅值伺服控制、相位伺服控制。
2. 光电编码器的分类、编码器在数控机床中的应用。
3. 光栅尺和磁栅尺的结构、工作原理与特点。
4. 旋转变压器和感应同步器的结构和工作原理。

检测元件是数控机床伺服系统的重要组成部分。它的作用是检测位移和速度，发送反馈信号，构成闭环控制。数控机床的运动精度主要由检测系统的精度决定。位移检测系统能够测量的最小位移量称为分辨率，不仅取决于检测元件本身，也取决于测量线路。在设计数控机床，尤其是高精度或大中型数控机床时，必须选用检测元件。

数控机床对检测元件的主要要求如下：
（1）高可靠性和高抗干扰性。
（2）满足精度与速度要求。
（3）使用维护方便，适合机床运行环境。
（4）成本低。

不同类型的数控机床对检测系统有不同的要求。一般来说，对于大型数控机床要求速度响应快，而对于中型和高精度数控机床以满足精度要求为主。选择测量系统的分辨率，一般要求比加工精度高一个数量级。

6.1　位置伺服控制

6.1.1　位置伺服控制分类

机床伺服系统通常可分为开环控制系统、闭环控制系统和半闭环控制系统。位置测量装置的作用是实时测量执行部件的位移和速度信号，并把测得的位移和速度信息变换成 CNC 中位置控制单元所要求的信号形式，以便于将运动部件的实际位置反馈到位置控制单元，实现数控系统的半闭环、闭环控制。它是半闭环、闭环进给伺服系统的重要组成部分。位置测量装置的精度主要包括系统的精度和分辨率。系统精度是指在一定长度或转角范围内测量累积误差的最大值；系统分辨率是测量元件所能正确检测的最小位移量。

1. 开环控制系统

开环控制系统是指不带位置反馈装置的控制系统。由功率型步进电动机作为驱动元件的控制系统是典型的开环控制系统。数控装置根据所要求的运动速度和位移量，向环形分配器和功率放大电路输出一定频率和数量的脉冲，不断改变步进电动机各相绕组的供电状态，使相应坐标轴的步进电动机转过相应的角位移，再经过机械传动链，实现运动部件的直线移动或转动。运动部件的速度与位移量由输入脉冲的频率和脉冲个数决定。开环控制系统具有结构简单、价格低廉等优点。但通常输出的扭矩较小，而且当输入较高的脉冲频率时，容易产生失步，难以实现运动部件的快速控制。如图6-1所示是开环控制系统的示意图。

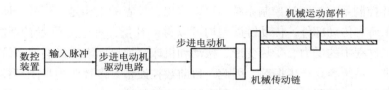

图6-1 开环控制系统示意图

2. 半闭环控制系统

半闭环控制系统是在开环控制伺服电动机轴上装有角位移检测装置，通过检测伺服电动机的转角，间接地检测出运动部件的位移，反馈给数控装置的比较器，与输入指令进行比较，用差值控制部件运动。随着脉冲编码器的迅速发展，性能的不断完善，作为角位移检测装置，能方便地直接与直流或交流伺服电动机同轴安装。而高分辨率的脉冲编码器，为半闭环控制系统提供了一种高性能价格比的配置方案。由于惯性较大的机床运动部件不包含在闭环控制系统中，控制系统的调试十分方便，并具有良好的系统稳定性，可以将脉冲编码器与伺服电动机设计成一个整体，使系统变得更加紧凑。在半闭环控制系统中，运动部件的部分机械传动链不包括在闭环之内，机械传动链的误差无法得到校正或消除。但目前广泛采用的滚珠丝杠螺母机构，具有很好的精度和精度保持性，而且具有消除反向运动间隙的结构，可以满足大多数数控机床用户的需要。如图6-2所示是半闭环控制系统示意图。

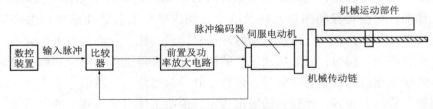

图6-2 半闭环控制系统示意图

3. 闭环控制系统

闭环控制系统是在机床最终的运动部件的相应位置，直接安装直线或回转式检测装置，将直接测量到的位移或角位移反馈到数控装置的比较器中，与输入指令位移量进行比较，用差值控制运动部件，使运动部件严格按实际需要的位移量运动。闭环控制的主要优点是将机械传动链的全部环节都包括在闭环之内，从理论上说，闭环控制系统的运动精度主要取决于检测装置的精度，而与机械传动链的误差无关，其控制精度超过半闭环系统，为高精度数控机床提供了技术保障。但闭环控制系统价格较昂贵，对机床结构及传动链要求高，因为传动链的刚度、间隙，导轨的低速运动特性，以及机床结构的抗振性等因素都会影响系统调试，甚至使伺服系统产生振荡，降低数控系统的稳定性。如图 6-3 所示是闭环控制系统示意图。

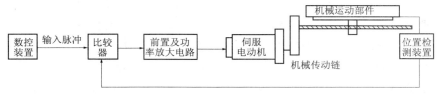

图 6-3 闭环控制系统示意图

比较半闭环控制系统与闭环控制系统，可以看出，二者的结构是一致的，所不同的是闭环伺服系统包含了所有传动部件，传动链误差均可以得到补偿，理论上位置精度能够达到很高，但由于机械加工过程中的受力、受热变形、振动和机床磨损等因素的影响使系统的稳定性发生变化，调整困难，系统容易产生振荡。因此，目前数控设备大多数使用半闭环控制系统。只有在传动部件精度较高、使用过程温度变化不大的高精密数控机床上才使用闭环控制系统。

6.1.2 幅值伺服控制

控制电压和励磁电压保持相位差 90°，只改变控制电压幅值，这种控制方法称为幅值控制。当励磁电压为额定电压，控制电压为零时，伺服电动机转速为零，电动机不转；当励磁电压为额定电压，控制电压也为额定电压时，伺服电动机转速最大，转矩也为最大；当励磁电压为额定电压，控制电压在额定电压与零电压之间变化时，伺服电动机的转速从最高转速至零转速间变化。励磁电压保持为额定值。

图 6-4 所示为鉴幅式伺服系统框图。该系统由测量元件及信号处理线路、数-模转换器、比较器、放大环节和执行元件五部分组成。进入比较器的信号有两路，一路来自数控装置插补器或插补软件的进给脉冲，它代表了数控装置要求机床工作台移动的位移；另一路来自测量元件及信号处理线路，也是以数字脉冲形式出现，它代表了工作台实际移动的距离。鉴幅系统工作前，数控装置和测量元件及信号处理线路都没有脉冲输出，比较器的输出为零，执行元件带动工作台移动。出现进给脉冲信号之后，比较器的输出不再为零，执行元件开始带动工作台移动，同时，以鉴幅式工作的测量元件又将工作台的位移检测出来，经信号处理线路，转换成相应的数字脉冲信号，该数字脉冲信号作为反馈信号进入比较器，与进给脉冲进行比较。若两者相等，比较器的输出为零，说明工作台实际移动的距离等于指令信号要求工作台移动的距离，工作台不动；若两者不相等，说明工作台实际移动的距离不等于指令信号要求工作台移动的距离，执行元件带动工作台移动，直到比较器输出为零时为止。

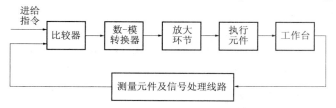

图 6-4 鉴幅式伺服系统框图

6.1.3 相位伺服控制

与幅值控制不同，相位控制时控制电压和励磁电压均为额定电压，通过改变控制电压和励磁电压相位差，实现对伺服电动机的控制。相位伺服控制系统是采用相位比较方法实现位置闭环（及半闭环）控制的伺服系统，是数控机床中使用较多的一种位置控制系统。具有工作可靠、抗干扰性强、精度高等优点。如图 6-5 所示是鉴相式伺服系统框图，它主要由基准信号发生器、脉冲调相器、检测元件及信号处理线路、鉴相器、直流放大器、驱动线路和执行元件等组成。

基准信号发生器，输出的是一列具有一定频率的脉冲信号，其作用是为伺服系统提供一个相位比较基准。脉冲调相器又称数字相位转换器，它的作用是将来自数控装置的进给脉冲信号转换为相位变化的信号，该相位变化信号可用正弦信号表示，也可用方波信号表示。若数控装置没有进给脉冲输出，脉冲调相器的输出与基准信号发生器的基准信号同相位，即两者没有相位差。若数控装置有脉冲输出，数控装置每输出一个正向或反向进给脉冲，脉冲调相器的输出将超前或滞后基准信号一个相应的相位角 Φ。若数控装置输出 N 个正向进给脉冲，则脉冲调相器的输出就超前基准信号 N 个相位角 $N\Phi$。

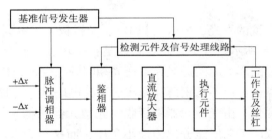

图 6-5　鉴相式伺服系统框图

检测元件及信号处理线路，作用是将工作台的位移量检测出来，并表达成与基准信号之间的相位差。此相位差的大小体现了工作台的实际位移量。

鉴相器的输入信号有两路，一路是来自脉冲调相器的指令信号；另一路是来自检测元件及信号处理线路的反馈信号，它反映了工作台的实际位移量大小。这两路信号都用与基准信号之间的相位差来表示，且同频率、同周期。当工作台实际移动的距离不满足进给要求的距离时，这两个信号之间便存在一个相位差，这个相位差的大小就代表了工作台实际移动距离与进给要求距离的误差，鉴相器就是鉴别这个误差的电路，它的输出是与此相位差成正比的电压信号。

驱动线路和执行元件，鉴相器的输出信号一般比较微弱，不能直接驱动执行元件，驱动线路的任务就是将鉴相器的输出进行电压、功率放大，如需要，再进行信号转换，转换成驱动执行元件所需的信号形式。驱动线路的输出与鉴相器的输出成比例。执行元件的作用是实现电信号和机械位移的转换，它将驱动线路输出的代表工作台指令进给量的电信号转换为工作台的实际进给，直接带动工作台移动。

6.2 光电编码器

编码器是一种旋转式的检测角位移的传感器,通常装在被检测的轴上,随被检测的轴一起旋转,可将被检测轴的角位移转换成增量式脉冲或绝对式代码的形式,又称脉冲编码器,也常用它作为速度检测元件。脉冲编码器按码盘的读取方式可分为光电式、接触式和电磁感应式。就精度与可靠性来讲,光电式脉冲编码器优于其他两种,数控机床上使用光电式脉冲编码器。光电脉冲编码器按它每转发出脉冲数的多少来分,又有多种型号。根据输出信号的不同,编码器可分为增量式和绝对式光电脉冲编码器。

6.2.1 增量式编码器

增量式光电脉冲编码器亦称光电码盘、光电脉冲发生器等,是一种旋转式脉冲发生器,可将被测轴的角位移转换成脉冲数字。光电式编码器具有结构简单、价格低、精度易于保证等优点,在数控机床上既可用做角位移检测,也可用作角速度检测,所以目前采用的越来越多。

光电编码器由带聚光镜的发光二极管(LED)、光栅板、光电码盘、光敏元器件及信号处理电路组成,如图6-6所示。其中,光电码盘是在一块玻璃圆盘上镀上一层不透光的金属薄膜,然后在上面制成圆周等距的透光和不透光相间的条纹,光栅板上具有和光电码盘相同的透光条纹。光电码盘也可由不锈钢薄片制成。当光电码盘旋转时,光线通过光栅板和光电码盘产生明暗相间的变化,由光敏元器件接收,光敏元器件将光信号转换成电脉冲信号。光电编码器的测量精度取决于它所能分辨的最小角度,而这与光电码盘圆周的条纹数有关,即分辨角为

$$\alpha = \frac{360°}{z} \quad (6-1)$$

式中:z——条纹数。

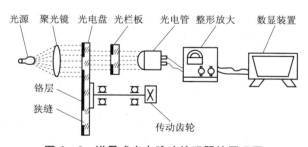

图6-6 增量式光电脉冲编码器的原理图

光电编码盘是一种增量式检测装置,它的型号是由每转发出的脉冲数来区分的。数控机床上常用的光电编码盘有:2 000P/r、2 500P/r 和 3 000P/r 等;在高速、高精度数字伺服系统中,应用高分辨率的光电编码盘,如 20 000P/r、25 000P/r 和 30 000P/r 等;在内部使用微处理器的编码盘,可达 100 000P/r 以上。作为速度检测器时,必须使用高分辨率的编

码盘。

如果光栅板上两条夹缝中的信号分别为 A 和 B，相位相差 90°，通过整形，成为两个方波信号，光电编码盘的输出波形如图 6-7 所示。根据 A 和 B 的先后顺序，即可判断光电盘的正反转。若 A 相超前于 B 相，对应转轴正转；若 B 相超前于 A 相，则对应于轴反转。若以该方波的前沿或后沿产生记数脉冲，可以形成代表正向位移或反向位移的脉冲序列。除此之外，光电脉冲编码盘每转一转还输出一个零位脉冲的信号，这个信号可用做加工螺纹时的同步信号。

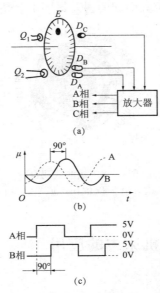

图 6-7 增量式脉冲编码盘的输出波形

6.2.2 绝对式编码器

绝对式旋转编码器可直接将被测角度用数字代码表示出来，且每一个角度位置均有对应的测量代码，因此，这种测量方式即使断电，只要再通电就能读出被测轴的角度位置，即具有断电记忆力功能。下面以接触式码盘为例介绍绝对式旋转编码器测量原理。

图 6-8 所示为接触式码盘示意图。径向分为若干码道，周向分为若干扇形，对应于每一个扇形编码器。如图 6-8（b）所示为 4 位 BCD 码盘。它是在一个不导电基体上做出许多金属区使其导电，其中涂黑部分为导电区，用"1"表示，其他部分为绝缘区，用"0"表示。这样，在每一个径向上，都有由"1"、"0"组成的二进制代码。最里一圈是公用的，它和各码道所有导电部分连在一起，经电刷和电阻接电源正极。除公用圈以外，4 位 BCD 码盘的 4 圈码道上也都装有电刷；电刷经电阻接地，电刷布置如图 6-8（a）所示。由于码盘与被测轴连在一起，而电刷位置是固定的，当码盘随被测轴一起转动时，电刷和码盘的位置发生相对变化，若电刷接触的是导电区域，则经电刷、码盘、电阻和电源形成回路，该回路中的电阻上有电流流过，为"1"；反之，若电刷接触的是绝缘区域，则不形成回路，电阻上无电流流过，为"0"。由此可根据电刷的位置得到由"1"、"0"组成的 4 位 BCD 码。

通过图 6-8（b）可看到电刷位置与输出代码的对应关系。码盘码道的圈数就是二进制的位数，且高位在内，低位在外。由此可以推断出，若是，z 位二进制码盘，就有 n 圈码道，且圆周均分为 2^n 等分，即共有 2^n 个二进制码来表示码盘的不同位置，所能分辨的角度为

$$\alpha = \frac{360°}{2^n} \qquad (6-2)$$

显然，位数 n 越大，所能分辨的角度越小，测量精度就越高。

图 6-8（c）为 4 位格雷码盘，其特点是任意两个相邻数码间只有一位是变化的，可消除非单值性误差。由于电刷安装位置引起的误差最多不会超过"1"，使误差大为减小。

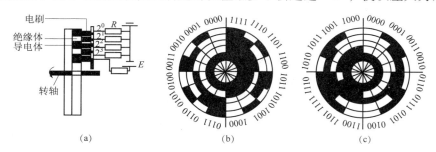

图 6-8 接触式码盘

（a）结构简图；(b) 4 位 BCD 码盘；(2) 4 位格雷码盘

6.2.3 编码器在数控机床中的应用

1. 位移测量

在数控机床中编码器和伺服电动机同轴连接或连接在滚珠丝杠末端用于工作台和刀架的直线位移测量。在数控回转工作台中，通过在回转轴末端安装编码器，可直接测量回转工作台的转角位移。

2. 主轴控制

当数控车床主轴安装编码器后，则该主轴具有 C 轴插补功能，可实现主轴旋转与 Z 坐标轴进给的同步控制；恒线速切削控制，即随着刀具的径向进给及切削直径的逐渐减小或增大，通过提高或降低主轴转速，保持切削线速度不变，主轴定向控制等。

3. 测速

光电编码器输出脉冲的频率与其转速成正比，因此，光电编码器可代替测速发电机的模拟测速而成为数字测速装置。

4. 零标志脉冲用于回参考点控制

采用增量式的位置检测装置，数控机床在接通电源后要回参考点。这是因为机床断电后，系统就失去了对各坐标轴位置的记忆，所以在接通电源后，必须让各坐标轴回到机床某一固定点上，这一固定点就是机床坐标系的原点，也称机床参考点。使机床回到这一固定点的操作称为回参考点或回零操作。参考点位置是否正确与检测装置中的零标志脉冲有很大的关系。

6.3 光栅尺和磁栅尺

6.3.1 光栅尺的结构及工作原理

1. 光栅尺的结构组成

光栅尺（又称光栅）是在高精度的数控机床上，可以使用光栅作为位置检测装置，将机械位移转换为数字脉冲，反馈给 CNC 装置，实现闭环控制。由于激光技术的发展，光栅制作精度得到很大的提高。现在光栅精度可达微米级，再通过细分电路可以达到 0.1 μm 甚至更高的分辨率。光栅尺由光源、聚光镜、标尺光栅（长光栅）、指示光栅（短光栅）和硅光电池等组成。光栅尺外形结构如图 6-9 所示。

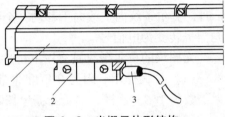

图 6-9　光栅尺外形结构

1—光栅尺；2—扫描头；3—电缆

光栅尺通常为一长一短两块光栅尺配套使用。其中长的一块称为主光栅或标尺光栅，安装在机床移动部件上，要求与行程等长，短的一块称为指示光栅，指示光栅和光源、透镜、光敏元器件装在扫描头中，安装在机床固定部件上。光栅根据形状可分为圆光栅和长光栅。长光栅主要用于测量直线位移；圆光栅主要用于测量角位移。根据光线在光栅中是反射还是透射分为透射光栅和反射光栅。

数控机床中用于直线位移检测的光栅尺有透射光栅和反射光栅两大类，如图 6-10 为常用的透射光栅组成示意图。在玻璃表面上制成透明与不透明间隔相等的线纹，称透射光栅。透射光栅的特点是：光源可以采用垂直入射，光敏元器件可直接接收光信号，因此信号幅度大，扫描头结构简单；光栅的线密度可以做得很高，即每毫米上的线纹数多。

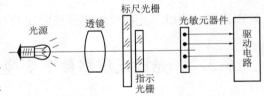

图 6-10　透射光栅组成示意图

常见的透射光栅线密度为 50 条/mm、100 条/mm、200 条/mm。其缺点是：玻璃易破裂，热胀系数与机床金属部件不一致，影响测量精度。在金属的镜面上制成全反射与漫反射间隔相等的线纹，称为反射光栅。反射光栅的特点：标尺光栅的膨胀系数易做到与机床材料一致；安装在机床上所需要的面积小，调整也很方便；易于接长或制成整根标尺光栅；不易碰碎；适用于大位移测量的场所。其缺点是：为了使反射后的莫尔条纹反差较大，每毫米内线纹不宜过多。目前常用的反射光栅线密度为 4 条/mm、10 条/mm、25 条/mm、40 条/mm、50 条/mm 等。

2. 光栅尺的工作原理与特点

光栅尺的工作原理如图 6-11 所示，光栅尺上相邻两条光栅线纹间的距离称为栅距或节距 A，安装时，要求标尺光栅和指示光栅相互平行叠放，它们之间有 0.05~0.1 mm 的间隙，

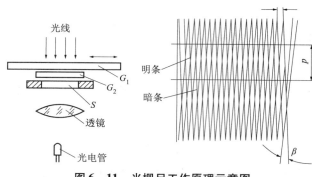

图 6-11 光栅尺工作原理示意图

并且其线纹相互偏斜一个很小的角度 β，两光栅线纹相互交叉，形成透光和不透光的菱形条纹，这种明暗交替、间隔相等的粗大条纹称为莫尔条纹。莫尔条纹的传播方向与光栅线纹大致垂直。两条莫尔条纹间的距离为 p，因偏斜角度 β 很小，所以有近似公式为

$$p = \frac{\lambda}{\beta} \quad (6-3)$$

当工作台正向或反向移动一个栅距 λ 时，莫尔条纹向上或向下移动一个纹距 p，莫尔条纹经狭缝和透镜由光电元器件接收，把光信号转变为电信号。

光栅尺的莫尔条纹具有以下特性。

(1) 放大作用。因为 β 角度非常小，因此，莫尔条纹的节距 p 要比栅距大得多，其放大倍数为 $1/\beta$。这样，尽管光栅尺栅距很小，但莫尔条纹却清晰可见，便于测量。

(2) 莫尔条纹的移动与栅距成比例。当标尺光栅移动时，莫尔条纹就沿着垂直于光栅尺运动的方向移动，并且光栅尺每移动一个栅距 λ，莫尔条纹就准确地移动一个纹距 p，只要测量出莫尔条纹的数目，就可以知道光栅尺移动了多少个栅距，而栅距是制造光栅尺时确定的，因此，工作台的移动距离就可以计算出来。

(3) 误差均化作用。指示光栅覆盖了标尺光栅许多线纹，形成莫尔条纹。对于每毫米100 条线纹的光栅，莫尔条纹的节距 p 为 10 mm 时，就由 1000 根线纹组成，这样，节距之间所固有的相邻误差就平均化了，因而在很大程度上消除了短周期误差。但不能消除长周期累积误差。所以，光栅尺的刻线栅距误差对测量精度的影响小，具有误差均化作用。

6.3.2 光栅尺位移数字变换系统

光栅测量系统的组成如图 6-12 所示。光栅移动时产生的莫尔条纹由光电元器件接收，然后经过位移数字变换电路形成顺时针方向的正向脉冲或者逆时针方向的反向脉冲，输入可逆计数器。下面将介绍这种 4 倍频细分电路的工作原理，并给出其波形图。

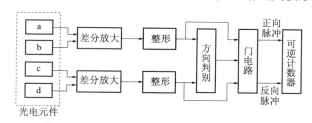

图 6-12 光栅测量系统组成框图

图 6-13 所示，a、b、c、d 是四块硅光电池，产生的信号在相位上彼此相差 90°，a、b 信号是相位相差 180° 的两个信号，送入差动放大器放大，得到正弦信号，将信号幅度放大到足够大。

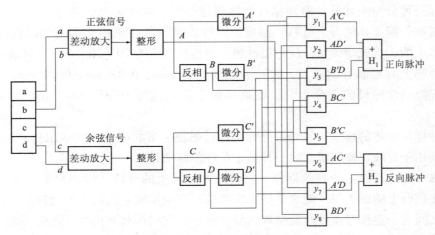

图 6-13 四倍频电路

同理，c、d 信号送入另一个差动放大器，得到余弦信号。正弦信号经整形变成方波 A，方波 A 信号经反相得到方波 B，余弦信号经整形变成方波 C，方波 C 信号经反相得到方波 D，A、B、C、D 信号再经微分变成窄脉冲 A'、B'、C'、D'，即在顺时针或逆时针每个方波的上升沿产生窄脉冲，如图 6-14 所示。由与门电路把 0°、90°、180°、270° 四个位置上产生的窄脉冲组合起来，根据不同的移动方向形成正向脉冲或反向脉冲，用可逆计数器进行计数，就可测量出光栅的实际位移。

6.3.3 磁栅尺的结构及工作原理

磁栅尺是一种高精度位置检测装置，它由磁性标尺、磁头和检测电路组成，如图 6-15 所示，它是用拾磁原理工作的。首先，用录磁磁头将一定波长的方波或正弦波信号录制在磁性标尺上，然后根据与磁性标尺相对移动的拾磁磁头所拾取的信号，对位移进行检测。磁尺可用于长度和角度测量，具有精度高、复制简单以及安装调整方便等优点。

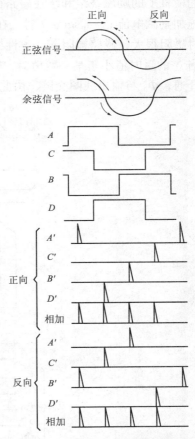

图 6-14 四倍频电路信号处理波形

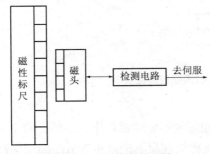

图 6-15 磁栅尺的结构

磁性标尺可分为两部分：磁性标尺基体和磁性膜。磁性标尺的基体由非导磁材料（如玻璃、不锈钢、铜及其他合金材料）制成。磁性膜是涂敷在磁栅结构上的沉积或电镀在磁性标尺基体上的，且成薄膜状，故称磁性膜，磁性膜厚度为 10～20 μm，均匀地分布在基体上的。磁性膜上有录制好的磁波，波长一般为 0.05 mm、0.01 mm、0.20 mm、1 mm 等几种。为了提高磁性标尺的寿命，一般在磁性膜上均匀地涂上一层 1～2 μm 的耐磨塑料保护层。

按磁性标尺基体的形状，磁栅可分为实体性磁栅、带状磁栅、线状磁栅和回转型磁栅，前三种磁栅用于直线位移测量，后一种用于角度位移测量。

拾磁磁头是进行磁电转换的器件，它将磁性标尺上的磁信号检测出来，并转换成电信号。应用在磁栅上的磁头与一般录音机上用的单间隙速度响应式磁头不同，它不仅在磁头与磁性标尺之间有一定相对速度时能拾取信号，而且在它们相对静止时也能拾取信号，这种磁头叫磁通响应型磁头，其结构如图 6-16 所示。该磁头有两组绕组，绕在磁路截面尺寸较小的横臂上的励磁绕组和绕在磁路截面较大的竖杆上的拾磁绕组（输出绕组），当对励磁绕组施加励磁电流 $i_a = i_0 \sin \omega_0 t$ 时，在瞬时值大于某一数值以后 i_a，横臂上的铁心材料饱和，这时磁阻很大，磁路被阻断，磁性标尺的磁通 Φ_0 不能通过磁头闭合，输出绕组不与 Φ_0 交链。当 i_a 的瞬时值小于某一数值时，i_a 所产生的磁通 Φ_1 也随之降低，磁阻也降低到很小，磁路开通，Φ_0 与输出线圈交链，由此可见，激磁绕组的作用相当于磁开关。

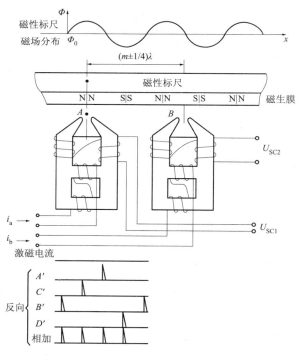

图 6-16 磁通响应型磁头

1）磁性标尺

磁性标尺通常采用热膨胀系数与普通钢相同的不导磁材料作为基体，镀上一层 10～30 μm 厚的高导磁性材料，形成均匀磁膜。再用录磁磁头在尺上记录相等节距的周期性磁化信号，作为测量基准，信号可为正弦波、方波等。节距通常有 0.05 mm、0.1 mm、0.2 mm，最后在磁尺表面还要涂上一层 1~2 μm 厚的保护层，以防止磁头与磁尺频繁接触而引起磁膜磨损。

2）拾磁磁头

拾磁磁头是一种磁电转换装置，用来把磁性标尺上的磁化信号检测出来变成电信号送给检测电路。根据数控机床的要求，为了在低速运动和静止时也能进行位置检测，必须采用磁通响应型磁头。磁通响应型磁头是一个带有可饱和铁心的磁性调制器。它由铁心、两个串联的励磁绕组和两个串联的拾磁绕组组成，如图 6-16 所示。

其工作原理是将高频励磁电流通入励磁绕组时，在磁头上产生磁通，当磁头靠近磁性标尺时，磁性标尺上的磁信号产生的磁通通过磁头铁心，并被高频励磁电流产生的磁通调制，从而在拾磁绕组中感应出电压信号输出。其输出电压为

$$U = U_0 \sin \omega t \sin \frac{2\pi X}{\lambda} \qquad (6-4)$$

式中：U_0——感应电压系数；

λ——磁性标尺上磁化信号节距（mm）；

X——磁头在磁性标尺上的位移量（mm）；

ω——励磁电流角频率（rad/min）。

为了辨别磁头在磁尺上的移动方向，通常采用间距为 $(m+1/4)\lambda$ 的两组磁头（其中 m 为任意正整数），如图 6-16 所示。其输出电压为

$$U_1 = U_0 \sin \omega t \sin \frac{2\pi X}{\lambda}$$

$$U_2 = U_0 \sin \omega t \cos \frac{2\pi X}{\lambda}$$

U_1 和 U_2 为相位相差 90° 的两列信号。根据两个磁头输出信号的超前或滞后，可判别磁头的移动方向。

6.3.4　磁栅尺的检测电路

磁栅尺检测电路包括磁头励磁电路，读取信号的放大、滤波、整形及辨向电路，细分内插电路，显示及控制电路等部分。根据检测方法不同，检测电路分为鉴幅检测和鉴相检测。鉴幅检测比较简单，但分辨率受到录磁节距的限制，若要提高分辨率就必须采用较复杂的倍频电路，所以不常采用。鉴相检测的精度可以大大高于录磁节距，并可以通过内插脉冲频率提高系统的分辨率，所以鉴相检测应用较多。以双磁头相位检测为例，给两磁头分别通以同频率、同幅值，相位差为 π/2 的励磁电流，则在两个磁头的拾磁绕组中输出电压 U_1、U_2 分别为

$$U_1 = U_0 \cos \omega t \sin \frac{2\pi X}{\lambda}$$

$$U_2 = U_0 \sin \omega t \cos \frac{2\pi X}{\lambda}$$

在求和电路中相加，则磁头总输出电压为

$$U_3 = U_0 \sin\left(\omega t + \frac{2\pi X}{\lambda}\right) \qquad (6-5)$$

从式（6-5）可以看出，磁性标尺输出电压随磁头相对于磁性标尺的相对位移量 X 的变化而变化，根据输出电压的相位变化，可以测量磁栅尺的位移量。鉴相检测系统如图 6-17 所示。

振荡器送出的信号经分频器、低通滤波器得到较好的正弦波信号，一路经 90°移相器后功率放大至磁头 Ⅱ 的励磁绕组，另一路经功率放大至磁头 Ⅰ 的励磁绕组，将两磁头的输出信号送入求和电路中相加，并经带通滤波、限幅、放大整形得到与位置量有关的信号，送入鉴相内插电路中进行内插细分，得到分辨率为预先设定单位的计数信号。计数信号送入可逆计数器，进行系统控制和数字显示。

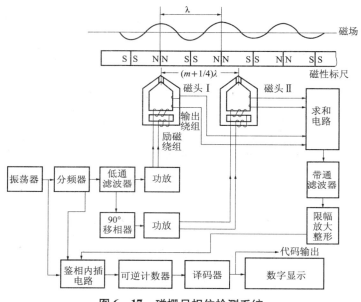

图 6-17　磁栅尺相位检测系统

磁性标尺制造工艺比较简单，录磁、去磁都比较方便。采用激光录磁，可得到很高的精度。

直接在机床上录制磁性标尺，不需要安装、调整工作，避免了安装误差，从而可得到更高的精度。磁性标尺还可以制作得较长，用于大型机床。

6.4　旋转变压器和感应同步器

6.4.1　旋转变压器的结构和工作原理

旋转变压器是一种常用的转角检测元件，它结构简单，工作可靠，对环境条件要求低，信号输出幅值大，抗干扰性强，因此，被广泛应用在数控机床上。

1. 旋转变压器的结构

旋转变压器分为定子和转子两大部分。定子和转子铁心由高导磁的铁镍软合金或钢薄板冲成的槽状芯片叠成。其绕组分别嵌入各自的铁心内。定子绕组通过固定在壳体上的接线板直接引出。转子绕组有两种不同的引出方式。根据其引出方式不同可将旋转变压器分为有刷式和无刷式两种结构形式。

有刷式旋转变压器的转子绕组是通过电刷直接引出的。其特点是体积小,但集电环是机械滑动接触的,所以,这种旋转变压器可靠性差、寿命短。

无刷式旋转变压器如图 6-18 所示。它由旋转变压器本体和附加变压器组成。附加变压器的一、二次侧铁心圈均做成环形,分别固定在定子和转子上,在径向留有一定的间隙。旋转变压器本体的转子绕组和附加变压器的二次侧线圈连在一起,旋转变压器转子在定子中回转,转子上的电信号通过电磁耦合,经附加变压器上的一次侧线圈间接地输出。这种旋转变压器无机械滑动摩擦,可靠性高,寿命长,但结构复杂,成本高。

根据旋转变压器定子和转子上的磁极数分类,旋转变压器有两极、四极甚至多极,极数越多,测量精度也越高。

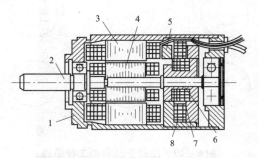

图 6-18 无刷旋转变压器结构
1—壳体;2—转子轴;3—旋转变压器定子;4—旋转变压器转子;
5—变压器定子;6—变压器转子;7—变压器一次绕组;8—变压器二次绕组

无刷旋转变压器由两部分组成:一部分称为分解器,由旋转变压器的定子和转子组成;另一部分称为变压器,用它取代电刷和滑环,其一次绕组与分解器的转子轴固定在一起,与转子轴一起旋转。分解器中的转子输出信号接在变压器的一次绕组上,变压器的二次绕组与分解器中的定子一样固定在旋转变压器的壳体上。工作时,分解器的定子绕组外加励磁电压,转子绕组即耦合出与偏转角相关的感应电压,此信号接在变压器的一次绕组上,经耦合由变压器的二次绕组输出。

2. 旋转变压器的工作原理

旋转变压器主要是利用电磁感应原理工作的。

由于旋转变压器在结构上保证了其定子和转子(旋转一周)之间空气间隙内磁通分布符合正弦规律,因此,当激磁电压加到定子绕组时,通过电磁耦合,转子绕组便产生感应电势。

设加到定子绕组的激磁电压为 $V_1 = V_m \sin\omega t$,通过电磁耦合,转子绕组将产生感应电动势 E_2。当转子绕组的磁轴与定子绕组的磁轴相互垂直时,定子绕组磁通不穿过转子绕组,所以转子绕组的感应电动势 $E_2 = 0$,如图 6-19(a)所示。

当转子绕组的磁轴自垂直位置转过 90°时，由于两磁轴平行，此时电磁耦合效果最好，转子绕组的感应电动势为最大，即 $E_2 = KU\sin\omega t$，如图 6 – 19（c）所示。

一般情况下，转子绕组因定子磁通变化而产生的感应电动势（如图 6 – 19（b）所示）为

$$E_2 = KU_1\cos\theta = KV_m\sin\omega t\cos\theta \tag{6-6}$$

式中：E_2——转子绕组感应电势（V）；

U_1——定子绕组励磁电压，$U_1 = U_m\sin\omega t$（V）；

U_m——电压信号幅值（V）；

K——变压比（即绕组匝数比）；

θ——定、转子绕组轴线间夹角（°）。

当转子和定子的磁轴平行时，$\theta = 0°$；垂直时，$\theta = 90°$。如果转子安装在机床丝杠上，定子安装在机床底座上，则 θ 角代表的是丝杠转过的角度，它间接反映了机床工作台的位移。

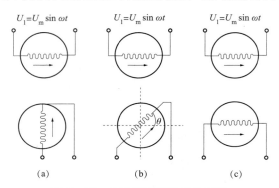

图 6 – 19　旋转变压器的工作原理

显然，当 θ 一定时，E_2 为一等幅正弦波，只需测得正弦波的峰值，即可求出转角 θ 的大小，如图 6 – 20 所示。

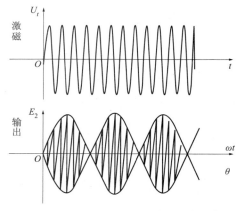

图 6 – 20　旋转变压器波形图

6.4.2　感应同步器的结构

感应同步器是从旋转变压器发展而来的直线式感应器，相当于一个展开的多极旋转变压器。它是利用滑尺上的激磁绕组和定尺上的感应绕组之间相对位置变化而产生电磁耦合的变化，从而发出相应的位置电信号来实现位移检测的。

感应同步器分旋转式和直线式两种，前者用于角度测量，后者用于长度测量，如图 6 – 21 所示。直线式感应同步器由作相对平行移动的定尺和滑尺组成，定尺与滑尺之间有（0.25 ± 0.05）mm 的均匀气隙。定尺表面制有连续平面绕组，绕组节距 2τ 通常为 2 mm。滑尺的表面制有两组分段绕组，即正弦绕组（S）和余弦绕组（C），两者相对于定尺绕组错开 1/4 节距。

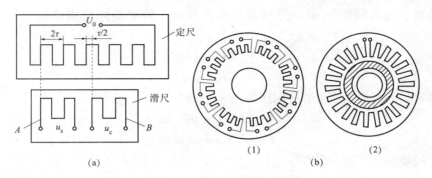

图 6-21 感应同步器的结构
(a) 直线式；(b) 旋转式
A—正弦激磁绕组；B—余弦激磁绕组；(1) 定子绕组；(2) 转子绕组

6.4.3 感应同步器的工作原理

感应同步器的工作原理与旋转变压器基本上相同，使用时，在滑尺绕组通以一定频率的交流电压，由于电磁感应，在定尺绕组中产生感应电动势，其幅值和相位取决于定尺与滑尺的相对位置，如图 6-22 所示。按照滑尺上两个正交绕组激磁的不同信号，感应同步器的测量方式分为鉴相测量方式和鉴幅测量方式两种。

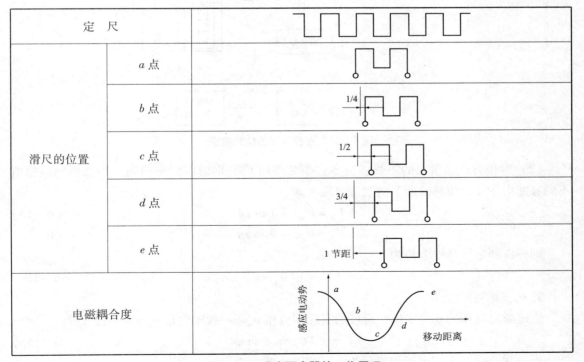

图 6-22 感应同步器的工作原理

(1) 鉴相方式给绕组 S 和 C 分别通以幅值相同、频率相同但相位相差 90°的交流电压，即

$$U_S = U_m \sin \omega t \quad (6-7)$$
$$U_C = U_m \cos \omega t \quad (6-8)$$

分别在定尺的绕组上产生感应电压为

$$U_1 = KU_m \cos \theta \sin \omega t \quad (6-9)$$
$$U_2 = KU_m \sin \theta \cos \omega t \quad (6-10)$$

则在定尺绕组上产生合成电压为

$$U = U_1 + U_2 = KU_m \cos \theta \sin \omega t - KU_m \sin \theta \cos \omega t$$
$$= KU_m \sin(\omega t - \theta) \quad (6-11)$$

若感应同步器的节距为 2τ，则滑尺直线位移量 x 与 θ 之间的关系为

$$\theta = 2\pi \frac{x}{2\tau} = \frac{\pi x}{\tau} \quad (6-12)$$

可见，在一个节距内 θ 与 x 是一一对应的。通过测量定尺感应电压的相位 θ，即可测量出定尺相对滑尺的位移 x。如图 6-23 所示为鉴相系统的结构框图。

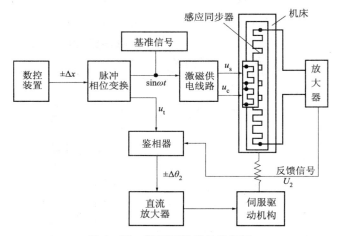

图 6-23　鉴相系统的结构框图

(2) 鉴幅方式给滑尺的正弦绕组 S 和余弦绕组 C 分别通以频率相同、相位相同但幅值不同且能由指令角位移 θ 调节的交流电压，即

$$U_S = U_m \sin \theta \sin \omega t \quad (6-13)$$
$$U_C = U_m \cos \theta \sin \omega t \quad (6-14)$$

则感应到定尺绕组电势为

$$U = -KU_m \sin(\theta_m - \theta) \sin \omega t \quad (6-15a)$$

若 $\theta_m = \theta$，则 $U = 0$。

假定激磁电压的 θ 与定尺、滑尺的实际相位角 θ_m 不一致时，设 $\theta_m = \theta + \alpha$，则有：

$$U = -KU_m \sin \theta \sin \omega t \quad (6-15b)$$

当 α 很小时，上式可近似表示为

$$U = -(KU_m \sin \omega t)\alpha \quad (6-15c)$$

由上式可知，定尺上感应电势与 α 成正比：即 U 随指令给定的位移量 $x(\theta)$ 与工作台实际位移量 $x_1(\theta_m)$ 的差值 $\Delta x(\alpha)$ 成正比变化。因此通过测量 U 的幅值，就可以测定位移量 Δx 的大小。

鉴幅型系统用于数控机床闭环系统的结构框图如图 6–24 所示。当工作台位移值未达到指令要求值时，即 $x_1 \ne x(\theta_m \ne \theta)$ 时，定尺上感应电压 $U \ne 0$。该电压经检波放大控制伺服驱动机构带动机床工作台移动。当工作台移动至 $x_1 = x(\theta_m = 0)$ 时，定尺上感应电压 $U = 0$，误差信号消失，工作台停止移动。定尺上感应电压 U 同时输至相敏放大器，与来自相位补偿器的标准正弦信号进行比较，以控制工作台的运动方向。

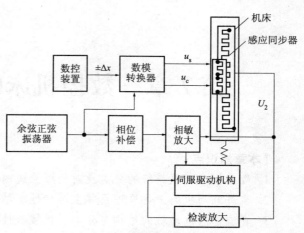

图 6–24 鉴幅系统的结构框图

知识拓展

数控机床常用的位置检测装置有光栅、编码器、感应同步器、旋转变压器及磁栅等。从测量的方式看，有直接测量和间接测量；从测量装置的原理和输出信号看，有绝对式测量和增量式测量及数字式测量和模拟式测量。

本章小结

掌握用于检测机床运动部件位置和速度的各种检测装置及其工作原理，及每种检测装置使用场合和安装方式。

思考题与习题

1. 数控机床位置伺服系统可分为哪几类？
2. 开环控制伺服系统有何特点？
3. 半闭环控制伺服系统有何特点？
4. 闭环控制伺服系统有何特点？
5. 简述光栅尺的结构组成和工作原理。
6. 光栅尺的莫尔条纹有何特性？
7. 磁栅尺的优点有哪些？
8. 简述感应同步器的组成及工作原理。
9. 简述旋转变压器的组成及工作原理。
10. 简述光电编码器的组成及工作原理。

第 7 章　数控机床的伺服控制系统

【本章知识点】
1. 数控机床伺服系统的分类及对伺服系统的要求。
2. 步进电动机的工作原理及其主要特性、结构类型。
3. 直流伺服电动机的结构与分类、机械特性、调速原理与方法。
4. 交流伺服电动机的分类、变频调速与变频器、SPWM 波调制、交流电动机控制方式。
5. 直线电动机的结构、工作原理及其特性。

数控机床的伺服控制是指以位置、速度作为被控对象的自动控制系统，是作为数控装置和机床本体连接的关键部分。如果将数控装置比喻为数控机床的"大脑"，那么伺服系统便是数控机床的"四肢"。数控伺服系统与数控装置、机床本体并列为数控机床的三大组成部分。

7.1　概　　述

控数机床伺服系统是以机床移动部件的位置和速度为控制量的自动控制系统，又称随动系统。在 CNC 机床中，伺服系统接收计算机插补软件产生的进给脉冲信号或进给位移量，作为伺服控制器的指令信号，控制工作台的位移量。

伺服系统是数控装置与机床联系的重要环节。伺服系统的动态和静态性能，决定了数控机床的性能。如数控机床的最大移动速度、跟踪精度、定位精度等。因此，研究和开发高性能的伺服控制系统一直是现代数控机床的关键技术之一。

7.1.1　数控机床伺服系统的分类

1. 按控制对象和使用目的分类

数控机床的伺服驱动系统根据其控制对象和使用目的，主要分为三种。

1) 进给驱动伺服系统

进给驱动伺服系统控制机床各坐标轴的切削进给运动，是一种精密的位置跟踪和定位控制系统，它包括速度控制和位置控制。

2) 主轴驱动伺服系统

主轴驱动伺服系统控制机床主轴在切削过程中的旋转速度、转矩和功率，一般以速度控制为主，但要求高速度、大功率，能在较大调速范围内实现恒功率控制。对于具有 C 坐标功能的机床主轴，也需要位置控制。

3）辅助驱动伺服系统

在各类加工中心和多功能数控机床中，控制刀库、料库等辅助系统，多采用简易的位置控制。

2. 按伺服系统的结构分类

按伺服系统的结构不同，机床伺服系统通常可分为开环伺服控制系统、闭环伺服控制系统和半闭环伺服控制系统。

1）开环伺服控制系统

开环伺服控制系统无位置反馈，主要由驱动控制环节、执行元件和机床三大部分组成，如图7-1所示。驱动控制环节的作用是将插补器产生的脉冲信号转换成执行元件所需的电信号，并使其满足执行元件的工作要求。开环系统的驱动控制环节由环形电路和放大电路两部分组成。环形电路将指令脉冲信号转换成执行元件所需的电脉冲序列，放大电路将其功率放大，使其满足执行元件的工作特性要求。执行元件的作用是将驱动控制环节输出的脉冲序列转换成机床工作台的直线位移。数控机床开环伺服控制系统常用的驱动元件是步进电动机。对于中小型的数控机床，可直接使用步进电动机带动工作台移动。

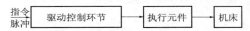

图7-1 开环伺服控制系统的结构框图

2）闭环伺服控制系统

闭环伺服控制系统是误差随动系统，由位置控制单元、速度控制单元、执行元件、机床工作台、速度检测单元和位置检测单元组成，如图7-2所示。这是一个双闭环控制系统，内环为速度环，外环为位置环。速度环由速度控制单元和速度检测单元组成，速度控制单元由误差比较器和速度调节器组成；速度检测单元常用的检测元件有测速发电机或光电编码盘。位置环由位置控制单元、速度控制单元、位置检测单元组成。位置环的作用是对机床坐标轴进行控制。轴的控制是要求最高的位置控制，不仅要求单轴具有较高的运动速度和位置控制精度，而且有多轴连动时，还要求各轴运动有很好的动态配合，才能保证加工精度和表面质量。

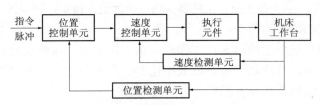

图7-2 闭环伺服控制系统的结构框图

由于闭环伺服控制系统具有位置反馈和速度反馈，反馈检测装置的精度又很高，所以机床传动链的误差、环内各运动元件的误差和运动过程中造成的误差都可以得到补偿，大大提高了跟踪精度和定位精度。

3）半闭环伺服控制系统

在半闭环伺服控制系统中，位置检测装置不直接安装在进给坐标的最终传动部件上，而是安装在执行元件或中间传动部件的传动轴上，称为间接检测。在半闭环伺服控制系统中，有一部分传动链在位置环以外，这部分传动链误差得不到控制系统的补偿，因此半闭环伺服控制系统的精度低于闭环伺服控制系统的精度。

图7-3所示为半闭环伺服控制系统的框图。由图7-2和图7-3的比较可以看出，半闭环伺服控制系统与闭环伺服控制系统的结构是一致的，所不同的是闭环伺服系统包含了所有传动部件，传动链误差可以得到补偿，理论上位置精度能够达到很高。但由于机械加工过程中受力、受热变形、振动和机床磨损等因素的影响，使系统的稳定性发生变化，很难加以调整。因此，目前大多数数控设备使用半闭环伺服控制系统。只有在传动部件精度较高、使用过程温度变化不大的高精密数控机床上才使用闭环伺服控制系统。

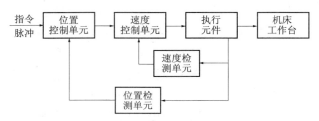

图7-3 半闭环伺服控制系统的结构框图

3. 按反馈比较控制方式分类

1）脉冲数字比较伺服系统

脉冲数字比较伺服系统将数控装置发出的数字或脉冲指令信号直接与检测装置测得的数字或脉冲信号相比较，获得位置偏差信号，送给位置调节器，达到闭环控制的目的。

脉冲、数字比较伺服系统常用的检测元件有光电编码盘和光栅，其结构简单，容易实现，整机工作稳定。因此，脉冲数字比较伺服系统在数控伺服系统中得到了广泛的应用。

2）相位比较伺服系统

在相位比较伺服系统中，位置检测装置工作于鉴相工作方式，将指令信号与反馈信号都变成某个载波信号的相位，通过两个载波信号的相位比较，获得对应的位置偏差，送给位置调节器，实现系统的位置闭环控制。

相位比较伺服系统适用于工作于鉴相位方式的感应检测元件，如感应同步器和旋转变压器，控制精度比较高。此外，由于载波频率比较高，响应速度快，特别适用于连续伺服控制系统。

3）幅值比较伺服系统

在幅值比较伺服系统中，检测元件工作于鉴幅工作方式，用所获得的检测信号幅值大小作为位置反馈信号。一般将此信号转换成数字信号，再与插补系统产生的指令信号相比较，获得位置偏差信号，实现位置闭环控制。

4）全数字伺服系统

随着电子技术、计算机技术和自动控制技术的发展，数控机床的伺服系统开始采用高速、高精度的全数字伺服系统。在全数字伺服控制系统中，由位置、速度和电流构成的三环全部数字化，软件处理数字控制算法，使用灵活，柔性好，而且采用了许多新的控制技术和改进伺服系统性能的措施，大大地提高了系统的位置控制精度。

此外，还有按驱动元件和驱动功能分类的方法。按驱动元件的不同，机床伺服系统可分为液压伺服系统和电气伺服系统，电气伺服系统又分为步进电动机驱动、直流伺服系统和交流伺服系统；在交流伺服驱动中，除了采用传统的旋转电动机驱动外，还出现了一种崭新的交流直线电动机驱动方式。

7.1.2 数控机床对伺服系统的要求

1. 对机床进给伺服系统的要求

1）高精度

数控机床伺服系统的精度是指机床工作实际位置复现插补器指令信号的精确程度。在数控加工过程中，对机床的定位精度和轮廓加工精度要求都比较高，一般定位精度要达到 0.0001~0.01 mm，有的要求达到 0.1 μm，重复定位精度为 0.003~0.006 mm。而轮廓加工与速度控制和联动坐标的协调控制有关，这种协调控制，对速度调节系统的抗负载干扰能力和静动态性能指标都有较高的要求。

2）稳定性好

伺服系统的稳定性是指系统在突变的指令信号或外界扰动的作用下，能够以最大的速度达到新的或恢复到原有的平衡位置的能力。稳定性是直接影响数控加工精度和表面粗糙度的重要指示。较强的抗干扰能力是获得均匀进给速度的重要保证。

3）响应速度快，无超调

快速响应是伺服系统动态品质的一项重要指标，它反映了系统对插补指令的跟踪精度。在加工过程中，为了保证轮廓的加工精度，降低表而粗糙度，要求系统跟踪指令信号的速度要快，过渡时间尽可能地短，而且无超调，一般应在 200 ms 以内，甚至几十毫秒。这两项指标往往相互矛盾，实际应用时应采取一定的措施，按工艺要求加以选择。

4）电动机调速范围宽

在数控加工过程中，切削速度的要求随加工刀具、被加工材料以及零件加工要求的不同而不同。为保证在任何条件下都能获得最佳的切削速度，要求进给系统必须提供较大的调速范围。一般要求调速范围应达到 1∶1000，而性能较高的数控系统调速范围应能达到 1∶10000，而且是无级调速。

5）低速大转矩

机床加工的特点是低速时进行重切削。这就要求伺服系统在低速时提供较大的输出转矩。进给坐标的伺服控制系统是恒转矩控制，而主轴坐标的伺服控制则是低速时实现恒转矩传动，高速时实现恒功率传动。

6）可靠性高

对环境的适应性强，如温度、湿度、粉尘、油污、振动、电磁干扰等，性能稳定使用寿命长，平均无故障时间间隔长。

2. 对主轴伺服系统的要求

对主轴伺服系统，除上述要求外，还应满足如下要求。

（1）主轴与进给驱动的能够同步控制，该功能使数控机床具有螺纹和螺旋槽加工的能力。

（2）准停控制。在加工中心上，为了实现自动换刀，要求主轴能进行高精确位置的停止。

（3）角度分度控制。角度分度控制有两种类型：一是固定的等分角度控制；二是连续的任意角度控制。任意角度控制是带有角位移反馈的位置伺服系统，这种主轴坐标具有进给坐标的功能，称为 C 轴控制。C 轴控制可以用一般主轴控制与 C 控制切换的方法实现，也可以用大功率的进给伺服系统代替主轴系统。

7.1.3　机床伺服系统的发展

机床伺服系统的技术进步很大程度上取决于伺服驱动元件的发展水平。随着数控技术的演变和发展，伺服系统的驱动元件大致经历了三个阶段。

第一阶段：20 世纪 70 年代以前，是电液伺服系统和步进伺服系统的全盛时期。电液驱动具有惯性小、反应快、刚性好等特点，早期的数控机床多采用电液伺服系统。但电液驱动设备复杂，效率低，发热大，维修困难。步进电动机开环系统，具有结构简单、价格低廉、使用维修方便的优点，在当时被大力推广，至今仍在经济型数控机床上使用。

第二阶段：20 世纪 70~80 年代，功率晶体管和晶体管脉宽调制驱动装置的出现，加速了直流伺服系统的性能提高和推广普及的步伐，直流伺服逐渐占据主导地位。小惯量直流伺服电动机具有电枢回路时间常数小、调速范围宽、转向特性好的特点，在一部分需要频繁起动和快速定位的机床上得到迅速推广。大惯量宽调速范围直流伺服电动机，由于输出转矩大、过载能力强，电动机惯量与机床传动部件惯量相当，可直接带动丝杠，易于控制与调整，在数控机床上得到广泛应用。直流伺服系统的缺点是结构复杂，价格昂贵，电刷对防尘、防油要求严格，易磨损，需要定期维护。

第三阶段：20 世纪 80 年代后，由于交流伺服电动机材料、结构、控制理论及方法均有突破性的进展，而且随着电子技术的发展，出现了许多新的调速方法，如变频调速、矢量控制等。这些新技术的应用，使交流调速系统的性能大大提高，并有逐渐取代直流伺服系统之势。交流伺服系统最大的优点是电动机结构简单，不需要维护，适合在较恶劣的环境中使用。

7.2　步进电动机开环位置控制系统

步进电动机是一种将电脉冲信号转换成直线或角位移的执行元件，也称脉冲电动机。对这种电动机施加一个电脉冲后，其转轴就转过一个角度，称为步距角；脉冲数增加，角位移随之增加；脉冲频率增高，则转速增高；分配脉冲的相序改变，则转向改变。从广义上讲，步进电动机是一种受脉冲信号控制的无刷式直流电动机，也可看作在一定额定范围内转速与控制脉冲频率同步的同步电动机。

7.2.1　步进电动机的工作原理

步进电动机是按电磁吸引的原理工作，现以反应式步进电动机为例说明其工作原理。反应式步进电动机的定子上有磁极，每个磁极上有激磁绕组，转子无绕组，有周向均布的齿，依靠磁极对齿的吸合工作。如图 7-4 所示为三相步进电动机，定子上有三对磁极，分成 A、B、C 三相。为简化分析，假设转子只有 4 个齿。

1) 三相三拍或单三拍方式

在图7-4中,设A相通电,A相绕组的磁力线为保持磁阻最小,给转子施加电磁力矩,使磁极A与相邻的转子的1、3齿对齐;接下来若B相通电,A相断电,磁极B又将距它最近的2、4齿吸引过来与之对齐,使转子按逆时针方向旋转30°;下一步C相通电,B相断电,磁极C又将吸引转子的1、3齿与之对齐,使转子又按逆时针旋转30°,依此类推。若定子绕组按A→B→C→A→…的顺序通电,转子就一步步地按逆时针方向转动,每步30°。若定子绕组按A→C→B→A→…的顺序通电,则转子就一步步地按顺时针方向转动,每步仍然30°。这种控制方式叫三相三拍或单三拍方式。

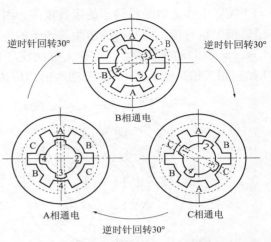

图7-4 三相反应式步进电动机单三拍工作原理图

2) 三相六拍工作方式

如果按A→AB→B→BC→C→CA→A…(逆时针方向转动)或人A→AC→C→BC→B→CA→A…(顺时针方向转动)的顺序通电,步进电动机就工作在三相六拍工作方式,每步转过15°,步距角是三相三拍工作方式步距角的一半,如图7-5所示。因为电动机运转中始终有一相定子绕组通电,所以运转比较平稳。

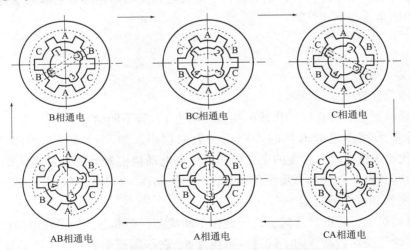

图7-5 三相反应式步进电动机三相六拍工作原理图

3) 双三拍工作方式

由于前述的单三拍通电方式每次定子绕组只有一相通电,且在切换瞬间失去自锁转矩,容易产生失步,而且,只有一相绕组产生力矩吸引转子,再平衡位置易产生振荡,故在实际工作过程中多采用双三拍工作方式,即定子绕组的通电顺序为AB→BC→CA→AB…或AC→BC→CA→…,前一种通电顺序按逆时针方向旋转,后一种通电顺序按顺时针方向旋转,此时有两对磁极同时对转子的两对齿进行吸引,每步仍然旋转30°。由于在步进电动机工作过程中始终保持有一相定子绕组通电,所以工作比较平稳。

实际上步进电动机转子的齿数很多,因为齿数越多步距角越小。为了改善运行性能,定子磁极上也有齿,这些齿的齿距与转子的齿距相同,但各极的齿依次与转子的齿错开齿距的 $1/m$(m 为电动机相数)。这样,每次定子绕组通电状态改变时,转子只转过齿距的 $1/m$(如三相三拍)或 $1/2m$(如三相六拍)即达到新的平衡位置,如图 7-6 所示。

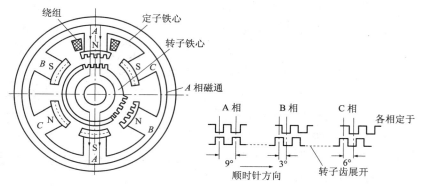

图 7-6　三相反应式步进电动机的结构示意图和展开后步进电动机齿距

7.2.2　步进电动机的主要特性

1)步距角

步距角指每给一个脉冲信号,电动机转子应转过角度的理论值。它取决于电动机结构和控制方式。步距角可按下式计算:

$$\alpha = \frac{360°}{mzk} \tag{7-1}$$

式中:m——定子相数;

z——转子齿数;

k——通电系数,若连续两次通电相数相同为 1,若不同则为 2。

数控机床所采用步进电动机的步距角一般都很小,如 3°/1.5°,1.5°/0.75°,0.72°/0.36°等,是代表步进电动机精度的重要指标。步进电动机空载且单脉冲输入时,其实际步距角与理论步距角之差称为静态步距角误差,一般控制在 ±10′ 至 ±30′ 的范围内。

2)矩角特性和最大静转矩

当步进电动机处于通电状态时,转子处在不动状态,即静态。如果在电动机轴上施加一个负载转矩,转子会在载荷方向上转过一个角度 θ,转子因而受到一个电磁转矩 T 的作用与负载平衡,该电磁转矩 T 称为静态转矩,该角度 θ 称为失调角。步进电动机单相通电的静态转矩 T 随失调角 θ 的变化曲线称为矩角特性曲线,如图 7-7 所示。当外加转矩取消后,转子在电磁转矩作用下,仍能回到稳定平衡点 $\theta=0$。矩角特性曲线上的电磁转矩的最大值称为最大静转矩 T,多相通电时的最大静转矩 T_{jamx} 可根据单相矩角特性求出。T_{jmax} 是代表电动机承载能力的重要指标。

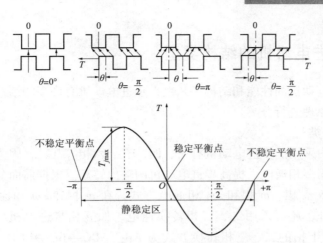

图 7-7 步进电动机的矩角特性曲线

3) 起动转矩 T_q 和起动频率 f_q

图 7-8 所示是三相步进电动机的各相矩角特性曲线。图中相邻两条曲线的交点所对应的静态转矩是电动机运行状态的最大起动转矩 T_q,当负载力矩小于 T_q 时,步进电动机才能正常起动运行,否则将会造成失步。一般地,电动机相数的增加会使矩角特性曲线变密,相邻两条曲线的交点上移,会使 T_q 增加;采用多相通电方式,同样会使起动转矩 T_q 和最大静转矩 T_{jmax} 增加。

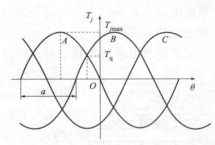

图 7-8 三相步进电动机的各相矩角特性曲线

空载时,步进电动机由静止突然起动并进入不失步的正常运行状态所允许的最高频率,称为起动频率或突跳频率。空载起动时,步进电动机定子绕组通电状态变化的频率不能高于该起动频率。原因是频率越高,电动机绕组的感抗($x_L = 2\pi fL$)越大,使绕组中的电流脉冲变尖,幅值下降,从而使电动机输出力矩下降。

一般说来,步进电动机的起动频率远低于其最高运行频率,很难满足对其直接进行起动和停止的要求,因此要利用软件进行加减速控制,又称分段加减速起动或停止,即在起动时使其运行频率分段逐渐升高,停止时使其运行频率分段逐渐降低。

4) 运行矩频特性曲线

运行矩频特性曲线是描述步进电动机在连续运行时,输出转矩与连续运行频率之间的关系。它是步进电动机运转时承载能力的动态指标,如图 7-9 所示。图中每一频率所对应的转矩称为动态转矩。从图中可以看出,随着运行频率的上升,输出转矩下降,承载能力下降。当运行频率超过最高频率时,步进电动机便无法工作。

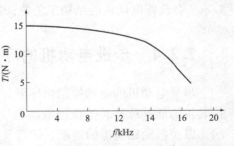

图 7-9 步进电动机的运行矩频特性曲线

7.2.3 步进电动机的结构类型

为了提高步进电动机的性能和结构工艺性,步进电动机有许多的结构类型,主要是根据相数、结构和工作原理进行分类。

1) 根据相数分类

我国数控机床中采用的步进电动机有三、四、五、六相等几种,因为相数越多,步距角越小,而且还可采用多相通电,提高步进电动机的输出转矩。根据前面分析,步进电动机的通电方式一般采用双 m 相、m 相和 $2m$ 相通电方式,在 m 相和 $2m$ 相通电方式中,除采用一、二相通电转换外,还可采用二、三相转换通电,如五相步进电机,各相用 A、B、C、D、E 表示,其五相十拍的二、三相转换方式为 AB→ABC→BC→BCD→CD→CDE→DE→DEA→EA→EAB。

2) 根据工作原理分类

步进电动机是采用定子与转子间电磁吸合原理工作,根据磁场建立方式,主要可分为反应式和永磁感应式两类。

反应式步进电动机的转子有多相磁极,而转子用软磁材料制成。永磁感应式的定子结构与反应式相似,但转子用永磁材料制成,这样可提高电动机的输出转矩,减少定子绕组的电流。我国的永磁感应式步进电动机一般多为五相电动机,具有输出转矩大,步距角小,额定电流小等优点,应用越来越广泛。其缺点是转子容易失磁,导致电磁转矩下降。

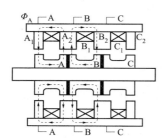

图 7-10 三段式反应式步进电动机的结构示意图

3) 根据结构分类

步进电动机可制成轴向单段式和多段式。多段式又称为抽向分相式,定子每相是一个独立的段,各段只有一个绕组,结构完全相同,只是在安装时各个磁极的齿和转子的齿依次错开齿距的 $1/m$,会改善电动机的结构工艺性,如图 7-10 所示。

7.2.4 步进电动机的环形分配器

步进电动机的驱动控制由环形分配器和功率放大器组成。环形分配器的主要功能是将数控装置的插补脉冲,按步进电动机所要求的规律分配给步进电动机的驱动电源的各相输入端,以控制励磁绕组的通断、运行及换向。当步进电动机在一个方向上连续运行时,其各相通断或脉冲分配是一个循环,因此称为环形分配器。环形分配器的功能可由硬件或软件的方法来实现,分别称为硬件环形分配器和软件环形分配器。

1. 硬件环形分配器

硬件环形分配器的种类很多,它可由 D 触发器或 JK 触发器构成,亦可采用专用集成芯片或通用可编程逻辑器件。对于采用 D 触发器或 JK 触发器构成的硬件环形分配器,如相环形分配器,其设计原理可分为以下几个步骤。

(1) 列出环形分配器的输出状态表。

（2）写出各相控制逻辑方程。在环形分配器的运行过程中，总是用上一拍的状态去控制下一拍的输出，因此观察表 7-1，同时用 X、$\overline{X}$ 表示正反向控制信号，则可得到下列逻辑表达式：

$$A_i = X\,\overline{B}_{i-1} + \overline{X}\,\overline{C}_{i-1} = \overline{\overline{X\,\overline{B}_{i-1}} * \overline{\overline{X}\,\overline{C}_{i-1}}}$$

$$B_i = X\,\overline{C}_{i-1} + \overline{X}\,\overline{A}_{i-1} = \overline{\overline{X\,\overline{C}_{i-1}} * \overline{\overline{X}A_{i-1}}}$$

$$C_i = X\,\overline{A}_{i-1} + \overline{X}\,\overline{B}_{i-1} = \overline{\overline{X\,\overline{A}_{i-1}} * \overline{\overline{X}B_{i-1}}}$$

表 7-1　三相六拍硬件环形分配器逻辑值

节拍	C	B	A	方向
1	0	0	1	正转　　反转
2	0	1	1	
3	0	1	0	
4	1	1	0	
5	1	0	0	
6	1	0	1	

根据以上逻辑关系式，便可给出用 D 触发器和与非门构成的硬件环形分配器。

若采用图 7-11 中的 JK 触发器（相当于反 D 逻辑），同时考虑硬件清零时，令 C 相通电作为初始状态，则将 C 相接在触发器的 $\overline{Q}$ 端，上面的逻辑表达式可改写为

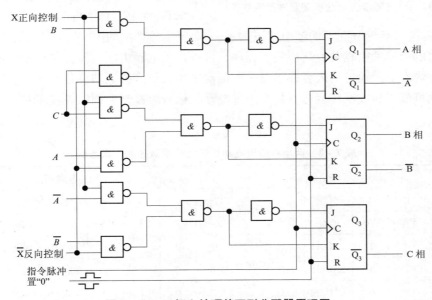

图 7-11　三相六拍硬件环形分配器原理图

$$A_i = X\,\overline{B}_{i-1} + \overline{X}\,\overline{C}_{i-1} = \overline{\overline{X\,\overline{B}_{i-1}} * \overline{\overline{X}\,\overline{C}_{i-1}}}$$

$$B_i = X\,\overline{C}_{i-1} + \overline{X}\,\overline{A}_{i-1} = \overline{\overline{X\,\overline{C}_{i-1}} * \overline{\overline{X}\,\overline{A}_{i-1}}}$$

$$C_i = X\,\overline{A}_{i-1} + \overline{X}\,\overline{B}_{i-1} = \overline{\overline{X\,\overline{A}_{i-1}} * \overline{\overline{X}B_{i-1}}}$$

目前市场上有许多种专用的集成电路环形脉冲分配器，其集成度高，可靠性好，有的还有可编程功能。国产的 PM 系列步进电动机专用集成电路有 PM03、PM04、PM05 和 PM06，分别用于三相、四相、五相和六相步进电动机的控制；进口的步进电动机专用集成芯片 PMM8713 和 PM8714 可用于四相（或二相）和五相步进电动机的控制；而 PPMl01B 则是可编程的专用步进电动机控制芯片，通过编程可用于三、四、五相步进电动机的控制。

2. 软件环形分配器

不同种类、不同相数、不同分配方式的步进电动机都必须有不同的环形分配器，可见所需环形分配器的品种很多。用软件环形分配器只需编制不同的环形分配程序，将其存入数控装置的 EPBOM 中即可。用软件环形分配器可以使电路简化，成本下降，并可灵活地改变步进电动机的控制方案。

软件环形分配器的设计方法有多种，如查表法、比较法、移位寄存器法等，最常用的是查表法。下面以三相反应式步进电动机的环形分配器为例，说明查表法软件环形分配器的工作原理。

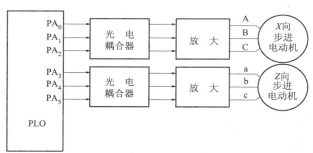

图 7-12 两坐标步进电动机伺服进给系统框图

首先结合驱动电源电路，按步进电动机励磁状态转换表求出所需的环形分配器输出状态表（输出状态表与状态转换表相对应），将其存入内存 EPROM 中。如图 7-12 所示为两坐标步进电动机伺服进给系统框图。X 向和 Z 向的三相定子绕组分别为 A、B、C 相和 a、b、c 相，分别经各自的放大器、光电耦合器与计算机的 PI_0（并行输入/输出接口）的 $PA_0 \sim PA_5$ 相连。环形分配器的输出状态如表 7-2 所示，表中的内容即步进电动机的励磁状态，与接口的接线紧密相关。然后编写程序，根据步进电动机的运转方向按表地址的正向或反向，顺序依次取出地址的内容并输出，即依次输出表示步进电动机各个励磁状态的二进制数，则电动机就正转或反转运行。每次步进电动机运行时，都要调用该程序并输入电动机运行的方向。

表 7-2 两坐标步进电动机环形分配器的输出状态表

X 向步进电动机					方向	Z 向步进电动机					方向
节拍序号	C	B	A	存贮单元		节拍序号	c	b	a	存贮单元	
	PA_2	PA_1	PA_0	地址	内容		PA_5	PA_4	PA_3	地址	内容
0	0	0	1	2A00H	01H	反转 正转	0	0	0	1	2A10H	08H	反转 ⋮ 正转
1	0	1	1	2A01H	03H		1	0	1	1	2A11H	18H	
2	0	1	0	2A02H	02H		2	0	1	0	2A12H	10H	
3	1	1	0	2A03H	06H		3	1	1	0	2A13H	30H	
4	1	0	0	2A04H	04H		4	1	0	0	2A14H	20H	
5	1	0	1	2A05H	05H		5	1	0	1	2A15H	28H	

7.2.5 功率放大器

从环形分配器输出的进给控制信号的电流只有几毫安,而步进电动机的定子绕组需要几安培的电流,因此需要对从环形分配器输出的进给控制信号进行功率放大。由于功放中的负载为步进电动机的绕组,是感性负载,与一般功放不同点就由此产生,主要是:较大电感影响快速性,感应电势带来的功率管保护等问题。功率驱动器最早采用单电压驱动电路,后来出现了双电压(高电压)驱动电路、斩波电路、调频调压和细分电路等。

1)单电压驱动电路

单电压驱动电路的工作原理如图 7-13 所示。图中 L 为步进电动机励磁绕组的电感,R_a 为绕组电阻并串接一电阻 R_c 为了减少回路的时间常数 $L/(R_a+R_c)$,电阻 R_e 并联一电容 C(可提高负载瞬间电流的上升率),从而提高电动机的快速响应能力和起动性能。续流二极管 VD 和阻容吸收回路 R_c 是功率晶体管 VT 的保护电路。单电压驱动电路的优点是电路简单,缺点是电流上升不够快,高频时带负载能力低。

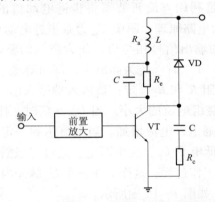

图 7-13 步进电动机单电压驱动电路原理图

2)高低电压驱动电路

高低电压驱动电路的特点是给步进电动机绕组的供电有高低两种电压,高压由电动机参数和晶体管的特性决定,一般在 80 V 至更高范围;低压即步进电动机的额定电压,一般为几伏,不超过 20 V。

图 7-14 所示为高低压供电切换电路的工作原理图。该电路由功率放大级、前置放大器和单稳延时电路组成。二极管 VD_d 起高低压隔离作用,VD_g 和 R_g 构成高压放电回路。前置放大电路则起到将 TTL 电平放大到可以驱动功率导通的电流。高压导通时间由单稳延时电路整定,通常为 $100\sim600~\mu s$,对功率步进电动机可达到几千微秒。

当环形分配器输出为高电平时,两只功率管 VT_g、VT_d 同时导通,步进电动机绕组以 μ_g,即 +80 V 的电压供电,绕组电流以 $L/(R_d+r)$ 的时间常数向稳定值上升,当达到单稳延时时间 t_g 时,VT_g 功率管截止,改为由 μ_d 即 +12 V 供电,维持绕组的额定电流。其高低压之比为 μ_g/μ_d,则电流上升率将提高 μ_g/μ_d 倍,上升时间减小。当低压断开时,绕组中储存的能量通过 $\mu_d \to R_d \to L \to R_g \to VD_g \to \mu_g$ 构成放电回路,放电电流的稳态值为 $(\mu_d-\mu_g)/(R_g+R_d+r)$,因此加快了放电过程。高低压供电电路由于加快了电流的上升和下降时间,故有利于提高步进电动机的起动频率和连续工作频率。另外,由于额定电流由低电压维持,只有较小的限流电阻,减小了系统的功耗。

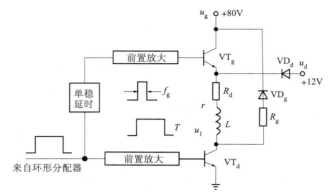

图 7-14　高低压供电切换电路

3) 斩波恒流功率放大电路

斩波恒流功率放大电路是利用直流斩波器将步进电动机的电流设定在给定值上,如图 7-15 所示为斩波恒流放大电路原理。图中 U_{in} 为原步进电动机的绕组驱动脉冲信号,在其通过与门 A_2 和比较器 A_1 的输出信号相与后,作为绕组的驱动信号 U_b。当 U_{in} 为高电平 "1" 相比较器 A_1 输出高电平 "1" 时,U_b 为高电平,绕组导通。比较器 A_1 的正输入端的输入信号为参考电压 U_{ref},由电阻 R_1 和 R_2 设定;负输入端输入信号为绕组电流通过 R_3 反馈获得的电压信号 U_f,它反映了绕组电流的大小。当 $U_{ref} > U_f$ 时,比较器 A_1 输出高电平 "1",与门 A_2 输出高电平 U_b,绕组通电,电流增加。当电流达到一定时,$U_{ref} < U_f$,比较器 A_1 输出低电平 "0",与门 A_2 输出低电平 U_b,绕组断电,通过二极管 VD 续流工作。而 VT 截止后,又有 $U_{ref} > U_f$ 重复上述的工作过程。这样,在一个 U_{in} 脉冲内,功率管多次通断,将绕组电流控制在给定值上下波动,如图 7-15 图所示。

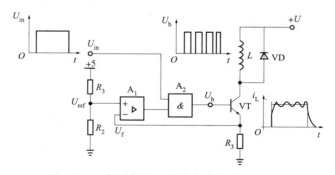

图 7-15　斩波恒流驱动功率放大电路原理图

在这种控制方式下,绕组电流大小与外加电压 +U 的大小无关,是一种恒流驱动方案,所以对电源要求比较低。由于反馈电阻 R_3 较小(一般为 1Ω),所以主回路电阻较小,系统时间常数较小,反应速度快。

目前市场上已有许多种集成斩波功放芯片,这些集成电路可使步进电动机的工作频率、转矩得到提高,并能减少噪声。如图 7-16 所示是一个使用 sLA7026M 模块构成的四相步进电动机功率驱动电路。图中 R_2、R_3 分压获得电流控制信号 U_{ref}，由 REFA、REFB 端输入；R_5、R_6 为绕组电流反馈电阻，接在配 RSA、RSB 输入端；OUTA、$\overline{OUTA}$、OUTB、$\overline{OUTB}$ 为步进驱动信号输出端，接到四相步进驱动信号输入端 A、B、C、D 上；VZ 是稳压管，限制参考信号 U_{ref} 以防输入电流超过额定值，损坏芯片和电动机。

该芯片的最大输出电流为 2A，可直接驱动小功率步进电动机。当驱动大功率步进电动机时，可将芯片输出端接入功率放大电路，扩展输出电流和功率。

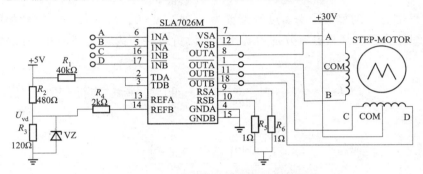

图 7-16　SLA7026M 斩波恒功率动电路

7.2.6　步进电动机的细分驱动技术

细分驱动也称微步驱动，它是通过控制电动机各相绕组中电流的大小和比例，从而使步距角减少到原来的几分之一至几十分之一（一般不小于 1/10）。提高了步进电动机的分辨率并减弱甚至消除了振荡，会大大提高电动机运行的精度和平稳性。

1) 细分驱动原理

如前所述，对应一个通电脉冲，步进电动机的转子转动一步。当三相步进电动机以双三拍方式工作时，由于两相同时通电，则转子齿与定子齿不能对齐，而是停在两个定子齿的中间位置。若两相通以不同大小的电流，那么转子齿不会停在两相定子齿的中间，而会偏向于绕组通电电流放大的那个齿。如果将额定电流分成 n（n 为正整数）等分，使同时通电的两个绕组的通电电流差按 1/n 逐渐变化，从额定电流的 -1 倍依次增加到 +1 倍，则此时步进电动机一次转动的步距角就会变成原来步距角的 1/2n 左右。但这种对额定电流的线性分配不能保证步距角的线性变化。

通过分析图 7-8 中可知：

(1) 步进电动机的单相通电时的电磁转矩是相电流 i_e 和失调角 θ 的函数，即 $T = f(i_e, \theta)$。

(2) 各相 T/θ 曲线间的距离为单相通电时的步距角 α。

(3) 各平衡点的位置为合力矩为零的点。

实现细分驱动，就是要在每一步距角 α 之间产生若干合力矩为零的平衡点。这可以通过改变相电流的大小和通电相数、相序来达到。

下面以三相反应式步进电动机为例来说明具体实现原理。首先以正弦曲线来近似 T/θ 曲线并假设各相转短特性是理想的，如图 7-8 所示。且在所有电流组合下，各相转矩特性都保持不变。则各相 T/θ 曲线可由下式描述，即有：

$$T_1 = -ki_e\sin\left(\frac{\theta}{3\alpha}2\pi\right) \qquad (7-2)$$

$$T_2 = -ki_e\sin\left(\frac{\theta}{3\alpha}2\pi - \frac{2}{3}\pi\right) \qquad (7-3)$$

$$T_3 = -ki_e\sin\left(\frac{\theta}{3\alpha}2\pi - \frac{4}{3}\pi\right) \qquad (7-4)$$

设进行 N 细分，则每个子平衡点的位置为 n_α/N, $n=0, 1, \cdots, N$，以两相同时通电来产生所需的细分位置，其相电流分别为 i_1 和 i_2，设负载转矩为零，则在 $0\sim\alpha$ 之间，平衡位置处于：

$$T_1 + T_2 = -k\left[i_1\sin\left(\frac{n}{3N}2\pi\right) + i_2\sin\left(\frac{n}{3N}2\pi - \frac{2}{3}\pi\right)\right] = 0 \qquad (7-5)$$

可求得：

$$\frac{i_1}{i_2} = \frac{\sin\left(\frac{n}{3N}2\pi - \frac{2}{3}\pi\right)}{\sin\left(\frac{n}{3N}2\pi\right)}$$

进一步设：

$$i_1 = -I\sin\left(\frac{n}{3N}2\pi - \frac{2}{3}\pi\right) \qquad (7-6)$$

$$i_2 = I\sin\left(\frac{n}{3N}2\pi\right) \qquad (7-7)$$

则合成的 T/θ 函数为

$$\begin{aligned}T_n(\theta) &= T_{1n}(\theta) + T_{2n}(\theta) \\ &= -kI\left[-\sin\left(\frac{n}{3N}2\pi - \frac{2}{3}\pi\right)\sin\left(\frac{\theta}{3a}2\pi\right) + \sin\left(\frac{n}{3N}2\pi\right)\sin\left(\frac{\theta}{3a}2\pi - \frac{2}{3}\pi\right)\right] \\ &= -kI\frac{\sqrt{3}}{2}\sin\left(\frac{\theta}{3a}2\pi - \frac{n}{3N}\pi\right)\end{aligned} \qquad (7-8)$$

可以看出，新的平衡点在 $\theta = n_\alpha/N$ 处，为保持转矩特性不变，应有 $I = \frac{2\sqrt{3}}{3}i_e$，则有：

$$i_1 = -\frac{2\sqrt{3}}{3}i_e\sin\left(\frac{n}{3N}2\pi - \frac{2}{3}\pi\right) \qquad (7-9)$$

$$i_2 = -\frac{2\sqrt{3}}{3}i_e\sin\left(\frac{n}{3N}2\pi\right) \qquad (7-10)$$

说明采用细分驱动时，各相所需的电流有时会高于一般驱动时的电流。同理可以推出 $\alpha-2\alpha$、$2\alpha-3\alpha$ 之间的各相电流的计算公式。读者可自行推导。

2）细分驱动电路

根据上面的推导结果，可以得出各个细分位置和各相电流的对应关系表，如 $N=4$ 时，则结果如表 7-3 所示。

表 7-3　4 细分位置与各相电流对应关系

位置	i_A	i_B	i_C	位置	i_A	i_B	i_C
0	i_e	0	0	$\frac{6}{4}\alpha$	0	i_e	i_e
$\frac{1}{4}\alpha$	$\frac{2\sqrt{3}}{3}i_e$	$\frac{\sqrt{3}}{3}i_e$	0	$\frac{7}{4}\alpha$	0	$\frac{\sqrt{3}}{3}i_e$	$\frac{2\sqrt{3}}{3}i_e$
$\frac{2}{4}\alpha$	i_e	i_e	0	2α	0	0	i_e
$\frac{3}{4}\alpha$	$\frac{\sqrt{3}}{3}i_e$	$\frac{2\sqrt{3}}{3}i_e$	0	$\frac{9}{4}\alpha$	$\frac{\sqrt{3}}{3}i_e$	0	$\frac{2\sqrt{3}}{3}i_e$
α	0	i_e	0	$\frac{10}{4}\alpha$	i_e	0	i_e
$\frac{5}{4}\alpha$	0	$\frac{2\sqrt{3}}{3}i_e$	$\frac{\sqrt{3}}{3}i_e$	$\frac{11}{4}\alpha$	$\frac{2\sqrt{3}}{3}i_e$	0	$\frac{\sqrt{3}}{3}i_e$

细分驱动电路如图 7-17 所示。其中，EPROM 中存储的就是表 7-3 中对应相电流的值。EPROM 的地址由可逆计数器产生。EPROM 输出相应的电流数据，经 D/A 转换为相应的模拟电压，该电压控制恒流电路，使绕组中产生相应的电流。如此便可以控制各相电流的大小，实现细分驱动。

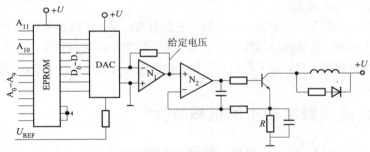

图 7-17　细分驱动电路原理图

7.3　直流伺服电动机及其速度控制

以直流电动机作为驱动元件的伺服系统称为直流伺服系统。因为直流伺服电动机实现调速比较容易，尤其是他励和永磁直流伺服电动机，其机械特性比较硬，所以直流电动机自 20 世纪 70 年代以来，在数控机床上得到了广泛的应用。

7.3.1　直流伺服电动机的结构与分类

直流伺服电动机的品种很多，随着科学技术的发展，至今还在不断出现新品种及新结构。根据磁场产生的方式，直流电动机可分为他激式、永磁式、并激式、串激式和复激式五种。永磁式用氧化体、铝镍钴、稀土钴等软磁性材料建立激磁场。

在结构上，直流伺服电动机为一般电枢式、无槽电枢式、印刷电枢式、绕线盘式和空心杯电枢式等。为避免电刷换向器的接触，还有无刷直流伺服电动机。根据控制方式，直流伺服电动机可分为磁场控制方式和电枢控制方式。显然，永磁直流伺服电动机只能采用电枢控制方式，一般电磁式直流伺服电动机大多也用电枢控制方式。

在数控机床中，进给系统常用直流伺服电动机主要有以下几种。

1）小惯性直流伺服电动机

小惯性直流伺服电动机因转动惯量小而得名。这类电动机一般为永磁式，电枢绕组有无相电枢式、印刷电枢式和空心杯电枢式三种。因为小惯量直流电动机最大限度地减小了电枢的转动惯量，所以能获得最快的响应速度。在早期的数控机床上，这类伺服电动机应用得比较多。小惯量伺服电动机在有些国家的数控机床上至今仍然在使用。

2）直流力矩电动机

直流力矩电动机又称大惯量宽调速直流伺服电动机。一方面，由于它的转子直径较大，线圈绕组匝数增加，力矩大，转动惯量比其他类型电动机大，且能够在较大过载转矩时长时间地工作，因此可以直接与丝杠相连，不需要中间传动装置。另一方面，由于它没有励磁回路的损耗，它的外形尺寸比类似的其他直流伺服电动机小。它还有一个突出的特点，是能够在较低转速下实现平稳运行，最低转速可以达到 1 r/min，甚至 0.1 r/min。因此，这种伺服电动机在数控机床上得到了广泛应用。

3）无刷直流伺服电动机

无刷直流伺服电动机又叫无整流子电动机。它没有换向器，由同步电动机和逆变器组成，逆变器由装在转子上的转子位置传感器控制。它实质是一种交流调速电动机，由于其调速性能可达到直流伺服发电机的水平，又取消了换向装置和电刷部件，大大地提高了电动机的使用寿命。

7.3.2 直流伺服电动机的机械特性

直流电动机是由磁极、定子、电枢、转子和电刷换向片几部分组成。以他励式直流伺服电动机为例，研究直流电动机的机械特性。直流电动机的工作原理是建立在电磁定律的基础上，即电流切割磁力线，产生电磁转矩，如图 7-18 所示。

电磁电枢回路的电压平衡方程式为

$$U_a = E_a + I_a * R_a \tag{7-11}$$

式中：R_a——电动机电枢回路的总电阻（Ω）；

　　　U_a——电动机电枢的端电压（V）；

　　　I_a——电动机电枢的电流（A）；

　　　E_a——电枢绕组的感应电动势（V）。

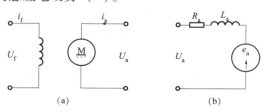

图 7-18　他励直流电动机工作原理图

(a) 工作原理；(b) 等效电路

当磁通 Φ 恒定时，电枢绕组的感应电动势与转速成正比，则有：

$$E_a = C_E \Phi n \tag{7-12}$$

式中：C_E——电动势常数，表示单位转速时所产生的电动势（V·min/r·Wb^{-1}）；

n——电动机转速（r/min）。

电动机的电磁转矩为

$$T_m = C_t \Phi I_n \tag{7-13}$$

式中：T_m——电动机电磁转矩（N·m）；

C_t——转矩常数，表示单位电流所产生的转矩（N·m/A）。

将式（7-11）、式（7-12）和式（7-13）联立求解，即可得出直流伺服电动机的转速公式为

$$n = \frac{U_a}{C_E \Phi} - \frac{R_a}{C_E C_t \Phi^2} T_m = n_0 - \Delta n \tag{7-14}$$

$$n_0 = \frac{U_a}{C_E \Phi} = \frac{U_a}{K_E} \tag{7-15}$$

式中：n_0——电动机理想空载转速（r/min）；

K_E——反电动势系数，$K_E = C_E \Phi$（V·min/r）；

n——转速差（r/min）。

由转速公式便可得到直流电动机的转速与转矩的关系，此关系称机械特性，如图 7-19 所示。机械特性是电动机的静态特性，是稳定运行时带动负载的性能，此时，电磁转矩与外负载相等。

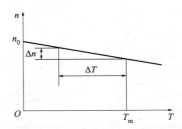

图 7-19 直流伺服电动机的机械特性曲线

当电动机转速为零时，电动机通电瞬间的转矩为

$$T_S = K_t \frac{U_a}{R_a} \tag{7-16}$$

式中：T_s——启动转矩，又称堵转矩（N·m）；

K_t——电磁转矩系数，$K_t = \frac{R_a}{C_E C_t \Phi^2}$（N·m/A）。

当电动机带动负载时，电动机转速与理想转速产生转速差值 A，机械特性的硬度，A_M 越小，表明机械特性越硬。由式（7-14）可得：

$$\Delta n = \frac{R_a}{K_t K_e} T_1 \tag{7-17}$$

式中：T_1——负载转矩（N·m）。

n 的大小与电动机的调速范围密切相关。如果 A_n 值比较大,不可能实现宽范围的调速。而永磁式直流伺服电动机的机械特性的 A_n 值比较小,满足于这一要求,因此,进给系统采用永磁性直流电动机。

7.3.3 直流伺服电动机的调速原理与方法

根据直流电动机的机械持性方程式（7-17）,可得调速公式如下：

$$n = \frac{U_a}{C_E\Phi} - \frac{R_a}{C_E C_t \Phi^2} T_m = n_0 - K_t T_m \tag{7-18}$$

因此,直流电动机的基本调速方式有三种,即调节电阻,调节电压和调节磁通 Φ 的值。但电枢串电阻调速不经济,而且调速范围有限,很少采用。在调节电枢电压时,磁场的磁通保持不变,而且运行过程中允许电枢电流达到额定值,由式（7-17）可知,电动机电磁转矩保持不变,为额定值,因此称调压调速为恒转矩调速。调节磁通 Φ 调速时,由于励磁回路的电流不能超过额定值,减小励磁电流,值磁通下降,称为弱磁调速。此时转矩 T_m 下降,转速上升,输出功率基本维持不变,故又称为恒功率调速。直流电动机在调节电枢电压 U_a 和调节磁通 Φ 的调速曲线如图 7-20 所示。

由图 7-20（a）可见当调节电枢电压时,直流电动机的机械特性为一组平行线,即机械特性曲线的斜率不变,而只改变电动机的理想转速,保持了原有较硬的机械持性。数控机床伺服进给系统的调速采用调节电枢电压调速方式。由图 7-20（b）可见,调节磁通 Φ,不但改变了电动机的理想转速,而且使直流电动机机械特性变软,调节磁通 Φ 主要用机床主轴电动机恒定功率调速。

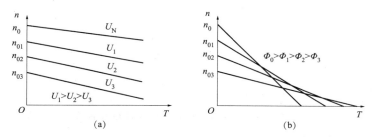

图 7-20 直流电动机的调速特性曲线
（a）改变电枢电压时的机械特性曲线；（b）改变磁通时的机械特性曲线

7.3.4 直流伺服电动机的速度控制单元

在数控机床伺服系统中,速度控制已经成为一个独立、完整的模块,称为速度控制单元。直流伺服电动机由直流电源供电,为调节电动机转速,需要灵活控制直流电压的大小和方向。直流伺服电动机速度控制单元的作用是将转速指令信号转换成电枢的电压值,达到速度调节的目的。现代直流电动机速度控制单元常采用的调速方法有晶闸管调速系统和晶体管脉宽（PWM）调制调速系统。

1. 晶闸管调速系统

晶闸管直流调速，也称可控硅（Silicon Controlled Rectifier，SCR）调速，是通过调节触发装置的控制电压大小（控制晶闸管的开放角）来移动触发脉冲的相位，从而改变整流电压的大小，使直流电动机电枢电压变化而平滑调速。调速范围较小，机械特性软。

在数控机床的伺服控制系统中，为了满足调速范围的要求，引入速度反馈；为了增加机械特性的硬度，需要再加一个电流反馈环节，构成闭环控制系统。如图 7-21 所示是数控机床中较常见的一种晶闸管直流双环调速系统框图。该系统是典型的串级控制系统，内环为电流环，外环为速度环，驱动控制电源为晶闸管整流器。系统由控制回路和主回路两部分组成。

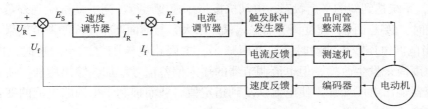

图 7-21　直流双环调速系统框图

控制回路由速度调节器、电流调节器和触发脉冲发生器组成，产生触发脉冲。触发脉冲必须与供电电源频率及相位同步，保证晶闸管的正确触发。该脉冲的相位即触发角 α，可作为晶闸管整流器进行整流的控制信号。通过改变晶闸管的触发角，就可改变输出电压，达到调节直流电动机速度的目的。速度调节器和电流调节器一般采用比例积分调节器。

主回路为功率级的晶闸管整流器，将电网交流电变为直流电，同时将控制回路信号进行功率放大，得到较高电压与较大电流，以驱动直流伺服电动机。晶闸管整流器由多个大功率晶闸管组成。在数控机床中，多采用三相全控桥式反并联可逆整流电路，如图 7-22 所示。它由 12 个大功率晶闸管组成，晶闸管分两组（Ⅰ和Ⅱ），每组内按三相桥式连接，两组反并联，分别实现正转和反转。反并联是指两组整流桥反极性并联，由一个交流电源供电。每组晶闸管都有两种工作状态：整流和逆变。一组处于整流状态时，另一组处于待逆变状态。在电动机降速时，逆变组工作。在这种电路（正转组或反转组）中，需要共阴极组中一个晶闸管和共阳极组中一个晶闸管同时导通才能构成回路，为此必须同时控制。共阴极组的晶闸管是在电源电压正半周内导通，顺序是 1、3、5；共阳极组的晶闸管是在电源电压负半周内导通，顺序是 2、4、6。每组内（二相间）触发脉冲相位相差为 120°，每相内两个触发脉冲相差 180°，按管号排列，触发脉冲的顺序为 1—2—3—4—5—6，相邻之间相位差 60°。

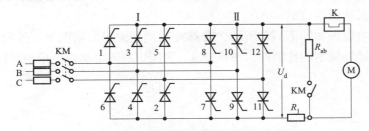

图 7-22　三相桥式反并联可逆整流电路

为保证合闸后两个串联晶闸管能同时导通，或已截止的相再次导通，采用双脉冲控制，即每个触发脉冲在导通60°后,再补发一个辅助脉冲。也可以采用宽脉冲控制,即用一个宽脉冲代替两个连续的窄脉冲,脉冲宽度应保证相应导通角大于60°但小于120°,一般取80°~100°。只要改变晶闸管触发角 α,就能改变晶闸管的整流输出电压,以达到调速目的。触发脉冲提前来,增大整流输出电压;触发脉冲延后来,则减小整流输出电压。

直流晶闸管调速系统的工作原理阐述如下。

(1) 当速度指令信号增大时,速度调节器输入端的偏差信号加大,速度调节器的放大器输出随之增加,电流调节器输入和输出同时增加,因此使触发器的输出脉冲前移位角减小,变流器输出电压增高,电动机转速上升。同时速度检测信号值增加,当到达给定的速度值时,偏差信号为0,系统达到新的平衡状态,电动机按指令速度运行。当电动机受到外负载干扰,如外负载增加时,转速下降,速度调节器输入偏差增大,与前面产生同样的调节效果。

(2) 当电网电压产生波动时,如电压减小,主回路电流随之减小。这时,电动机由于转动惯量速度尚未发生改变,但电流调节器的输入偏差信号增加,输出增加,使触发器脉冲前移,变流器输出电压增加,使电流恢复到指定值,从而抑制了主回路电流的变化,起到了维持主回路电流的作用。

(3) 当通度给定信号为一个阶跃信号时,电流调节器输入一个很大的值,但其值已达到整流的饱和值。此时电动机以系统控制作用的最大极限电流运行,从而使电动机在加速过程中始终保持最大转矩和最大加速度状态,以缩短起动、制动过程。

由此可内,双环调速系统具有良好的动、静态指标,其起制动过程快,可以最大限度地利用电动机的过载能力,使电动机运行在极限转矩的最佳过渡过程。其缺点是:在低速轻载时,电动机电流出现断续现象;机械特性变软,整流装置的外特性变陡,总放大倍数降低,动态品质恶化。为此可采取电枢电流自适应调节方案。也可以增加一个电压调节器内环,组成三环系统来解决。

2. 晶体管脉宽调制调速控制系统

与晶闸管相比,晶体管控制电路简单,不需要附加关断电路,开关特性好。而且目前功率晶体管的耐压等性能都已大大提高。因此,在中、小功率直流伺服系统中,晶体管脉宽调制(Pulse Width Modulation,PWM)方式驱动系统已得到了广泛应用。

所谓脉宽调制,就是使功率晶体管工作于开关状态,开关频率恒定,用改变开关导通时间的方法来调整晶体管的输出。使电动机两端得到宽度随时间变化的电压脉冲。当开关在单周期内的导通时间随时间发生连续变化时,电动机电枢得到的电压的平均值也随时间连续地发生变化,而由于内部的续流电路和电枢电感的滤波作用,电枢上的电流则连续地改变,从而达到调节电动机转速的目的。

脉宽调制基本原理如图7-23所示,若脉冲的周期固定,高电平持续时间为 T_{on}。高电平持续的时间与脉冲周期的比值称为占空比 A,则图中直流电动机电压的平均值为

$$e_a = \frac{T_{on}}{T}E = \lambda E \tag{7-19}$$

$$\lambda = \frac{T_{on}}{T} \tag{7-20}$$

式中:E——电源电压(V);

A——占空比,$0 < A < 1$。

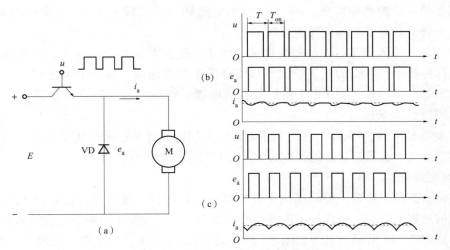

图 7-23　PWM 脉宽调制原理图

当电路中开关功率晶体管关断时，由二极管 VD 续流，电动机便可以得到连续电流。实际的 PWM 系统先产生微电压脉宽调制信号，再由该脉冲信号去控制功率晶体管的导通与关断。图 7-23 给出了占空比为 2/3 和 1/3 两种情况下的控制电压、电动机电压和电流的波形。

1) 晶体管脉宽调制系统的组成原理

图 7-24 为脉宽调制系统组成原理图。该系统由控制部分、功率晶体管放大器和全波整流器三部分组成。控制部分包括速度调节器、电流调节器、固定频率振荡器及三角波发生器、脉宽调制器和基极驱动电路，其中控制部分的速度调节器和电流调节器与晶闸管调速系统相同，控制方法仍然是采用双环控制。不同部分是脉宽调制相功率放大。

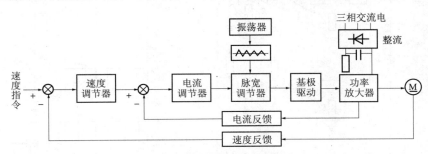

图 7-24　脉宽调制系统原理图

与晶闸管调速系统相比，晶体管脉宽调制系统有以下特点。

（1）频带宽。晶体管的结电容小，截止频高，比晶闸管高一个数量级，因此 PWM 系统的开关工作频率一般为 2kHz，有的高达 5kHz，使电流的脉动频率远远超过机械系统的固有频率，避免机械系统由于机电耦合产生共振。

另外，晶闸管调速系统开关频率依赖于电源的供电频率，无法提高系统的开关工作频率。因此系统的响应速度受到限制。而 PWM 系统在与小惯量电动机相匹配时，可充分发挥系统的性能，获得很宽的频带，使整体系统的响应速度增高，能实现极快的定位速度和很高的定位精度，适合于起动频繁的工作场合。

（2）电流脉动小。电动机为感性负载，电路的电感值与频率成正比，因而电流的脉动幅值随开关频率的升高而降低。PWM 系统的电流脉动系数接近于 1，电动机内部发热小，输出转矩平稳，有利于电动机低速运行。

（3）电源功率因数高。在晶闸管调速系统中，随开关导通角的变化，电源电流发生畸变，在工作过程中，电流为非正弦波，从而降低了功率因数，且给电网造成污染。这种情况，导通角越小越严重。而 PWM 系统的直流电源，相当于晶闸管导通角最大时的工作状态，功率因数可达 90%。

（4）动态硬度好。PWM 系统的频带宽，校正伺服系统负载瞬时扰动的能力强，提高了系统的动态硬度，且具有良好的线性，尤其是接近零点处的线性好。

2）脉宽调制器

脉宽调制器种类很多，但从结构上看，都是由调制信号发生器和比较放大器两部分组成。调制信号发生器有三角波和锯齿波两种。下面以三角波发生器为例，介绍脉宽调制的原理，结构如图 7-25 所示，其中如图 7-25（a）所示为三角波发生器，如图 7-25（b）和图 7-25（c）所示为比较放大电路。这种结构适合于双极性可逆式开关功率放大器。

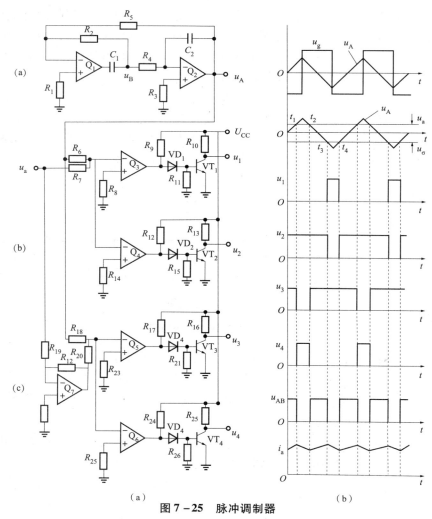

图 7-25 脉冲调制器
(a) 三角波发生器；(b)、(c) 比较放大器

三角波发生器由二级运算放大器组成。第一级运算放大器 Q_1 是频率固定的自激方波发生器,方波输出给前一级的积分器 Q_2,形成三角波。它的工作过程如下:设在电源接通瞬间放大器 Q_1 的输出为其负电源电压 $-u_d$,被送到 Q_2 的反向输入端。Q_2 组成积分器,输出电压 u_a 逐渐上升,线性比例关系上升。同时 u_a 又通过制 R_5 反馈到 Q_1 的正输入端,形成正反馈,与 u_b 进行比较,当比较结果大于零时,Q_1 立即翻转。由于正反馈的作用,其输出 u_b 瞬时到达最大值 $+u_d$,即 Q_1 的正电压值。此时,$t = t_1$,$u_a = (R_5/R_2) u_d$,在 $t_1 < t < T$ 时间区间内,由于 Q_2 的输入端为 $+u_d$,所以积分器的输出 u_a 线性下降。当 $t = T$ 时,u_a 与 u_b 的比较结果略小于零,Q_1 再次翻转回原来的状态 $-u_d$,即 $u_a = -(R_5/R_2) u_d$。如此反复,形成自激振荡,而 Q_2 的输出端便得到一串的三角波电压信号。

图 7-25 (b)、图 7-25 (c) 所示为比较放大电路,达部分电路实现了如图 7-25 所示的 u_1、u_2、u_3 和 u_4 的电压波形。晶体管 VT_1、VT_2、VT_3 和 VT_4 的基集输入分别与比较器 Q_3 和 Q_4、Q_5 和 Q_6 的输出相联,输出波形与放大器的输出波形相对应,在系统中起驱动放大的作用。这 4 个比较器输入比较电压信号都是控制电压 U_{er} 和三角波信号 u_a。U_{er} 和 u_a 直接求和信号分别输出给 Q_3 的负输出端和 Q_4 的正输入端。U_{er} 通过 Q_7 求反后和 u_a 直接求和信号分别输出给 Q_5 的负输出端和 Q_6 的正输入端。这样 Q_3 和 Q_4 的输出电平相反,Q_5 和 Q_6 的输出电平相反。当控制电压 $U_{er} = 0$ 时,各比较器输出的基集驱动信号皆为方波,而 4 个晶体管 VT_1、VT_2、VT_3 和 VT_4 的基极输入信号 u_1、u_2、u_3 和 u_4 也是方波。当控制电压 $U_{er} < 0$ 时,u_1 的高电平宽度小于低电平,而 u_2 的高低电平正好与 u_1 相反;u_3 的高电平宽度小于低电平,而 u_4 的高低电平宽度正好与 u_3 相反。

3)开关功率放大器

开关功率放大器是脉宽调制速度单元的主回路,其结构形式有两种形式,一种是 H 型(也称桥式),另一种是 T 型。每种电路又有单极性工作方式和双极性工作方式之分,而各种不同的工作方式又可组成可逆开关放大电路和不可逆开关放大电路,如图 7-26 所示。下面以广泛使用的 H 型开关电路为例,介绍其工作原理,其电路如图 7-26 (c)、图 7-26 (d) 所示。它是由四个二极管和四个功率晶体管组成的桥式回路。直流供电电源 $+E_d$ 由三组全波整流电源供电。它的工作过程为:将脉宽调制器输出的脉冲波 u_1、u_2、u_3 和 u_4 经光电隔离器,转换成与各脉冲相位和极性相同的脉冲信号 U_1、U_2、U_3 和 U_4,并将其分别加到开关功率放大器的基极。

当电动机正常工作时,在 $0 < t < t_1$ 的时间区间内,u_2、u_3 为高电平,功率晶体管 VT_2、VT_3 饱和导通,此时电源 $+E_d$ 加到电枢的两端,向电动机供给能量,电流方向是从电源 $+E_d$ 经 VT_3—电动机电枢—VT_2—回到电源。在 $t_1 < t < t_2$ 时,u_1 和 u_3 均为低电平,VT_1 和 VT_3 截止,电源 $+E_d$ 被切断。而此时 u_2 为正,因此由于电枢电感的作用,电流经 VT_2 和续流二极管 VD_4 继续流通。在 $t_2 < t < t_3$ 时,u_2 和 u_3 又同时为正,电源正 $+E_d$ 又经 VT_2 和 VT_3 加至电动机电枢的两端,电流继续流通。

前面介绍了两种直流电动机调速方法都是模拟控制方法。而全数字调制是最先进的调速方法。在全数字伺服调速系统中,仅功率放大元器件和执行元器件的输入信号和输出信号为模拟信号,其余信号都为数字信号,由计算机通过算法实现。在几毫秒内,计算机可以完成电流和转速的检测,计算出电流环和速度环的输入、输出数值,产生控制波形的数据,控制电动机的转速和转矩。

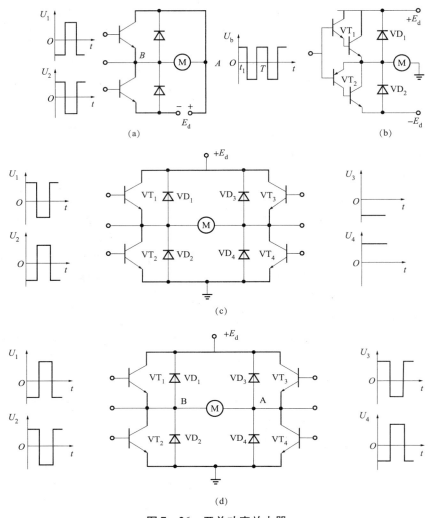

图 7-26 开关功率放大器

7.4 交流伺服电动机及其通度控制系统

如前所述,由于直流电动机具有优良的调速性能,因此长期以来,在调速性能要求较高的场合,直流电动机调速一直占据主导地位。但是由于它的电刷和换向的磨损,有时会产生火花,电动机的最高速度受到限制,且直流电动机结构复杂,成本较高,所以在使用上受到一定的限制。而近年来交流电动机飞速发展,它不仅克服了直流电动机结构上存在的整流子、电刷维护困难、造价高、寿命短、应用环境受限等缺点,同时又充分发挥了交流电动机坚固耐用、经济可靠、动态响应好、输出功率大等优点。因此,在某些场合,交流伺服电动机已逐渐取代直流伺服电动机。

7.4.1 交流伺服电动机的分类

交流伺服电动机分为交流永磁式伺服电动机和相交流感应式伺服电动机。永磁式交流伺服电动机相当于交流同步电动机，常用于进给伺服系统；感应式相当于交流感应异步电动机，常用于主轴伺服系统。两种伺服电动机的工作原理都是由定子绕组产生旋转磁场，使转子跟随定子旋转磁场一起运行。不同点是交流永磁式伺服电动机的转速与外加交流电源的频率存在着严格的同步关系，即电动机的转速等于同步转速；而感应式伺服电动机由于需要转速差才能产生电磁转矩，所以电动机的转速低于同步转速，转速差随外负载的增大而增大。同步转速的大小等于交流电源的频率除以电动机极对数。因而交流伺服电动机可以通过改变供电电源频率的方法来调节其转速。

1. 永磁式交流同步电动机

1）工作原理

永磁式交流同步电动机由定子、转子和检测元件三部分组成，其结构原理如图7-27所示。定子具有齿槽，槽内嵌有三相绕组，其形状与普通感应电动机的定子结构相同。但为了改善伺服电动机的散热性能，齿槽有的呈多边形，且无外壳。转子由多块永久磁铁和冲片组成。这种结构的转子特点是气隙磁密度较高，极数较多。转子结构还有一类是具有极靴的星形转子，采用矩形磁铁或整体星形磁铁。转子磁铁磁性材料的性能直接影响伺服电动机的性能和外形尺寸。现在一般采用第三代稀土永磁合金——钕铁硼（Nd-Fe-B）合金，它是一种最有前途的稀土永磁合金。

永磁式交流同步伺服电动机的工作原理与电磁式同步电动机的工作原理相同，即定子三相绕组产生的空间旋转磁场和转子磁场相互作用，使定子带动转子一起旋转。所不同的是转子磁极不是由转子的三相绕组产生，而是由永久磁铁产生。

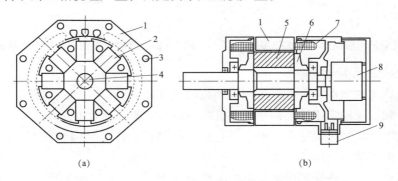

图7-27 永磁同步交流伺服电动机的结构

1—定子；2—永久磁铁；3—轴向通风孔；4—转轴；5—转子；
6—压板；7—定子三相绕组；8—脉冲编码器；9—出线盒

永磁式交流同步伺服电动机的工作过程是：当定子三相绕组通以交流电后，产生一旋转磁场。这个旋转磁场以同步转速 n_s 旋转，如图7-28所示。根据磁极的同性相斥、异性相吸的原理，定子旋转磁场与转子永久磁场磁极相互吸引，并带动转子一起旋转。因此转子也将

以同步转速 n_s 旋转。当转子轴加上外负载转矩时，转子磁极的轴线将与定子磁极的轴线相差一个 θ 角，若负载越大，差角 θ 也越大。只要外负载不超过一定限度，转子就会与定子旋转磁场一起旋转。若设其转速为 n_r，则有：

$$n_r = n_s = 60f/p \qquad (7-21)$$

式中：f——电源交流电的频率（Hz）；

p——定子和转子的极对数；

n_r——转子速度（r/min）。

2）永磁式交流同步伺服电动机的性能

永磁式交流同步伺服电动机的转速－转矩曲线如图 7-29 所示。曲线分为连续工作区和断续工作区两部分。在连续工作区内，速度与转矩的任何组合，都可以连续工作。连续工作区的划分有两个条件：一是供给电动机的电流是理想的正弦波；二是电动机工作在某一特定的温度下。断续工作区的极限，一般受到电动机的供电限制。交流电动机的机械特性一般要比直流电动机硬。另外，断续工作区较大时，有利于提高电动机的加、减速能力，尤其是在高速区。

永磁式同步电动机的缺点是起动难。这是由于转子本身的惯量、定子与转子之间的转速差过大，使转子在起动时所受的电磁转矩的平均值为零所致，因此电动机难以起动。解决的办法是在设计时设法减小电动机的转动惯量，或在速度控制单元中采取先低速后高速的控制方法。

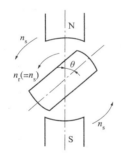

图 7-28 永磁交流伺服电动机的工作原理

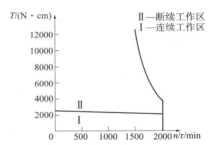

图 7-29 永磁交流伺服电动机的转速－转矩曲线

2. 感应式交流主轴电动机

感应式交流主轴电动机是基于感应电动机的结构而专门设计的。通常为增加输出功率、缩小电动机体积，采用定子铁心在空气中直接冷却的方法，没有机壳，且在定子铁心上做有通风孔。因此电动机外形多呈多边形而不是常见的圆形。转子结构与普通感应电动机相同。在电动机轴尾部安装检测用的码盘。

交流主轴电动机与普通感应电动机的工作原理相同。由电工学原理可知，在电动机定子的三绕组通以三相交流电时，就会产生旋转磁场，这个磁场切割转子中的导体，导体感应电流与定子磁场相作用产生电磁转矩，从而推动转子转动，其转速为

$$n = n_1(1-s) = \frac{60f_1}{p_N}(1-s) \qquad (7-22)$$

式中：n_1——同步转速（r/min）；

n——转子转速（r/min）；

f_1——供电电源频率（Hz）；

s——转差率;

p_N——极对数。

为了满足数控机床切削加工的特殊要求,出现了一些新型主轴电动机,如液体冷却主轴电动机和内装主轴电动机等。图 7-30 是一种液体冷却主轴电动机的结构示意图。它的特点是在电机外壳和前端盖中间有一独特的油路通道,以用强迫循环油液来冷却电动机绕组和轴承。由于液体冷却效果比通风冷却大大提高,解决了大功率主轴电动机的散热问题,使电动机转速可在 20000 r/min 高速下连续运行,并可增大电动机的功率体积比。

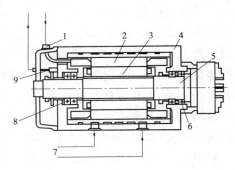

图 7-30 液体冷却主轴电动机结构示意图

1—电源接线端;2—主轴电动机定子;3—主轴电动机转子;4—主轴箱;
5—主轴;6、8—轴承;7—冷却系统;9—电动机反馈信号输出端

图 7-31 是一种内装式主轴电动机的结构示意图。它由空心转子、带绕组的定子和检测器三部分组成,是一种机床主轴与主轴电动机合体的结构,电动机轴本身就是机床回转主轴,而定子被并入主轴头内,所以称为内装式。这种结构取消了机床主轴箱,既简化了机床结构,又降低了噪声和共振。

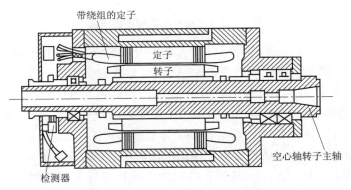

图 7-31 内装式主轴电动机的结构示意图

7.4.2 交流伺服电动机的变频调速与变频器

由式(7-21)和式(7-22)可见,只要改变交流伺服电动机的供电频率,即可改变交流伺服电机的转速,所以交流伺服电机调速应用最多的是变频调速。

变频调速的主要环节是为电动机提供频率可变电源的变频器。变频器可分为交-交变频和交－直－交变频两种。交－交变频，利用晶闸管整流器直接将工频交流电变成频率较低的脉动交流电，正组输出正脉冲，反组输出负脉冲。这个脉动交流电的基波就是所需的变额电压。但这种方法所得到的交流电中波动比较大，而且最大频率即为变频器输入的工频电压频率。在交－直变频中，它先将交流电整流成直流电，然后将直流电压变成脉冲波电压，这个矩形脉冲波的基波频率就是所需的变频电压。这种调频方式所得交流电的波动小，调频范围比较宽，调节线性好。数控机床上常采用交－直－交变频调速。在交－直－交变额中，根据中间直流电压是否可调，可分为中间直流电压可调 PWM 逆变器和中间直流电压固定的 PWM 逆变器；根据中间直流电路上的储能元件是大电容还是大电感，可分为电压型逆变器和电流型逆变器。在此以交－直－交型电压变频器为例说明变频工作原理。

三相电压型变频器的电路如图 7－32 所示。该回路由两部分组成，即左侧的桥式整流电路和右侧的逆变器电路，逆变器是其核心。桥式整流电路的作用是将三相工频交流电变成直流电；而逆变器的作用则是将整流电路输出的直流电压逆变成三相交流电，驱动电动机运行。直流电源并联有大容量电容器件 C_d。由于存在这个大电容，直流输出电压具有电压源特性，内阻很小。这使逆变器的交流输出电压被钳位为矩形波，与负载性质无关。交流输出电流的波形与相位则由负载功率因数决定。在异步电动机变频调速系统中，这个大电容同时又是缓冲负载无功功率的储能元件。直流回路电感 L_d 起限流作用，电感量很小。

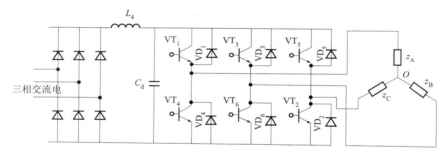

图 7－32 三相电压变频器的电路

三相逆变电路由六只具有单向导电性的大功率开关管 $VT_1 \sim VT_6$ 组成。每只功率开关管上反并联一只续流二极管，即图中的 $VD_1 \sim VD_6$。为负载的电流滞后提供一条反馈到电源的通路。六只功率开关管每隔 60° 电角度导通一只，相邻两项的功率开关管导通时间相差 120°，一个周期共换向六次，对应六个不同的工作状态（又称为六拍）。根据功率开关导通持续的时间不同，可以分为 180° 导通型和 120° 导通型两种工作方式。

现以 180° 导通型为例，说明逆变器的输出电压波形。180° 导通型逆变器每只功率管的导通时间都是持续 180°，每个工作状态都有三只功率晶体管导通，而每个桥臂上都有一只功率管导通，形成三相负载同时供电，功率管的导通规律如表 7－4 所示。

表 7－4 180° 导通型逆变器功率开关管导通规律

工作状态（拍）	导通的功率管		
状态 1（0°～60°）	VT_1	VT_5	VT_6
状态 2（60°～120°）	VT_1 VT_2		VT_6

续表

工作状态（拍）	导通的功率管					
状态3（120°~180°）	VT_1	VT_2	VT_3			
状态4（180°~240°）		VT_2	VT_3	VT_4		
状态5（240°~300°）			VT_3	VT_4	VT_5	
状态6（300°~160°）				VT_4	VT_5	VT_6

设负载为 Y 形接法，三相负载对称，即三相电抗 $z_A = z_B = z_C = z$，则根据图 7-32，得状态 1 的等效电路，如图 7-33 所示，求得状态 1 时三相负载电压为

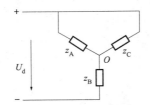

图 7-33　状态 1 等效电路

$$u_{AO} = u_{CO} U_d \frac{\frac{z_A z_C}{z_A + z_C}}{z_B + \frac{z_A z_C}{z_A + z_C}} = \frac{1}{3} U_d \quad (7-23)$$

$$u_{BO} = -U_d \frac{z_B}{z_B + \frac{z_A z_C}{z_A + z_C}} = -\frac{2}{3} U_d \quad (7-24)$$

式中：u_{AO}，u_{BO}，u_{CO}——分别为 A、B、C 三相的相电压（V）；
　　　u_d——直流电源电压（V）。

同理可求得其他各状态下相应各项电压的瞬时值，如表 7-5 所示。负载线电压 u_{AB}、u_{BC}、u_{CA} 可按下式求得：

$$u_{AB} = u_{AO} - u_{BO} \quad (7-25)$$
$$u_{BC} = u_{BO} - u_{CO} \quad (7-26)$$
$$u_{CA} = u_{CO} - u_{AO} \quad (7-27)$$

表 7-5　负载为 Y 形接法时各工作状态的相电压

相电压	状态1	状态2	状态3	状态4	状态5	状态6
u_{AO}	$\frac{1}{3}U_d$	$\frac{2}{3}U_d$	$\frac{1}{3}U_d$	$-\frac{1}{3}U_d$	$-\frac{2}{3}U_d$	$-\frac{1}{3}U_d$
u_{BO}	$-\frac{2}{3}U_d$	$-\frac{1}{3}U_d$	$\frac{1}{3}U_d$	$\frac{2}{3}U_d$	$\frac{1}{3}U_d$	$-\frac{1}{3}U_d$
u_{CO}	$\frac{1}{3}U_d$	$-\frac{1}{3}U_d$	$-\frac{2}{3}U_d$	$-\frac{1}{3}U_d$	$\frac{1}{3}U_d$	$\frac{2}{3}U_d$

将上述各状态对应的相电压、线电压画出，即可得到 180°导通型的三相电压型逆变器

的输出波形，如图 7-34 所示。

由波形可见，逆变器输出为三相交流电压，各相之间互差 120°，三相对称，相电压为阶梯波，线电压为方波。输出电压的频率取决于逆变器开关器件的切换频率。

对输出电压波形进行谐波分析，可以展开成博氏级数，对相电压有：

$$u_{AO} = \frac{2U_d}{\pi}\left(\sin \omega t + \frac{1}{7}\sin 7\omega t + \frac{1}{11}\sin 11\omega t + \cdots\right) \quad (7-28)$$

而对线电压有：

$$u_{AB} = \frac{2\sqrt{3}U_d}{\pi}\left(\sin \omega t - \frac{1}{5}\sin 5\omega t - \frac{1}{7}\sin 7\omega t + \frac{1}{11}\sin 11\omega t + \cdots\right) \quad (7-29)$$

式（7-28）和式（7-29）表明，在输出线电压和相电压中，都存在着（6K±1）次谐波，特别是 5 次和 7 次谐波较大，对电动机的运行十分不利。

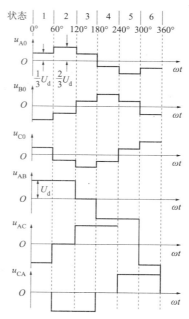

图 7-34 三相电压逆变器的在 180°导通时的电压波形

7.4.3 SPWM 波调制

SPWM 波调制，即称正弦波 PWM 调制，是一种交—直—交变频的方法。由于 PWM 型变频器采用脉宽调制原理，改善了上述相控原理中的一些缺点，具有输入功率因数高和输出波形好的优点。因而在交流电动机的调速系统中得到了广泛应用。SPWM 调制的基本特点是等距、等幅、不等宽，而且总是中间脉冲宽，两边脉冲窄，其各个脉冲面积的和与正弦波下的面积成比例。所以脉冲宽度基本上按正弦波分布，它是一种最基本也是应用最广的调制方法。

1. 三角波调制方法及其控制方式

SPWM 调制是用脉冲宽度不等的一系列矩形脉冲去逼近一个所需要的电压信号。它是利用三角波电压与正弦参考电压相比较,以确定各分段矩形脉冲的宽度。如图 7-35 所示为三角波调制法原理。它利用三角波与参考电压正弦波相比较,以确定各段矩形脉冲的宽度。在电压比较器 A 的与输入端分别输入正弦波参考电压。

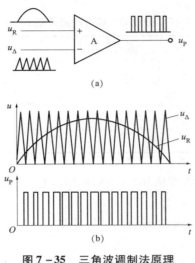

图 7-35 三角波调制法原理
(a) 电路原理图; (b) PWM 脉冲的形式

u_R 和频率与幅值固定不变三角波电压 u_Δ 在 A 的输出端得到 PWM 调制电压脉冲。PWM 脉冲宽度确定可由图 7-35 (b) 看出。当 $u_\Delta < u_R$ 时,A 输出端为高电平;而 $u_\Delta > u_R$ 时,A 输出端为低电平。u_Δ 与 u_R 的交点之间的距离随正弦波的大小而变化,而交点之间的距离决定了比较器 A 输出脉冲的宽度,因而可以得到幅值相等而宽度不等的脉冲调制信号 u_P。根据三角波与正弦波频率的关系,PWM 控制方式可分为同步式、异步式和分段同步式。

1) 同步控制方式

在同步控制方式下,三角波频率 f_Δ 和参考电压正弦波频率 f_R 之比为常数。在这种控制方式下,逆变器输出在单周期所采用的三角形电压波数是固定的,因而所产生的 PWM 脉冲波数是一定的。其特点是在逆变器输出频率变化的整个范围内,可保证正、负半波完全对称,即输出电压只有奇次谐波。而且可以保证逆变器输出三相波形具有 120°相位关系。但当逆变器输出在低频工作时,每个周期的 PWM 脉冲数少,低次谐波分量较大,使电动机产生转矩脉动和噪声。

2) 异步控制方式

异步控制方式采用的是固定不变的三角载波频率。在低速运行时,在每个周期内逆变器输出的 PWM 脉冲数目增多,因而可以减少电动机负载转矩的脉动和噪声,使调速系统具有良好的低频特性。但由于三角波调制频率是固定的,当参考电压连续变化时,难以保证两者的比值 f_Δ/f_R 为整数,特别是能被 3 整除的数,因而不能保证逆变器输出正负半波以及三相之间的严格对称关系,使电动机运行不够平稳。

3) 分段同步控制方式

实际应用过程中,多采用分段同步控制方式,集同步与异步控制方式的优点于一体,而克服其两种控制方式之不足。分段控制调制是把整个频率范围分成几段,在段内是同步调制,各段之间的三角波频率与参考电压正弦波的频率比 f_Δ/f_R 不同。正弦波频率低时,取频率比 f_Δ/f_R 大些,正弦波频率高时,取频率比 f_Δ/f_R 小些。f_Δ/f_R 值按等比级数排列。表 7-6 列出某一实际系统的频段分配和载波比分配。

表 7-6 分段同步调制的频段载波比分配

正弦控制波频率 f_R/Hz	载波比 f_Δ/f_R	三角载波频率 f_Δ/Hz
32~62	18	576~1116
16~31	36	576~1116
8~15	72	576~1080
4~7.7	144	576~1080

采用分段调制控制方式,需要增加调制脉冲切换电路,从而增加了控制电路的复杂性。

2. 单极性与双极性 SPWM 模式

从调制脉冲的极性看,SPWM 又可分为单极性与双极控制两种模式。

1) 单极性 SPWM 模式

产生单极性 PWM 调制模式的基本原理如图 7-36 所示。首先由同极性的三角波调制电压 u_Δ 与参考电压 u_R 比较,如图 7-36(a)所示,产生如图 7-36(b)所示的 PWM 脉冲;然后将图 7-36(b)中单极性的 PWM 脉冲信号与如图 7-36(c)所示的倒相信号 u_1 相乘,从而得到如图 7-36(d)所示的正负半波对称的 PWM 脉冲调制信号 u_p。

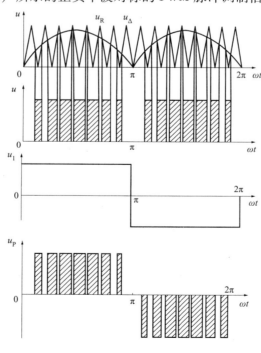

图 7-36 单极性 PWM 波调制原理

(a) 三角波调制电压 u_Δ 与参考电压 u_R;(b) PWM 脉冲;
(c) 倒相信号;(d) 正负半波对称的 PWM 脉冲调制信号

2）双极性 PWM 模式

双极性 PWM 模式采用正负交变的双极性三角波 u_Δ 与参考正弦波 u_R 相比较，直接得到双极性的 PWM 脉冲波，不需要倒相电路，如图 7-37 所示。与单极性 PWM 相比，双极性调制模式的控制电路和主电路比较简单，然而通过图 7-36（d）与图 7-37（b）的比较可知，单极性 PWM 模式输出电压的高次谐波要比双极性 PWM 模式的高次谐波小得多，这是单极性 PWM 模式的一个重要优点。

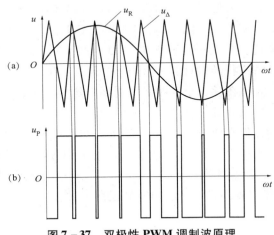

图 7-37 双极性 PWM 调制波原理

3. 三相 SPWM 波的调制

要获得三相 SPWM 脉宽调制波形，则需要三个互成 120°的控制电压 U_a、U_b、U_c 分别与同一三角波比较，获得三路互成 120° 3PWM 脉宽调制波 U_{0a}、U_{0b}、U_{0c}。如图 7-38 所示为三相 SPWM 波的调制原理，而三相控制电压 U_a、U_b、U_c 的幅值和频率都是可调的。如前所述，三角波频率为正弦波频率 3 的整数倍，所以保证了三路脉冲调制波形 U_{0a}、U_{0b}、U_{0c} 和时间轴所转成的面积随时间的变化互成 120°相位角。

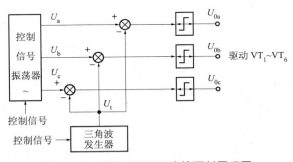

图 7-38 三相 SPWM 波的调制原理图

4. 微型计算机控制的 SPWM 控制模式

上面介绍了实现 SPWM 的两种模拟电路，即由硬件电路实现。其缺点是所需硬件比较多，而且不够灵活，改变参数和调试比较麻烦。而由数字电路实现的 SPWM 逆变器，则采用以软件为基础的控制模式，其优点是所需硬件少，灵活性好，智能性强。但需要通过计算确定 SPWM 的脉冲宽度，有一定的延时和响应时间。然而，随着高速、高精度多功能微处理器、微控制器和 SPWM 专用芯片的出现，采用微机控制的数字化 SPWM 技术已占当今 PWM 逆变器的主导地位。微型计算机控制的 SPWM 控制模式有多种，常用的有自然取样法和规则取样法两种。

1) 自然取样法

自然取样法与采用模拟电路由硬件实现 SPWM 脉冲宽度的调制方法相类似，即微型计算机采用算法寻找三角波 u_Δ 与正弦波 u_R 的交点，从而确定 SPWM 的脉冲宽度。算法原理如图 7-39 所示。由图可见，只要通过对三角波 u_Δ 与正弦波 u_R 的数字表达式联立求解，找出其交点对应的时刻 t_0、t_1、t_2，便可确定相应 SPWM 的脉冲宽度。虽然微型计算机具有复杂的运算功能，但算法实现过程需要一定的时间，面 SPWM 逆变器输出需要适时控制，因此没有充分的时间去联立求解方程准确计算 u_R 和 u_Δ 的交点。在实际应用中，一般采用查表法实现数字控制的 SPWM。先将在参考正弦波 1/4 周期内各时刻的 u_Δ 和 u_R 值算好，以表格形式存入计算机内存中，以后需要计算 u_Δ 和 U_R 的值时，不用临时计算而采用查表的方法快速获得。由于波形是对称的，仅需要 1/4 周期正弦参考电压 u_Δ 和 u_R 值，而在一个周期内的其他时刻的值，则由对称关系求得。u_Δ 和 u_R 波形交点可采用逐次逼近的数值解法，即规定一个允许误差 ε，能过修改 t_i 值，当 $|u_\Delta(t_i) - u_R(t_i)| \leq \varepsilon$，则认为 t_i 为 u_Δ 和 u_R 的一个交点。依次求得 t_0、t_1、t_2 等的值，即可确定 SPWM 的脉冲宽度。

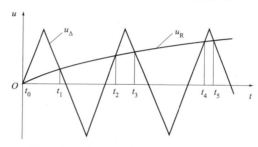

图 7-39 自然取样法 SPWM 模式计算

采用自然取样法，虽然可以较准确地求得 u_Δ 和 u_R 波形交点，但计算工作量大，特别是当变频范围较大时，需要事先对各种频率下的 u_Δ 和 u_R 值计算列表，将占用大量的内存空间。因此，只有在变频范围比较小时，自然采样法调制才是可行的。

2) 规则取样法

图 7-40 所示为规则取样法 SPWM 调制模式算法原理。如果按自然取样法求得的 u_Δ 和 u_R 波形交点为 A' 和 B'，则对应的 SPWM 脉冲宽度为 t'_2。为了简化计算，采用近似地求取 u_Δ 和 u_R 交点的方法，通过两个三角波峰之间中线与 u_R 的交点 M 作水平线，与两个三角波分别交于 A 和 B 点。由 A 和 B 确定的 SPWM 脉宽为 t_2，显然，t_2 与 t'_2 数值相近，仅差一个很小的时间 Δt。

规则采样法就是利用 u_Δ 与 u_R 的近似交点 A 和 B 代替实际的交点 A' 和 B'，用以确定 SPWM 脉冲宽度。这种计算方法虽然有一定的误差，但却减少了计算工作量。设图 7-40 中三角波和正弦波的幅值分别为 U_Δ 和 $U_{\sin}$，周期分别为了 T_Δ 和 $T_{\sin}$，则脉宽 t_2 和间隔时间 t_1、t_3 可由下式计算为

$$t_2 = T_\Delta/2 + \frac{T_\Delta}{2}\frac{U_{\sin}}{U_\Delta}\sin\left(\frac{2\pi t}{T_{\sin}}\right) \tag{7-30}$$

$$t_1 = t_3 = \frac{1}{2}(T_\Delta - t_2) = \frac{1}{2}\left[\frac{T_\Delta}{2} + \frac{T_\Delta U_{\sin}}{2 U_\Delta}\sin\left(\frac{2\pi}{T_{\sin}}t\right)\right] \qquad (7-31)$$

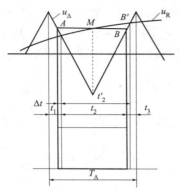

图 7-40 规则取样发 SPWM 调制模式

由式（7-30）和式（7-31）可很快地求出 t_1 和 t_2 的值，进而确定相应的 SPWM 脉冲宽度。具体计算也可以通过查表法，仅需对 $T_\Delta U_{\sin}/(2U_\Delta) \sin(2\pi t/T_{\sin})$ 值列表存放即可。

5. 具有消除谐波功能的 SPWM 控制模式的优化

在 SPWM 逆变器中，采用正弦波作为参考波形，虽然在逆变器的输出电压和电流中基波占主导成分，但仍存在一系列高次谐波分量。如果使其不含有次数较低的谐波分量，则需要提高三角波的频率。然而载波频率的提高将增加功率器件的开关次数和开关损耗，提高了对功率器件和控制电路的要求。最好的办法是在不增加载波频率的前提下，消除所不希望的谐波分量。所谓 PWM 控制模式优化就是指可消除谐波分量的 PWM 控制方式。

如前所述，多相 PWM 逆变器由单相 PWM 逆变器组成，其 PWM 控制模式的调制原理是相同的。为了简单起见，以单相 PWM 逆变器为例，说明通过 PWM 控制模式优化消除给定单次谐波分量的方法。

图 7-41 所示为单相 PWM 逆变器的接线原理，其功率开关器件为 VT_1、VT_2、VT_3 和 VT_4。为了防止电源短路，显然不允许 VT_1 与 VT_2 或 VT_3 与 VT_4 同时导通，而需要采用互补控制，即 VT_1 导通时 VT_2 必须断开，VT_3 导通时 VT_4 必须断开，反之亦然。因此仅需分析 VT_1 和 VT_3 的通断状态即可。

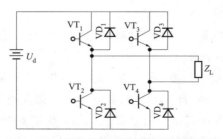

图 7-41 单相 PWM 逆变器的接线原理

如果以 1 和 0 分别表示一个开关的通断状态，则 VT_1 和 VT_3 的操作方式可以有 00、01、10 和 11 四种。而实际采用的只有以下两种 PWM 控制模式，即采用 10、01 控制方式的两电平控制模式和采 10、01、00 控制方式的三电平控制模式。当采用 10、01 控制模式时,如果 VT_1 和 VT_3 状态为 10,则负载两端电压为 $u_L = U_d$;如果状态为 01,则负载两端电压为 $u_L = -U_d$,因而获得两电平的逆变器输出波形,如图 7-42 所示。当采用 10、00、01 控制模式时,除 10 和 01 对应的电平外,还多出了一个 00 电平,从而得到如图 7-43 所示的三电平波形。由于两电平和三电平逆变器输出的电压波形不同,所以对其谐波分量的消除方法分别分析如下。

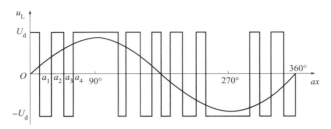

图 7-42 两电平 PWM 逆变器的输出波形

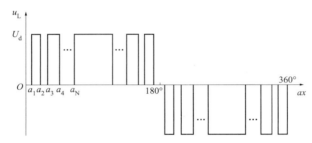

图 7-43 三电平 PWM 逆变器的输出电压波形

1) 两电平 PWM 逆变器消除谐波的方法

图 7-42 所示,假设两电平逆变器输出电压波形具有基波 1/4 周期对称关系,则该 PWM 脉冲电压序列展成的傅氏级数只含有奇次谐波分量,即负载电压可以表示为

$$u_L = \sum_{n=1}^{\infty} U_n \sin n\omega t \qquad (7-32)$$

$$U_n = \frac{4U_d}{n}\left[1 + 2\sum_{k=1}^{N}(-1)^k \cos \nu\alpha_k\right] \qquad (7-33)$$

式中:U_n——n 次谐波的幅值(V);

α_k——电压脉冲前沿或后沿与 ωt 坐标轴的交点,以电气角度表示;

N——在 90°围内 α_k 的个数。

要想消除第 n 次谐波分量,只要令式(7-33)为 0,从而解出相应的极值即可。然而,由于式中 α_k 的个数有 N 个,需要有 N 个方程联立求解。因此可同时令 N 个谐波分量电压幅值为 0,通过优化频值消除 N 个谐波分量。显然,如果想消除的谐波分量少一些,则 N 值可以取得小一些。反之,如果想消除的谐波分量多一些,则必须选取较大的 N 值。

(1) 消除 5 次和 7 次谐波。一般采用星形接线的三相对称电源供电的交流电动机,相电流不包含 3 的倍数次谐波分量。故在 PWM 调制时不必考虑消除 3 次谐波分置。在式(7-33)中,对电动机调速性能影响最大的是 5 次和 7 次谐波,因此应列为首先消除的谐波分量。如果仅想消除 5 次和 7 次谐波分员,则可取 $N=2$,仅需求出两个联立方程的解即可。令 U_5 和 U_7 为 0,则由式 (7-33) 可得:

$$\frac{4U_d}{5\pi}[1-2\cos 5\alpha_1 + 2\cos 5\alpha_2]=0 \quad (7-34)$$

$$\frac{4U_d}{7\pi}[1-2\cos 7\alpha_1 + 2\cos 7\alpha_2]=0 \quad (7-35)$$

由于方程组式 (7-34) 为超越方程,直接求解比较困难,可采用数值解法。将式 (7-34) 改写成如下方程组:

$$\alpha_1 = f_1(\alpha_1) \quad (7-36)$$
$$\alpha_2 = f_2(\alpha_2) \quad (7-37)$$

然后给定 α 的值,在坐标系中作出 $f_1(\alpha_1)$ 和 $f_2(\alpha_1)$ 的两条 α_1 曲线,求得其交点处 α_1 和 α_2 的值即可,如图 7-44 所示。当然也可以利用计算机求解。由上述方法求的值 $\alpha_1 = 16.247°$, $\alpha_2 = 22.068°$,相应的 PWM 逆变器的输出波形如图 7-45 所示。

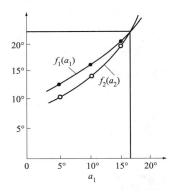

图 7-44 α_1、α_2 的数值解法

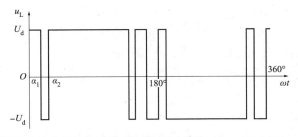

图 7-45 可消除 5 次和 7 次谐波的 PWM 调制模式 ($\alpha_1 = 16.247°$, $\alpha_2 = 22.068°$)

(2) 消除 5、7、11 和 U 次谐波。除 5 次和 7 次谐波外,11 次和 13 次谐波对电动机调速的性能影响也比较大,故希望同时消除 5、7、11 和 13 次谐波。如在基波 1/4 周期内增加一个脉冲,则有四个未知数:α_1、α_2、α_3、α_4。令 5、7、11 和 13 次谐波幅值为 0,则由式 (7-34) 可得方程组:

$$\begin{cases} 1-2\cos 5\alpha_1 + 2\cos 5\alpha_2 - 2\cos 5\alpha_3 + 2\cos 5\alpha_4 = 0 \\ 1-2\cos 7\alpha_1 + 2\cos 7\alpha_2 - 2\cos 7\alpha_3 + 2\cos 7\alpha_4 = 0 \\ 1-2\cos 11\alpha_1 + 2\cos 11\alpha_2 - 2\cos 11\alpha_3 + 2\cos 11\alpha_4 = 0 \\ 1-2\cos 13\alpha_1 + 2\cos 13\alpha_2 - 2\cos 13\alpha_3 + 2\cos 13\alpha_4 = 0 \end{cases} \quad (7-38)$$

同样利用数值迭代法，求出 α_1、α_2、α_3 和 α_4 值。

2）三电平 PWM 逆变器消除谐波的方法

当开关 VT_1 和 VT_3 采用 10、00、01 控制模式时，可得如图 7-43 所示逆变器输出的三电平电压波形。将其展成博氏级数，显然也仅包含奇次谐波，n 次谐波的电压幅值为

$$U_n = \frac{4U_d}{\pi n} \sum_{k=1}^{N} (-1)^{n+1} \cos n\alpha_k \qquad (7-39)$$

式中：N——在 1/4 周期内脉冲前沿和后沿数；

α_k——脉冲前沿或后沿在 ωt 轴上的坐标。

为了消除 n 次谐波，可令 $U_n = 0$，求解式可得优化的 α_k 值。如果同时消除 5、7、11 和 13 次谐波，可取 $N = 4$，通过令 U_5、U_7、U_{11} 和 U_{13} 为 0，由数值迭代法可得 α_1、α_2、α_3 和 α_4 值。

如前所述，SPWM 控制信号可用多种方法产生。然而，近年来随着计算机技术的发展，人们倾向于用微处理器或单片机来合成 SPWM 信号，生产出全数字的变频器。用微处理器合成 SPWM 信号，通常使用算法计算后形成表格，存于内存中。在工作过程中，通过查表方式，控制定时器定时输出三相 SPWM 调制信号。而通过外部硬件电路延时互锁处理，形成六路信号。但由于受到计算速度硬件性能的限制，SPWM 的调制频率及系统的动态响应速度都不能达到很高。在闭环变频调速系统中，采用一般的处理器实现纯数字的速度调节和电流调节比较困难。

目前，具有代表性的 PWM 专用芯片有：美国 Intel 公司的 8XC196Mc 系列、日本电气（NEC）公司的 PD78336 系列和日本日立公司的 SH7000 系列。

7.4.4 交流电动机控制方式

每台电动机都有额定转速、额定电压、额定电流和额定频率。国产电动机通常的额定电压是 220 V 或 380 V，额定频率为 50 Hz。当电动机在额定值运行时，定子铁心达到或接近磁饱和状态，电动机温升在允许的范围内，电动机连续运行时间可以很长。在变频调速过程中，电动机运行参数发生了变化，这可能破坏电动机内部的平衡状态，严重时会损坏电动机。

由电工学原理可知：

$$U_1 \approx E_1 = 4.444 f_1 N_1 K_1 \psi_m \qquad (7-40)$$

$$\psi_m \approx \frac{1}{4.444 N_1 K_1} \frac{U_1}{f_1} \qquad (7-41)$$

式中：f_1——定子供电电压频率（Hz）；

N_1——定子绕组匝数；

K_1——定子绕组系数；

U_1——相电压（V）；

E_1——定子绕组感应电动势（V）；

ψ_m——每极气隙磁通量（Wb）。

由于 N_1、K_1 为常数，ψ_m 与 U_1/f_1 成正比。当电动机在额定参数下运行时，ψ_m 达到临界

饱和值，即 ψ_m 达到额定值。而在电动机工作过程中，要求 ψ_m 必须在额定值以内，所以 ψ_m 的额定值为界限，供电频率低于额定值时，称为基频以下调速，高于额定值时，称为基频以上调速。

1) 基频以下调速

由式（7-41）可知当 ψ_m 处在临界饱和值不变时，降低 f_1，必须按比例降低，若 U_1 不变，则使定子铁心处于过饱和供电状态，不但不能增加 ψ_m，而且会烧坏电动机。

当在基频以下调速时，ψ_m 保持不变，即保持定子绕组电流不变，电动机的电磁转矩为常数，称为恒转矩调速，满足数控机床主轴恒转矩调速运行的要求。

2) 基频以上调速

在基频以上调速时，频率高于额定值，受电动机耐压的限制，相电压不能升高，只能保持额定值不变。在电动机内部，由于供电频率的升高，使感抗增加，相电流降低，使 ψ_m 减小，因而使输出转矩减小，但因转速提高，使输出功率不变。因此称为恒功率调速，满足数控机床主轴恒功率调速运行的要求。如图7-46所示为交流电动机变频调速的特性曲线。

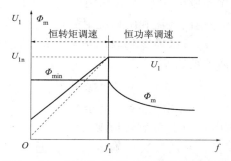

图7-46 交流电动机变频调速的特性曲线

7.4.5 交流伺服电动机的矢量控制

矢量控制又称磁场定向控制，是由德国 F. Blasche 于1971年提出的，使得交流调速真正获得如同直流调速同样优良的理想性能。经过40多年的工业实践的考验、改进和提高，目前广泛应用工业生产实践中。

1. 矢量控制原理

如前所述，在他励直流电动机调速系统中，励磁电流（i_f）和转矩电流（i_a）可以分别控制并且电枢磁势与磁场是垂直的。而对于三相异步电动机，定子通三相正弦对称交流电时产生随时间和空间都在变化的旋转磁场，转子磁势与磁场之间不存在相互垂直的关系，且转子是短路的，调速过程只能调节定子电流，组成定子电流的两个分量——励磁电流和转矩电流都是在变化。因为存在着非线性关系，因此对这两部分电流不可能分别调节和控制。

三相异步电动机在空间上产生的是旋转磁场，如果要模拟直流电动机的电枢磁势与磁场垂直，并且电枢磁势大小与磁场强弱分别控制，可设想如图7-47所示的异步电动机 M、T 两相绕组模型。

该模型有两相相互垂直的 M 绕组和 T 绕组，且以角频率 ω_1 在空间旋转。T、M 绕组分

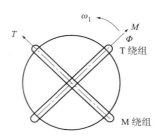

图 7-47 异步电动机 M、T 两相绕组模型

别速以直流电流 i_T、i_M、i_M 在 M 绕组的轴线方向产生磁场,称为励磁电流,调节大小可以调节磁场的强弱。i_T 在 T 轴方向上产生磁势,这个磁势总是与磁场同步旋转,且与磁场方向垂直,调节 i_T 大小可以在磁场不变时改变转矩大小,i_T 称为转矩电流。i_T、i_M,分属于 M、T 绕组,因此分别可控、可调。

异步电动机如果按照 M、T 两相绕组模型运行就可以满足直流电动机调速性能的三个条件。根据电工学原理知道三相互成 120°绕组的作用,完全可以用在空间互相垂直的两个静止的 α、β 绕组来代替,三相绕组的电流和两相绕组静止 α、β 绕组电流有固定的变换关系。而 α、β 静止坐标系的电流 i_α、i_β 可以换算到以同步电气角速度 ω_1 旋转的 M、T 坐标系中,如图 7-48 所示,其坐标变换关系如下:

$$i_M = i_\alpha \cos\theta + i_\beta \sin\theta$$
$$i_T = i_\beta \cos\theta - i_\beta \sin\theta$$

式中:θ——M、T 坐标相对于 α、β 坐标旋转角度。

这样要调节磁场确定 i_M 值,要调节转矩确定 i_T 值,通过变换运算就知道三相电流 I_a、I_b、I_c 的大小,通过控制 I_a、I_b、I_c 的大小,就可以达到控制 i_M、i_T 的目的,上述矢量控制的旋转坐标系是选在电动机的旋转磁通轴上,所以又称为磁通定向控制,适用于三相异步电动机,其静止和旋转坐标系之间的夹角不能检测,可通过计算获得。

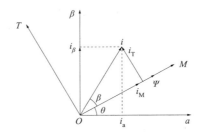

图 7-48 α、β 坐标与 M、T 坐标变换

还有一类矢量控制系统,旋转坐标系水平轴位于转子轴线上,称为转子位置定向的矢量控制。静止和旋转坐标系之间的夹角就是转子位置角,可用装在电动机轴上的位置检测元件——绝对编码盘来获得。永磁同步电动机的矢量控制用于此类。

由于矢量控制需要复杂的数学计算,所以矢量控制是一种基于微处理器的数字控制方案。

2. 永磁式交流伺服电动机的矢量控制

如前所述,永磁式交流伺服电动机转子与定子磁场同步旋转,静止和旋转坐标系之间的夹角就是转子位置角,可用装于电动机抽上的位置检测元件——绝对编码盘来获得。

1) 永磁式交流同步伺服电动机的电磁转矩

在分析永磁式交流同步伺服电动机时，假设不考虑隘路饱和效应，将永久磁铁等效为一个恒流源励磁，采用固定于转子的 d、q 坐标系，转子电流空间矢量为

$$i_r = I_{rf} = 常数 \tag{7-42}$$

转子上没有限尼绕组，在使用表面磁铁型永磁同步电动机时，电动机气隙较大，磁极的凸极效应可以忽略不计，因此直轴（d 轴）励磁电感等于交轴（g 抽）励磁电感，即 $L_{md} = L_{mq} = L_m$。因为气隙较大，同步电感也较小，电枢反应也可以忽略不计，由磁铁产生磁通链着定子的磁链 $\psi = L_m I_{rf}$，就等于励磁磁链空间矢量。

图 7-49 所示为永磁式伺服电动机的定转子电流、磁链空间矢量图。转子同步旋转 d、q 坐标的 d 轴与转子磁极轴线重合，磁链 ψ 与 d 轴方向一致。d 轴与定子静止 α、β 坐标系的。轴之间的夹角为 θ；定子电流空间矢量 i_s 的 q 轴分量为 i_{sq}。i_s 与 α 轴之间的夹角为 α_s，与 d 轴之间的夹角为 $\alpha_s \sim \theta_r$，则永磁式伺服电动机的电磁转矩为

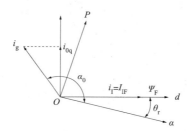

图 7-49　永磁式伺服电动机的定转子电流、磁链空间矢量图

$$T = \frac{3}{2} p L_m I_{xf} i_{sq} = \frac{3}{2} p \psi_F i_{sq} = \frac{3}{2} p \psi |i_s| \sin(\alpha_s - \theta_s) \tag{7-43}$$

式中：p——极对数；

　　　β——转矩角，$\beta = \alpha_s \sim \theta_s$。

如果 $\beta = 90°$，则单位定子电流产生最大电磁转矩与 i_{sq} 成正比，如果 i_{sq} 变化较快，则可以获得转矩的快速响应。

2) 永磁式交流伺服电动机转子位置定向的矢量控制

在定子电流给定的前提下，为了获得最大电磁转矩，定子电流最好只有交轴分量。如图 7-50（a）所示为基速范围内伺服电动机电动运行时的电流矢量，而图 7-50（b）所示为制动运行时的电流矢量。然而在超过基速范围以上运行时，因永久磁铁的磁链为常数，所以电动机感应电动势随电动机转速成正比地增加。电动机的端电压也跟着提高，但是要受到与电动机端相连的逆变器的电压上限的限制，电动机端电压不能过高，所以就要减弱磁场运行。

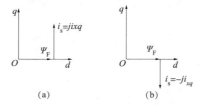

图 7-50　基速范围内伺服电动机运行时的电流矢量

(a) 电动机起动运行时电流的矢量；(b) 电动机制动运行时的电流矢量

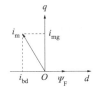

图 7-51 弱磁运行时电流矢量

减弱磁场运行是通过定子电流矢量控制的,如图 7-51 所示。电流矢量 i_s 除了有 i_{sq} 转矩分量外,还有 i_{sd} 分量。i_{sd} 分量方向与 d 轴方向相反,产生与磁链 Ψ_f 相反的磁链,以减弱永久磁铁的磁链。另外由于有了 i_{sd} 分量使 i_s 的幅值增大,但 i_s 幅值受到逆变器容量的限制,因此有直轴分量 i_{sd},交轴分量 i_{sq} 就要减小,也就是转矩减小了。这可以理解为弱磁运行时,转矩角增大,单位电流产生转矩就减小。由于定子电流增大,铜耗将增加,驱动效率降低,弱磁运行也限制在短时和轻载运行,最高转速取决于逆变器的预定电流。在此仅讨论交流永磁伺服电动机在基速范围内双环矢量控制。

图 7-52 所示为交流永磁伺服电动机转子位置定向原理图。在调速过程中,转子位置角 θ_r 由装在转子轴上的绝对编码盘直接检测,而三相电流 i_a、i_b、i_c 与 i_s 和 θ_r 的关系可由下式关系得出:

$$\begin{aligned} i_a &= I_s \cos(\theta_r + 90°) = -I_s \sin\theta_r = aI_s \\ i_b &= I_s \sin(\theta_r - 120°) = bI_s \\ i_c &= \sin(\theta_r + 120°) = cI_s \end{aligned} \tag{7-44}$$

式中:I_s——定子电流的幅值(A)。

$a = -\sin\theta_r$,$b = \sin(\theta_r - 120°)$,$c = \sin(\theta_r + 120°)$

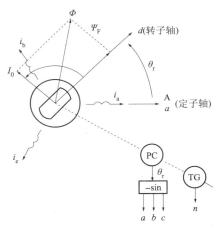

图 7-52 交流永磁伺服电动机转子位置定向原理图

图 7-53 所示为交流永磁伺服电动机速度、电流双环矢量控制系统原理图。来自位置环的速度指令值 V_p* 和转速检测值 V_P 之差 ΔV_P 是速度 PI(或 PD)调节器的输入信号,速度调节器的输出便是与转速成正比的定子电流的给定幅值 I_s*。这个电流幅值与 a、c 相乘,得到三相定子电流中的两相 i_a*、i_c*,指令电流 i_a*、i_c* 再与各自的实际检测值 i_a、i_c 比较,给对应相电流调节器,输出 A、C 相电压的指令值 V_a*、V_c*。由于对称性,定子三相电流之和为 0,所示 $i_b = -i_a - i_c$,因此 V_b* 可由 $-(V_a* + V_c*)$ 求出。V_a*、V_b*、V_c* 经三角波调制后,就是逆变器的基极驱动信号。

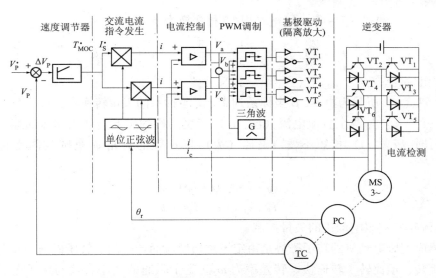

图 7-53 交流永磁伺服电动机速度、电流双环矢量控制系统原理图

3. 交流主轴伺服电动机的矢量控制

如前所述,三相异步电动机矢量控制的基本思想是把等效于两相 α、β 静止坐标系统模型,再经过旋转坐标变换为与磁场方向 M 轴一致的同步旋转的两相 M、T 模型。电流矢量 i 是一空间矢量,它代表电动机三相产生的合成磁势,是沿空间作正弦规律变化的。电流分量分解为与 M 轴平行的磁场分量——励磁电流 (i_M) 和与 T 轴平行的转矩分量——转矩电流 (i_T)。通过控制 i_M 和 i_T 的大小,去控制电流矢量 i 的大小和方向,来等效控制三相电流 i_a、i_b、i_c 的瞬时值,从而达到控制电动机的磁场和转矩的目的。

1) 三相/两相变换 (3/2)

图 7-54 所示为三相/二相矢量变换原理图。图 7-54 (a) 所示为三相绕组通以互成 120° 的三相交流电,相电流为 i_a、i_b、i_c,由三相向两相静止坐标输入 i_α、i_β 的变换关系为

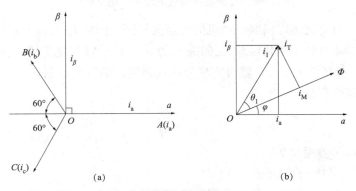

图 7-54 矢量变换关系

$$i_\alpha = i_a - i_b \cos 60° - i_c \cos 60° = i_a - \frac{1}{2}i_b - \frac{1}{2}i_c$$
$$i_\beta = i_b \sin 60° - i_c \sin 60° = \frac{\sqrt{3}}{2}i_b - \frac{\sqrt{3}}{2}i_c$$

(7-45)

由 $i_a + i_b + i_c = 0$，和式（7-45）可得二相/三相变换为

$$i_a = \frac{2}{3}i_\alpha \qquad i_c = \frac{1}{3}i_\alpha - \frac{\sqrt{3}}{3}i_\beta \qquad i_b = -i_a - i_c$$

2) 二相/直流变换

图 7-54（b）所示为由 α、β 坐标系到 M、T 坐标系的矢量转换图，静止坐标系的两相交流电流（i_α、i_β）与两个直流电流（i_M、i_T）产生同样的磁通，并以同样的速度旋转，由于稳态运行时（i_M、i_T）长短不变，磁通（Φ）与 α 轴的夹角 ψ 是随时间变化的，由图可知：

$$i_M = i_\alpha \cos\psi + i_\beta \sin\psi \tag{7-46}$$

$$i_T = i_\beta \cos\psi - i_\beta \sin\psi \tag{7-47}$$

3) 交流感应伺服电动机的矢量控制

交流感应伺服电动机的转子磁势是由定子磁通感应而产生的。转子磁通向量与定子磁通向量同步旋转，但比转子转速快，转差率为 ω_2。定子磁通的大小直接与定子电流有关，电流向量与磁通向量的方向 B 同，因此用电流向量表示电动机的磁铁关系比电压向量方便，用控制电流的方法控制电动机的转矩与转差率比控制电压方便。因为受电感、电阻相反电动势等因素的影响，电压矢量与磁通矢量的方向也不相同。因此，用电流模型法控制电动机的运行，控制简单，特性优良，便于实现。高性能的交流伺服系统常用这种方法。

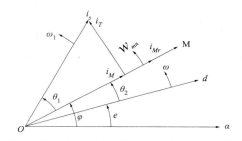

图 7-55 交流感应伺服电动机的电流矢量图

图 7-55 所示为交流感应伺服电动机的电流矢量图，图中 i_{Mr} 为转子磁化电流，i_s 为定子电流矢量。转子轴 d 与转子磁化电流 i_{Mr} 的夹角为 θ_2，转子轴与定于轴的夹角为 ε。如前所述，将定子电流 i_s 分解为 i_M、i_T，就可实现交流伺服电动的矢量控制。

由电工学原理可知：

$$i_{Mr} = \frac{\Phi_r}{M} \tag{7-48}$$

式中：Φ_r——为转子磁通（Wb）；

M——为定子与转子的互感（H）。

当电动机在低于额定频率工作时是恒转矩调速，电动机在临界磁饱和状态下工作，这时 Φ_r 为最大值，i_M 固定不变。当电动机高于额定频率工作时是恒功率调速，随转速的升高，磁通 Φ_r 减小，i_M 减小，这时 i_M 由转速算出。而电磁转矩为

$$T = Ki_M i_T \tag{7-49}$$

$$i_M = i_{Mr} + \tau \frac{di_{Mr}}{dt} \tag{7-50}$$

$$\omega_2 = \frac{i_T}{\tau_r i_{Mr}} \tag{7-51}$$

$$\omega_2 = \omega_1 - p\omega \tag{7-52}$$

式中：ω_1——同步电气角速度（rad/min）；

　　　P——极对数；

　　　ω_2——转速差（rad/min）；

　　　τ_r——转子时间常数；

　　　ω——转子机械角速度（rad/min）。

转子速度和转子位置可由传感器直接测得。图 7-55 中的 θ_2 是由转差率 ω_2 造成的，可直接由 ω_2 积分获得。由转子位置 ε 和 θ_2 可确定角度，就可根据式（7-45）求得 i_α、i_β 的值。

图 7-56 所示为交流伺服电动机电流矢量控制原理图，来自位置环速度指令值 V_p* 和转速检测值 V_p 之差 ΔV_p 是速度 PI（或 PID）调节器的输入信号，速度调器的输出便是与转矩成正比的定子电流的给定幅值 i_T^*。由实测得的电动机转速 V_p，给磁链发生器确定磁通值，并由式（7-46）、式（7-48）求得 i_M^*，由式（7-51）计算 ω_2^*，经积分求出 θ_2^*，再与转子位置求和得 Ψ。由 i_M^*、i_T^*、Ψ 通过式（7-45）求 i_α、i_β。静止坐标电流 i_α、i_β 通过二相/三相变换式（7-44）得三相指令电流 i_a^*、i_b^*、i_c^*。三相指令电流 i_a^*、i_b^*、i_c^* 与实测三相电流 i_a、i_b、i_c 比较后，进入三角波调制电流环，控制电动机的运行。

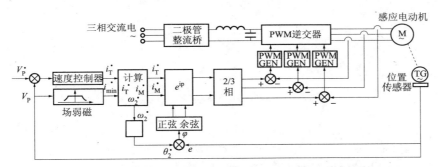

图 7-56　异步电动机电流矢量控制的双环 SPWM 调速原理图

上述系统计算过程全部由计算软件实现，而电流环既可以由软件实现，也可由硬件实现。如果电流环也由计算机软件实现，则各环节都是由软件实现的，实现了全数字交流伺服控制系统。

全数字交流伺服系统的特点如下。

（1）可以实现电动机四象限运行。

（2）可以连续正反起动。

（3）转矩对电流响应速度快，电动机响应速度快，且无振荡现象发生。

（4）低速运行平稳。

（5）零速时能够达到最大转矩。

（6）在低于额定转速时，电动机是恒转矩调速；高于额定转速时是功率调速。

7.5 直线电动机驱动技术

直线电动机是近年来国内外积极研究发展的新型电动机之一。它是一种不需要中间转换装置,而能直接作直线运动的电动机械。科学技术的发展推动了直线电动机的研究和生产,直线电动机的应用日益广泛。直线电动机的形式很多,原则上对于每一种旋转电动机都有其相应的直线电动机。

7.5.1 直线电动机的结构

直线电动机的类别不一样,工作原理也不尽相同。交流异步原理是直线电动机的基本形式。直线电动机的结构如图7-57所示,在一个有槽的矩形初级部件中镶嵌三相绕组(相当于异步电动机的定子),在板状次级部件中镶嵌短路棒(相当于异步电动机的笼形转子)。它的工作原理是将旋转异步电动机的转子和定子之间的电磁作用力从圆周展开为平面,即在三相绕组中通以三相交流电流时,根据电磁感应原理,次级部件中镶嵌短路棒形成的短路绕组中就会产生感应电动势及感应电流。根据电磁力定律,作为载流导体的短路棒和矩形初级部件中镶嵌三相绕组之间会受到电磁力的作用,使直线电动机沿着直线导轨移动。

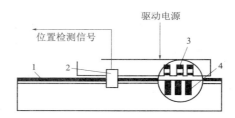

图7-57 直线电动机的结构

1—直线位移检测装置;2—测量部件;3——次绕组;4—二次绕组

直线电动机的驱动力与初级有效面积有关。初级有效面积越大,驱动力也越大。因此,在驱动力不够的情况下,可以将两个直线电动机并联或串联工作,或者在移动部件的两侧安装直线电动机。此外直线电动机的最大运动速度在额定驱动力时较高,而在最大驱动力时较低。

7.5.2 直线电动机工作原理

直线电动机的工作原理与旋转电动机相比,并没有本质的区别,可以将其视为旋转电动机沿圆周方向拉开展平的产物,如图7-58所示。对应于旋转电动机的定子部分,称为直线电动机的初级;对应于旋转电动机的转子部分,称为直线电动机的次级。当多相交变电流通入多相对称绕组时,就会在直线电动机初级和次级之间的气隙中产生一个行波磁场,从而使初级和次级产生相对移动。当然,二者之间也存在一个垂直力,既可以是吸引力,也可以是排斥力。

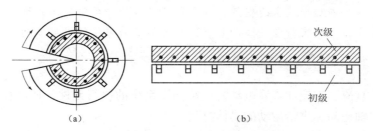

图 7-58 旋转电动机展平为直线电动机示意图
(a) 旋转电动机；(b) 直线电动机

直线电动机可以分为直流直线电动机、步进直线电动机和交流直线电动机三类。在机床上要使用交流直线电动机。

在结构上，交流直线电动机可以分为短次级和初短次级两种形式，如图 7-59 所示，为了减小热量和降低成本，高速机床用直线电动机时，一般采用如图 7-59（b）所示的短初级结构。

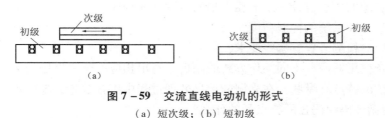

图 7-59 交流直线电动机的形式
(a) 短次级；(b) 短初级

7.5.3 直线电动机的特性

直线电动机具有如下特点。

（1）直线电动机所产生的力直接作用于移动部件，因此省去了滚珠丝杠和螺母等机械传动环节，可以减小传动系统的惯性，提高系统的运动速度、加速度和精度，避免振动的产生。

（2）由于动态性能好，可以获得较高的运动精度。

（3）如果采用拼装的次级部件，还可以实现很长的直线运动距离。

（4）运动功率的传递是非接触的，没有机械磨损。

以上是直线电动机的优点。但是由于直线电动机常在大电流和低速下运行，必然导致大量发热和效率低下。因此，直线电动机通常必须采用循环强制冷却及隔热措施，才不会导致机床热变形。

知识拓展

随着计算机技术、电子技术和现代控制理论的发展，数控伺服系统经历了从开环步进式伺服到闭环伺服、直流伺服到交流伺服、模拟伺服到数字伺服的发展过程。作为数控机床的重要功能部件，伺服系统的特性是影响系统加工性能的重要指标。围绕伺服系统动态性能与静态性能的提高，近年来又发展了多种伺服驱动技术，可以预见，随着超高速切削、超精密加工、网络制造和先进制造技术的发展，具有网络接口的全数字伺服系统、直线电动机及高速电主轴等将成为数控机床行业关注的热点，并成为伺服系统的发展方向。

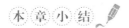

掌握步进、直流、交流和直线电动机进给伺服系统的执行元件、速度控制及位置控制，以及理解机床主轴运动和进给运动的具体过程。

1. 数控机床对伺服系统有哪些要求？
2. 数控机床的伺服系统有哪几种类型？简述各自的特点。
3. 步进电动机步距角的大小取决于哪些因素？
4. 在一开环步进系统中，若设定其脉冲当量为 0.01 mm/脉冲，丝杠螺母的螺距为 8 mm，应如何去设计此系统？
5. 用自己熟悉的语言设计一个五相十拍的脉冲分配程序。
6. 如何提高开环系统的伺服精度？
7. 数控机床对检测装置有哪些要求？
8. 概述旋转变压器两种不同工作方式的原理，写出相应的激磁电压的形式。
9. 莫尔条纹的特点有哪些？在光栅的信息处理过程中倍频数越大越好吗？
10. 二进制循环码编码盘的特点是的什么？
11. 概述直流伺服电动机及交流伺服电动机的优缺点以及速度调节方法。
12. 分别叙述鉴相式、鉴幅式及数字比较系统的工作原理。
13. 在鉴幅式系统中，基准信号发生器的作用是什么？
14. 为什么要对伺服系统的开环增益进行调节控制？

第 8 章　数控机床的机械机构

【本章知识点】
1. 数控机床的机械结构及其特点。
2. 机床主传动系统的结构。
3. 齿轮传动副的消隙。
4. 机床进给传动系统及滚珠丝杠螺母副及其消隙。
5. 常见数控机床导轨的结构特点。
6. 自动换刀装置。
7. 数控机床的辅助装置。

数控机床是一种高精度、高效率的自动化机床，所以它的机械部分较普通机床有更高的要求，如高刚度、高精度、高速度、低摩擦等。因此，不管是从机床布局、基础件结构设计，还是轴承的选择和配置，都非常关注提高它们的刚度；零部件的制造精度和精度保持性都比普通机床提高很多，基本上是按精密或高精度的机床考虑。随着数控技术的迅速发展，为适应现代化制造业对生产效率、加工精度和安全环保等方面越来越高的要求，现代数控机床的机械结构的研究得到了越来越广泛地提高。

8.1　概　　述

数控机床在本质上说与普通机床一样，都是将金属材料加工成不同形状的零件的设备。但是现代的数控机床为了适应高速、高精度加工，已经形成了自己独特的结构。尤其是随着电主轴、直线电动机等新技术新产品在数控机床上的应用，很多的机械结构已经发生变化，同传统的机床相比，其机械结构也有了很大程度的改变。

数控机床机械结构的组成如下。
（1）主传动系统。传统的主传动系统由驱动装置、机械传动装置和运动执行件（如主轴）等组成。
（2）进给传动系统。传统的进给传动系统由动力源、机械传动件及主运动执行件（如工作台、刀架）等组成。
（3）基础支撑件。包括床身、立柱、导轨、工作台等。
（4）辅助装置。包括自动换刀装置、液压气动系统、润滑冷却装置等。
数控机床的主体结构具有表 8-1 所示特点。

表 8-1　数控机床主体结构的特点

特　点	备　注
传动结构简化	为了缩短传动链，数控机床多数采用了高性能的无级变速主轴及伺服传动系统
支撑结构高刚度化	数控机床机械结构具有较高的静、动刚度和阻尼精度，以及较高的耐磨性，而且热变形小，以适应连续的自动化加工和提高生产效率
传动部件高效化	为减小摩擦、消除传动间隙和获得高加工精度，数控机床更多地采用了高效传动部件，如滚珠丝杠螺母副、静压蜗杆副、塑料导轨、滚动导轨、静压导轨等
辅助操作自动化	为了改善劳动条件、改善操作性能、提高劳动生产率，采用了多主轴、多刀架结构以及刀具与工件的自动夹紧装置、自动换刀装置、自动排屑装置及自动润滑冷却装置等

根据数控机床的使用场合和结构特点，数控机床的机械结构设计应满足以下要求。

1）提高机床的静刚度和动刚度

机床在加工过程中要承受诸如机床部件的自重、加工的切削力等多种外力，刚度是指机械结构抵抗外力变形的能力。根据所受载荷的不同，机床的刚度可分为静刚度和动刚度。静刚度是机床在承受诸如主轴箱拖板自重、工件质量等稳定载荷的作用下，抵抗结构变形的能力，它与机床构件的几何参数及材料的弹性模量有关。动刚度是机床在承受周期变化的切削力、旋转运动的不平衡力以及间歇进给不稳定力等交变载荷作用下阻止振动的能力，它与机床构件的阻尼系数有关。

静刚度的提高是动刚度提高的前提，为了提高机械结构的刚度首先要提高结构的静刚度。为了提高机床大件的刚度，宜采用合理的截面形状、封闭结构的床身，并采用液力平衡以减少移动部件因位置变动造成的机床变形。为了提高机床各部件的接触刚度，增加机床的承载能力，采用刮研的方法来增加单位面积上的接触点，并在结合面之间施加足够大的预加载荷，以增加接触面积。这些措施都能有效地提高接触刚度。为了提高数控机床主轴的刚度，数控机床不但经常采用三支撑结构，而且选用刚性很好的双列短圆柱滚子轴承和角接触向心推力轴承，以减小主轴的径向和轴向变形。

在保证静刚度的前提下，还必须提高动刚度，常用的措施主要有提高系统的刚度、增加阻尼以及调整构件的自振频率等。试验表明，提高阻尼系数是改善抗振性的有效方法。钢板焊接结构既可以增加静刚度、减小结构质量，又可以增加构件本身的阻尼。因此，近年来在数控机床上采用钢板焊接结构的床身、立柱、横梁和工作台。封砂铸件也有利于振动衰减，对提高抗振性也有较好的效果。

2）减少机床的热变形

为保证部件的运动精度，要求各运动部件的发热量尽量少，以防产生热变形。但是机床的主轴、工作台、刀架等运动部件，在运动中常易产生热量，为此，机床的结构应当根据热对称的原则设计，并且要改善主轴轴承、丝杠螺母副、高速运动导轨副等的摩擦特性。

3）减少运动间的摩擦和消除传动间隙

为了提高数控机床的运动精度和定位精度，还要改善运动件的摩擦特性。机床执行件运动时的摩擦阻力主要来自于导轨。现在的数控机床常采用塑料滑动导轨、滚动导轨或静压导轨等减少摩擦副之间的摩擦力。进给系统也常常采用滚珠丝杠代替滑动丝杠减少摩擦阻力。

摩擦特性的改善可以避免低速爬行。

数控机床（尤其是开环系统的数控机床）的加工精度很大程度上取决于进给传动链的精度。除了减小传动齿轮和滚珠丝杠的加工误差之外，另一个提高数控机床传动精度的重要措施是采用无间隙滚珠丝杠传动和无间隙齿轮传动。

4）延长机床的使用寿命，提高精度保持性

为了延长机床的使用寿命和提高精度保持性，在设计时应充分考虑数控机床零部件的耐磨性，尤其是机床导轨、进给传动丝杠以及主轴部件等影响加工精度的主要零件的耐磨性。

5）减少辅助时间和改善操作性能

在单件加工中，数控机床的辅助时间占较大的比重。要提高机床的生产率，就必须最大限度地压缩辅助时间。很多数控机床采用了多主轴、多刀架以及带刀库的自动换刀装置以减少换刀时间。对于产生切屑量较多的数控机床，床身机构必须有利于排屑。

6）安全防护和宜人的造型

数控机床切削速度高，一般都有大流量与高压力的切削液用于冷却和冲屑，此外机床的运动部件也有自动润滑装置，为了防止切屑与切削液飞溅，将机床设计成全封闭结构，在工作区留有可以自动开闭的安全门窗用于观察和装卸工件。数控机床是一种机电一体化的自动化加工设备，其造型要体现机电一体化的特点；其内部布局要合理、紧凑、便于维修，外观造型要美观宜人。

8.2 数控机床的主传动系统

主轴是机床带动刀具或工件旋转，产生切削运动的运动轴，它往往是机床上单轴功率消耗最大的运动轴。主传动系统是指驱动主轴运动的系统。数控机床必须通过变速才能使主轴获得不同的转速以适应不同的加工要求；在变速的同时，还要传递一定的功率和足够的转矩来满足切削的需要。

8.2.1 主传动系统的特点及要求

由于自身的特点，同普通机床相比，数控机床的主传动系统具体下列特点。

（1）电机类型。目前数控机床的主传动电动机多采用新型的交流伺服电动机和直流伺服电动机。

（2）变速范围宽。数控机床的主传动系统要有较大的调速范围以保证加工时能选用合理的切削用量，使切削加工始终在最佳状态下进行，从而获得最佳的生产率、加工精度和表面质量。

（3）转速高，功率大。数控机床能够进行大功率切削和高速切削，实现高效率强力切削加工。

（4）主轴速度的变换迅速可靠。数控机床按照控制指令自动进行变速，变速机构须适应自动操作的要求。直流和交流主轴电动机不仅能够方便地实现宽范围的无级变速，而且减少了传递环节，传动链变短，变速控制的可靠性提高。另外主轴还有较高的精度与刚度，传动平稳，噪声低，有良好的抗振性和热稳定性。有些机床的主轴设计有刀具自动装卸装置、主轴定向停止和主轴孔内的切屑清除装置。

作为高度自动化的设备，数控机床对主传动系统的基本要求如下。

（1）机床主轴系统具有足够的转速和功率以适应高速、高效的加工需求。

（2）主轴能实现无级变速以达到最佳的切削效果。

（3）简化结构，减少传动件以降低噪声、减轻发热、减少振动。

（4）加工中心上应配备刀具的自动夹紧装置、自动换刀装置和主轴定向准停装置。

（5）为了扩展机床的功能，实现对 C 轴（主轴回转角度）的位置控制，应安装位置检测装置以便实现主轴的位置控制。

8.2.2 主轴的调速

数控机床主传动系统的调速主要有：有级变速、无级变速、分段无级变速、内置电动机主轴变速等几种形式。

1）有级变速

有级变速又称机械变速，仅用于经济型的数控机床。如图 8-1 所示，图中的电动机不具备变速功能，而是通过拨叉控制滑移齿轮啮合位置来实现主轴变速。

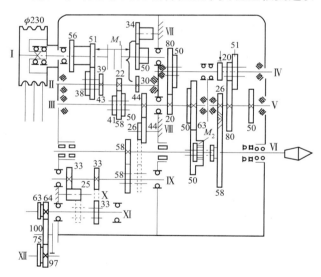

图 8-1 有级变速系统

2）无级变速

主传动采用无级变速形式后能够在一定的速度范围内选择到合理的切削速度，还能在运动中自动变换速度。无级变速有多重变速形式，常见的有机械式、液压式和电气式，数控机床一般采用直流或交流伺服电动机作为驱动的电气无级变速形式，如图 8-2 所示。电动机采用性能较好的交、直流主轴电动机，经同步齿形带将运动传递给主轴。

电气式变速方式的优点是变速范围宽，最高转速可达 8000 r/min，在传动上基本能满足目前大多数数控机床的要求，易于实现丰富的控制功能。电气式无级调速结构简单，安装调试方便，能够满足多数中高档数控机床的要求，但是随着数控技术的发展，机床的速度需求不断提高，该配置方式已难以满足要求。

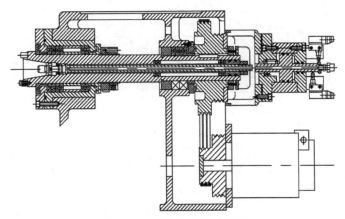

图 8-2 无级变速传动结构

3）分段无级变速

数控机床加工中一般要求在中、高速段为恒功率传动，在低速段为恒转矩传动，并不要求在整个变速范围内恒功率。为了保证低速时有较大的转矩和主轴的变速范围尽可能大，有的数控系统在交流或直流电动机无级变速的基础上配以齿轮变速，成为分段无级变速，如图 8-3 所示。小型数控机床或主传动系统要求振动小、噪声低的数控机床，也可采用同步齿形带等带传动形式的分段无级变速系统。

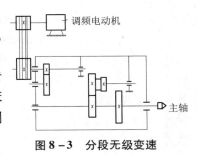

图 8-3 分段无级变速

在齿轮变速的分段无级变速系统中，主轴的正、反起动与停止、制动是通过直接控制电动机来实现的，变速由电动机转速的无级变速与齿轮的有级变速相配合来实现。齿轮有级变速机构通常采用液压拨叉和电磁离合器两种变速形式。

（1）液压拨叉变速机构。液压拨叉变速机构的原理和形式可以用图 8-4 来说明。滑移齿轮的拨叉与变速液压缸的活塞连杆连接，通过改变不同的通油方式可以使三联齿轮获得三个不同的变速位置。当液压缸 1 通压力油，液压缸 5 卸压时（见图 8-4（a）），活塞杆 2 带动拨叉 3 向左移动到极限位置，同时拨叉带动三联齿轮移动到左端啮合位置，行程开关发出信号。当液压缸 5 通压力油而液压缸 1 卸压时（见图 8-4（b）），活塞杆 2 和套筒 4 一起向右移动，套筒 4 碰到液压缸 5 的端部之后，活塞杆 2 继续右移到极限位置，此时三联齿轮被拨叉 3 移到右端啮合位置，行程开关发出信号。当压力油同时进入左、右两个液压缸时（见图 8-4（c）），由于活塞杆 2 两端直径不同，活塞杆向左移动。当活塞杆靠到套筒 4 的右端时，活塞杆左端受力大于右端，活塞杆不再移动，拨叉和三联齿轮被限制在中间位置，行程开关发出信号。

注意：在自动变速时，为了使齿轮能顺利移入啮合位置而不发生顶齿现象，可在低速下进行；或者在主传动系统中增设一台微型电动机，它在拨叉移动齿轮块的同时（主轴伺服电动机停止运动）起动并带动各传动齿轮作低速回转，以防止发生顶齿现象。

（2）电磁离合器变速。电磁离合器能简化变速机构，便于实现自动化操作，它是通过

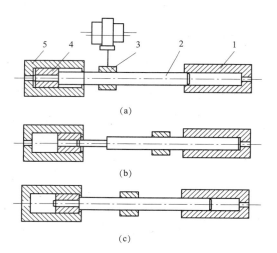

图 8-4 三位液压拨叉变速机构的原理和形式
1、5—液压缸；2—活塞杆；3—拨叉；4—套筒

安装在传动轴上的离合器的吸合和分离的不同组合来改变齿轮的传动路线，实现主轴变速的。如图 8-5 所示是啮合式电磁离合器（也称牙嵌式电磁离合器）的结构。当线圈 1 通电后，带有端面齿的衔铁 2 被吸引，与磁轭 8 的端面齿相啮合。衔铁 2 又通过花键与定位环 5 相连接，再通过螺钉 7 传递给齿轮。隔离环 6 用于防止磁力线从传动轴构成回路而削弱电磁吸力。

为了保证传动精度，衔铁 2 和定位环 5 采用渐开线花键连接，保证了衔铁与传动轴的同轴度，使端面间齿轮更可靠地啮合。采用螺钉 3 和压力弹簧 4 的结构能使离合器的安装方式不受限制，不管衔铁是水平还是垂直、向上还是向下安装，当线圈 1 断电时都能保证合理的齿端间隙。

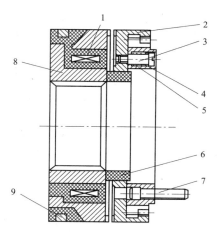

图 8-5 啮合式电磁离合器结构
1—线圈；2—衔铁；3、7—螺钉；4—压力弹簧；5—定位环；
6—隔离环；8—磁轭；9—旋转环

4）内置电动机主轴变速

在高速机床上大多数使用内置电动机主轴,即电动机转子和主轴一体,也叫电主轴。电主轴可以使主轴的转速达到每分钟数万转甚至几十万转,主轴传动系统的结构简单、刚性高。电主轴最早应用于磨床,随着高速加工机床的发展,电主轴以其卓越的高速性能,被广泛应用于数控机床。

不同厂家的电主轴外形不同,但都是由3个基本部分组成:空心轴转子、带绕组的定子、速度检测元件,其结构如图8-6所示。空心轴转子既是电动机的转子,也是主轴转子,中间的空心用于装夹刀具或工件;带绕组的定子和其他电动机相似。若在电主轴内应用陶瓷轴承、磁悬浮轴承等先进的轴承,可使主轴部件结构紧凑、质量小、惯性小,更可提高起停响应特性,有利于控制振动和噪声。电主轴外壳有强制冷却的水槽,中空套筒用于直接安装各种机床主轴,取消了从电动机到主轴之间一切中间传动环节,实现了主电动机与机床主轴的一体化,使机床的主传动系统实现了"零传动"。

主轴部件采用电主轴的传动方式有以下特点。

(1) 机械结构最为简单,传动惯量小,快速响应性好,能实现极高的速度、加(减)速度和定角速度的快速准停(C轴控制)。

(2) 通过采用交流变频调速或磁场矢量控制的交流主轴驱动装置,输出功率大,调速范围宽,并有比较理想的转矩-功率特性。

(3) 可以实现主轴部件的单元化。电主轴可独立做成标准功能部件,并由专业厂进行系列化生产。机床生产厂只需根据用户的不同需求进行选用,可方便地组成各种性能的高速机床,符合现代机床设计模块化的发展方向。

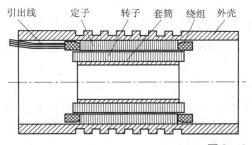 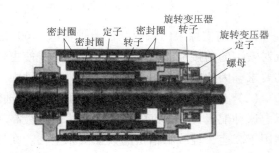

图8-6 电主轴的结构

电主轴的出现大大简化了主运动系统结构,改善了机床的动平衡,在超高速切削机床上得到了广泛的应用。但是,虽然电主轴的机械结构比较简单,其制造工艺却非常严格。这种结构还带来一系列新的技术难题,如电动机的散热、高速主轴的动态平衡、主轴支撑及其润滑方式的合理设计等,这些问题必须妥善解决才能确保主轴稳定可靠地高速运转,实现高效精密加工。

8.2.3 数控机床的主轴部件

数控机床的主轴部件包括主轴的支撑和安装在主轴上的传动零件等。主轴的回转精度影响工件的加工精度,功率大小与回转速度影响加工效率,自动变速、准停和换刀影响机床的自动化程度。因此,数控机床的主轴部件应具有良好的回转精度、结构刚度、抗振性、热稳定性及部件的耐磨性和精度的保持性。主轴在结构上要处理好卡盘和刀具的装卡,主轴的卸荷,主轴轴承的定位和间隙调整,主轴部件的润滑和密封等一系列问题。对于自动换刀的数控机床,为实现刀具的快速、自动装卸和夹持,主轴上还必须设计有刀具的自动装卸、主轴准停装置和切屑清除装置等结构。

1. 主轴部件的支承与润滑

机床主轴带动刀具或夹具在支撑中作回转运动,应能传递切削转矩,承受切削抗力,并保证必要的旋转精度。目前,数控机床主轴的支撑配置形式主要有3种,如图8-7所示。

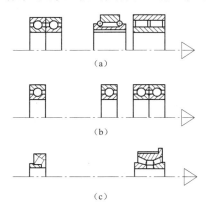

图 8-7 主轴的常见支撑配置形式
(a) 首支承采用60°角接触双列向心推力球轴承;(b) 首支承采用高精度
双列向心推力球轴承;(c) 首支承采用双列圆锥滚子轴承

(1) 前支撑采用双列圆柱滚子轴承和60°角接触双列向心推力球轴承组合,后支撑采用成对安装的角接触球轴承。这种配置形式使主轴的综合刚度大幅度提高,可以满足强力切削的要求,因此普遍应用于各类数控机床主轴中。

(2) 前轴承采用高精度的双列角接触球轴承,后轴承采用单列(或双列)角接触球轴承。这种配置具有良好的高速性能,主轴最高转速可达 4000 r/min,但它承载能力小,因而适用于高速、轻载和精密的数控机床主轴。在加工中心的主轴中,为了提高承载能力,有时应用 3~4 个角接触球轴承组合的前支撑,并用隔套实现消隙。

(3) 前后轴承采用双列和单列圆锥轴承。这种轴承径向和轴向刚度高,能承受重载荷,尤其能承受较强的动载荷,安装与调整性能好。但这种配置限制了主轴的最高转速和精度,因此适用于中等精度、低速与重载的数控机床主轴。

主轴部件加工中的温升热变形对机床工作精度有很大影响,通常利用润滑油的循环系统把主轴部件的热量带走,以使主轴部件与箱体保持恒定的温度。有的数控镗、铣床采用专用的制冷装置,实现了较理想的温度控制。近年来,某些数控机床的主轴轴承采用高级油脂,用封入方式进行润滑,每加一次油脂可以使用 7~10 年,简化了结构,降低了成本并且维护保养简单。为了防止润滑油和油脂混合,通常采用迷宫密封方式。

2. 卡盘结构

数控车床工件夹紧装置可采用三爪自定心卡盘、四爪单动卡盘或弹簧夹头等。现在多采用液压或气压驱动动力自定心卡盘来减少数控车床装夹工件的辅助时间。如图8-8所示为某数控车床上采用的一种液压驱动动力自定心卡盘,它主要由固定在主轴后端的液压缸和固定在主轴前端的卡盘两部分组成，改变液压缸左、右腔的通油状态，活塞杆带动卡盘内的驱动爪夹紧或松开工件，并通过行程开关发出相应信号，其夹紧力的大小通过调整液压系统的压力进行控制。液压驱动卡盘具有结构紧凑、动作灵敏、夹紧力较大的特点。

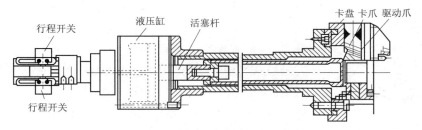

图8-8　液压驱动动力自定心卡盘

3. 主轴准停装置

主轴的准停多用于如下场合，数控加工中心为了实现自动换刀，使机械手准确地将刀具装入主轴孔，刀柄的键槽必须与主轴的键位在周向对准；镗削加工退刀时刀具反向移动一段距离退出，以免划伤工件；在一些特殊工艺要求情况下，如在通过前壁小孔镗内壁的同轴大孔，或进行反倒角等加工时，也要求主轴实现准停，使刀尖停在一个固定的方位上；所以在主轴上必须设有准停装置。

目前主轴准停装置主要有机械式和电气式两种。

图8-9为V形槽轮定位盘准停装置原理图。主轴上固定一个V形槽轮定位盘，V形槽与主轴的端面键保持需要的相对位置关系。当主轴需要准停时发出降速信号，主轴以最低速运转，延时继电器开始动作，延时4~6 s后无触点开关接通电源。主轴转到图示位置即V形槽轮定位盘上的感应块与无触点开关相接触后发出信号，使主轴电动机停转。另一延时继电器延时0.2~0.4 s后，压力油进入定位液压缸下腔，使定向活塞向左移动，当定向活塞上的定向滚轮顶入定位盘的V形槽内时，行程开关LS_2发出信号，主轴准停完成。若延时继电器延时1 s后行程开关LS_2仍不发信号，说明准停没完成，需使定向活塞后退，重新准停。当活塞杆向右移到位时，行程开关LS_1发出定向滚轮退出凸轮定位盘凹槽的信号，此时主轴可起动工作。

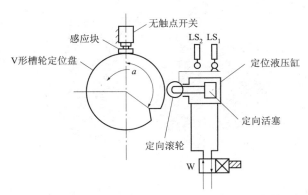

图8-9　V形槽轮定位盘准停装置原理图

机械式主轴准停装置准确可靠，但结构较复杂。现在的数控机床一般采用电气式主轴准

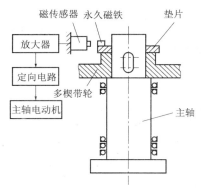

图 8-10 JCS—018 加工中心主轴电气准停装置

停装置,只要数控系统发出指令信号,主轴就可以准确的定向。如图 8-10 所示为 JCS—018 加工中心主轴电气准停装置原理图,在带动主轴旋转的多楔带轮的端面上装有一个厚垫片,垫片上装有一个体积很小的永久磁铁,在主轴箱体对应主轴准停的位置上,装有磁传感器。当机床需要停车换刀时,数控装置发出主轴停转指令,主轴电动机立即降速,在主轴以最低转速慢转几圈、永久磁铁对准磁传感器时,磁传感器发出准停信号,该信号经放大后,由定向电路控制主轴电动机停在规定的周向位置上,同时限位开关发出信号,表示准停已完成。

电气式主轴准停装置不需要机械部件,定向时间短,可靠性高,只需要简单的强电顺序控制,精度和刚度高。

4. 主轴内刀具自动装卸及吹屑装置

在加工中心上,为了实现刀具在主轴上的自动装卸,除了要保证刀具在主轴上正确定位之外,还必须设计自动夹紧装置。

图 8-11 所示为自动换刀数控立式镗铣床(JCS—018)的主轴部件结构。刀杆采用 7:24

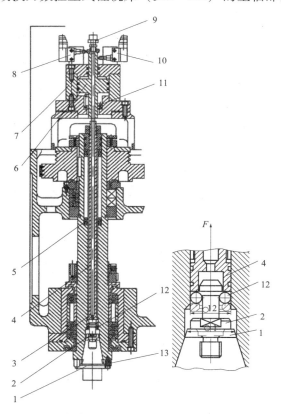

图 8-11 自动换刀数控立式镗铣床的主轴部件结构

1—刀架;2—拉钉;3—主轴;4—拉杆;5—碟形弹簧;6—液压缸活塞;7—液压缸;
8、10—限位行程开关;9—压缩空气管接头;11—螺旋弹簧;12—钢球;13—端面键

的大锥度锥柄,既有利于定心,也为松夹带来了方便。在锥柄的尾端轴颈被拉紧的同时,通过锥柄的定心和摩擦作用将刀杆夹紧于主轴的端部。在碟形弹簧 5 的作用下,拉杆 4 始终保持约 10 000 N 的拉力,并通过拉杆右端的钢球 12 将刀杆的尾部轴颈拉紧。换刀时首先将压力油通入主轴尾部的液压缸 7 左腔,液压缸活塞 6 推动拉杆 4 向右移动。将刀柄松开,同时使碟形弹簧 5 压紧。拉杆 4 的右移使右端的钢球 12 位于套筒的喇叭口处,消除了刀杆上的拉力。当拉杆继续右移时,喷气嘴的端部把刀具顶松,使机械手可方便地取出刀杆。机械手将应换刀具装入后,电磁换向阀动作使压力油通入液压缸右腔,液压缸活塞 6 向左退回原位,碟形弹簧复原又将刀杆拉紧。螺旋弹簧 11 使液压缸活塞 6 在液压缸右腔无压力时也始终退在最左端,当活塞处于左、右两个极限位置时,相应限位行程开关 8、10 发出松开和夹紧的信号。

自动清除主轴孔内的灰尘和切屑也是换刀过程中重要的一环。如果主轴锥孔中有切屑、灰尘或其他污物落入,系统在拉紧刀杆时,锥孔内表面和刀杆的锥柄就会被划伤,甚至会使刀杆发生偏斜,破坏刀杆的正确定位,这将影响零件的加工精度。为了保证主轴锥孔的清洁,常采用的方法是使用压缩空气吹屑。在图 8-11 中,当主轴部件处于松刀状态时,主轴顶端的液压缸与拉杆是紧密接触的,此时,压缩空气通过液压缸活塞 6 和拉杆 4 中间的通孔,由压缩空气管接头 9 喷出,以吹掉主轴锥孔上的灰尘、切屑等污物,保证主轴孔的清洁。

8.3 数控机床的进给传动系统

进给系统机械结构是伺服进给系统的主要组成部分,主要有传动机构、运动变换机构、导向机构、执行件。由于数控机床的进给运动是数字控制的直接对象,被加工工件的最终位置精度和轮廓精度都与进给运动的传动精度、灵敏度和稳定性有关。

8.3.1 数控机床进给传动系统的特点和要求

数控机床进给系统的机械传动机构是指将电动机的旋转运动转变为工作台或刀架的运动的整个机械传动链,包括齿轮传动副(或蜗杆蜗轮副)、丝杠螺母副等及其支撑部件(轴承座等),如图 8-12 所示。

图 8-12 进给传动部件

数控机床的进给运动是数字控制的直接对象，每一个进给运动坐标都由自己的伺服电动机驱动，不论点位控制还是多轴联动的轮廓连续控制，被加工工件的最后坐标精度和轮廓精度都受到进给运动的传动精度、灵敏度和稳定性的影响。为此，数控机床的进给系统需充分注意减少摩擦阻力，提高传动精度和刚度，消除传动间隙以及减少运动件的惯性。传动系统刚度不足将使工作台（或拖板）产生爬行和振动，从而影响加工精度。爬行现象是指低速时运动不平衡的现象，如图 8 – 13 所示。机床爬行现象一般发生在低速度、重载荷的运动情况下，当主动件 1 做匀速运动时，从动件 3 往往会出现明显的速度不均匀，产生跳跃式的时停时走的运动状态，或时快时慢现象。

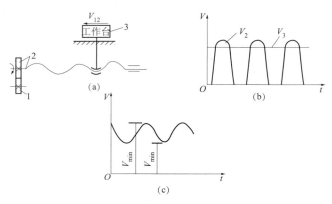

图 8 – 13　工作台的爬行现象

1—主动件；2—旋转运动从动件；3—水平运动从动件

进给运动是机床成形运动的一个重要组成部分，其传动质量直接关系到机床的加工性能。为了保证数控机床进给系统的定位精度和动态性能对其进给传动机械装置提出了如下要求。

（1）减少各运动零件的惯量。传动件的惯量对进给传动系统的起动和制动特性都有影响，尤其是高速运转的零件，其惯量的影响更大。在满足传动强度和刚度的前提下，尽可能减小执行部件的质量，减小旋转零件的直径和质量，以减少运动部件的惯量。

（2）提高传动精度和刚度。数控机床本身的精度，尤其是进给传动装置的传动精度和定位精度对零件的加工精度起着关键性的作用，是数控机床的特征指标。为此，首先要保证各个传动件的加工精度，尤其是提高滚珠丝杠螺母副（直线进给系统）、蜗杆副（圆周进给系统）的传动精度。另外，在进给传动链中加入减速齿轮以减小脉冲当量（即伺服系统接收一个指令脉冲驱动工作台移动的距离）。通过预紧传动滚珠丝杠，消除齿轮、蜗轮等传动件的间隙等办法，来提高传动精度和刚度。

（3）减少运动件的摩擦阻力。机械传动结构的摩擦阻力，主要来自丝杠螺母副和导轨。在数控机床进给传动系统中，为了减小摩擦阻力，消除低速进给爬行现象，提高整个伺服进给系统稳定性，广泛采用滚珠丝杠和滚动导轨以及塑料导轨和静压导轨等。

（4）响应速度快。快速响应是伺服进给系统的动态性能，是指进给传动系统对输入指令信号的响应速度及瞬态过程结束的迅速程度，它反映了系统的跟踪精度。工件加工过程中，工作台应能在规定的速度范围内灵敏而精确地跟踪指令，在运行时不出现丢步和多步现象。设计中应使机床工作台及传动机构的刚度、间隙、摩擦以及转动惯量尽可能达到最佳值，以提高伺服进给系统的快速响应性。

（5）较强的过载能力。由于电动机频繁换向，且加减速度很快，电动机可能在过载条件下工作，这就要求电动机有较强的过载能力，一般要求在数分钟内过载 4~6 倍而不损坏。

（6）稳定性好，寿命长。稳定性是伺服进给系统能够正常工作的最基本条件，特别是在低速进给情况下不产生爬行，并能适应外加负载的变化而不发生共振。稳定性与系统的惯性、刚度、阻尼及增益等都有关系，适当选择的各项参数，并能达到最佳的工作性能，是伺服进给系统设计的目标。伺服进给传动系统的寿命是指保持数控机床传动精度和定位精度的时间长短，即各传动部件保持其原来制造精度的能力。为此，应合理选择各传动部件的材料、热处理方法及加工工艺，并采用适当的润滑方式和防护措施，以延长其寿命。

（7）使用维护方便。数控机床属于高精度自动控制机床，主要用于单件、中小批量、高精度及复杂的生产加工，机床的开机率相应就高，因而进给传动系统的结构设计应便于维护和保养，最大限度地减少维修工作量，以提高机床的利用率。

数控机床进给传动系统的机械传动装置有两种组成方案，如图 8-14 所示。方案一采用负载能力强的伺服电动机，电动机直接通过丝杠带动工作台进给，传动链短，刚度大，传动精度高，是现代数控机床进给传动的主要组成形式。方案二减速器中的传动件可以是传动带（同步齿形带），也可以是齿轮。减速器传动级数和传动比要根据具体对象设计确定。如图 8-14（b）所示的方案有如下优点。

（1）细化脉冲当量，以便保证和提高进给的精度。

（2）改变加在电动机上的负载扭矩，以实现与电动机输出转矩的最佳匹配。

（3）改变加在电动机轴上的负载惯量，以实现与电动机惯量的最佳匹配。

（4）改善传动阻尼的需要或安装连接的需要。

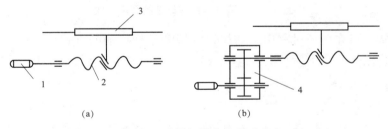

图 8-14 进给机械传动组成方案
1—电动机；2—丝杠；3—工作台；4—齿轮副

传动中对于起转换运动形式作用的传动机构，除如图 8-14 所示采用的滚珠丝杠副外，还有静压蜗杆-蜗母机构、预加载双齿轮-齿条机构等形式。

8.3.2 滚珠丝杠螺母副

机床上最常用的运动变换机构是丝杠螺母副，它将电动机的旋转运动变换成工作台的直线运动。按丝杠与螺母的摩擦性质不同，丝杠螺母副分为以下几类。

（1）滑动丝杠螺母副，主要用于旧机床的数控化改造、经济型数控机床等。

（2）滚珠丝杠螺母副，广泛用于中、高档数控机床。

（3）静压丝杠螺母副，主要用于高精度数控机床、重型机床。

下面主要介绍滚珠丝杠螺母副。

1. 滚珠丝杠的结构

滚珠丝杠由丝杠、螺母、滚珠和滚珠返回装置4部分组成。在丝杠和螺母上加工有弧形螺旋槽，当它们套装在一起时便形成了螺旋滚道，滚道内装满滚珠。丝杠回转时，为保持丝杠螺母的连续工作，滚珠通过螺母上的返回装置完成循环。按照滚珠的循环方式，滚珠丝杠螺母副分成内循环方式和外循环方式两大类，如图8-15所示。

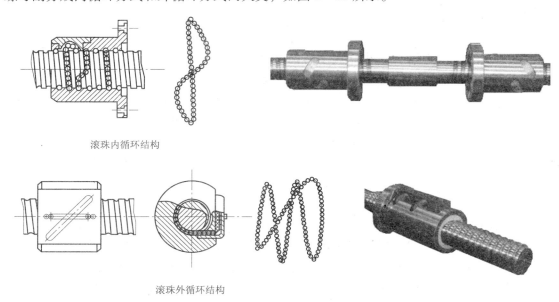

滚珠内循环结构

滚珠外循环结构

图8-15 滚珠丝杠螺母副的循环方式

内循环方式是指在循环过程中滚珠始终保持和丝杠接触的方式。这种方式螺母结构紧凑，定位可靠，刚性好，不易磨损，返回滚道短，不易产生滚珠堵塞，摩擦损失小。缺点是结构复杂，制造较困难。

外循环方式是指在循环过程中滚珠与丝杠脱离接触的方式。外循环方式制造工艺简单，应用广泛；螺母径向尺寸较大；由于采用弯管端部作为挡珠器，故刚性差，易磨损，且噪声较大。

2. 滚珠丝杠螺母副的特点

（1）传动效率高，摩擦损失小。滚珠丝杠螺母副的传动效率高达85%～98%，是普通滑动丝杠的2～4倍。因此，功率消耗只相当于常规丝杠的1/4～1/2。

（2）运动灵敏，低速时无爬行。由于滚珠与丝杠和螺母之间的摩擦是滚动摩擦，运动件的摩擦阻力及动、静摩擦阻力之差都很小，采用滚珠丝杠螺母副是提高进给系统灵敏度、定位精度和防止爬行的有效措施之一。

（3）传动精度高，刚性好。通过适当的预紧，可消除传动间隙，实现无间隙传动。

（4）滚珠丝杠螺母副的磨损很小，使用寿命长。

（5）无自锁能力，具有传动的可逆性，故对于垂直使用的丝杠，由于重力的作用，当传动切断时不能立即停止运动，应增加自锁装置。

(6) 滚珠丝杠螺母副制造工艺复杂，滚珠丝杠和螺母的材料、热处理和加工要求与滚动轴承相同，且螺旋滚道必须磨削，因而制造成本高。

3. 滚珠丝杠螺母副的选择

滚珠丝杠螺母副的选择包括其精度选择、尺寸规格（包括导程与公称直径）、支承方式等几个方面的内容。应该根据机床的精度要求来选用滚珠丝杠螺母副的精度，根据机床的载荷来选定滚珠丝杠的直径，在加工中心的设计中一般按额定动载荷来确定滚珠丝杠螺母副的尺寸规格，对细长而又承受压缩载荷的滚珠丝杠作压杆稳定性核算；对转速高，支承距离大的滚珠丝杠螺母副作临界转速校核；对精度要求高的滚珠丝杠作刚度校核；对数控机床，需核算其转动惯量；对全闭环系统，需核算其谐振频率。

1) 精度等级的选择

滚珠丝杠螺母副的精度将直接影响数控机床各坐标轴的定位精度。滚珠丝杠螺母副按精度分为四种类型，如表8-2所示。普通精度的数控机床，一般可选用P级精度的滚珠丝杠螺母副，精密级数控机床选用C级精度的滚珠丝杠螺母副。丝杠精度中的导程误差对机床定位精度影响最明显。丝杠在运转中由于温升引起的丝杠伸长直接影响机床的定位精度，故需要计算出丝杠由于温升产生的伸长量，该伸长量称为丝杠的方向目标。用户在定购滚珠丝杠时，必须给出滚珠丝杠的方向目标值。

表8-2 滚珠丝杠螺母副的精度等级和应用范围

精度等级		应 用 范 围
代号	名称	
P	普通级	普通机床
B	标准级	一般数控机床
J	精密级	精密机床、精密数控机床、加工中心、仪表机床
C	超精密级	精密机床、精密数控机床、仪表机床、高精度加工中心

2) 结构尺寸的选择

滚珠丝杠螺母副的结构尺寸主要有：丝杠的名义直径 D_0、螺距 t、长度 L、滚珠直径 d_0 等。名义直径与刚度直接相关，直径越大，承载能力和刚度越大，但直径大转动惯量也会随之增加，使系统的灵敏度降低。所以，一般是在兼顾二者的情况下选取最佳直径。

(1) 名义直径 D_0：滚珠与螺纹轨道在理论接触角状态时包络滚珠球心的圆柱直径，是滚珠丝杠的特征尺寸。对于小型加工中心采用32 mm、40 mm，中型加工中心选用40 mm、50 mm，大型加工中心采用50 mm、63 mm 的滚珠丝杠，但通常为 $L/35 \sim L/30$。

(2) 螺距 t：t 越小，螺纹升角越小，摩擦力矩越小，分辨率越高，但传动效率越低，承载能力越低，应折中考虑。

(3) 丝杠长度 L：一般为工作行程 + 螺母长度 + (5~10) mm。

(4) 滚珠直径 d_0：滚珠直径 d_0 越大，承载能力越高，应尽量取大值，一般取 $d_0 = 0.6t$。

(5) 滚珠的工作圈数、列数和工作滚珠总数对丝杠工作特性影响较大；当上述（1）至（3）项确定后，后两项也确定了，一般不用用户考虑。

3）验算

当有关结构参数选定后，还应根据有关规范进行扭转刚度、临界转速和寿命的验算。

（1）扭转刚度验算。数控机床的滚珠丝杠是精密传动元件，它在轴向力的作用下伸长或缩短，受扭矩作用会引起扭转变形，这将引起丝杠的导程发生变化，从而影响其传动精度及定位精度，因此滚珠丝杠应验算满载时的变形量。

滚珠丝杠受工作负载 F_p 的作用而引起导程 L_0 的变化量 ΔL_1，其值可按下式计算：

$$\Delta L_1 = \pm \frac{F_p L_0}{EF}$$

式中：E——弹性模量，钢弹性模量为 $E = 206$（GPa）；

F——滚珠丝杠截面积（按内径确定）（cm）；

"+"号用于拉伸时，"-"号用于压缩时。

滚珠丝杠因受扭矩作用而引起的导程变化量 ΔL_2，可按下式计算：

$$\Delta L_2 = \pm \frac{L_0 \varphi}{2\pi \pm \varphi} \approx \frac{L_0 \varphi}{2\pi}$$

式中：φ——在扭矩 T 的作用下，滚珠丝杠每一导程长度两截面上的相对扭转角。

$$\varphi = \pm \frac{TL_0}{GJ_C}$$

式中：G——扭转弹性模量，钢扭转弹性模量为 $G = 82.4$（GPa）；

J_C——滚珠丝杠截面积的惯性矩（cm），$J_C = \frac{\pi}{32} d_1^4$，其中 d_1 为丝杠小径（cm）。

综合上述结果，滚珠丝杠在工作负载 F_p 和扭矩 T 的共同作用下，所引起的每一导程变形量 ΔL（cm）为

$$\Delta L = \Delta L_1 + \Delta L_2 = \pm \frac{F_p L_0}{EF} \pm \frac{L_0 \varphi}{2\pi} = \pm \frac{F_p L_0}{EF} \pm \frac{TL_0^2}{2\pi GJ_C}$$

如果滚珠丝杠长度为 1m，则其上共有 $100/L_0$ 个导程，它的导程变形总误差 Δ（cm/m）为

$$\Delta = \frac{100}{L_0} \Delta L$$

（2）临界转速验算。数控机床中滚珠丝杠的最高转速是指快速移动时的转速，只要此时的转速不超过临界转速就满足要求。应校核丝杠轴的最高转速与丝杠产生自激振的转速是否接近，如果很接近，会导致强迫共振，影响机床正常工作。应根据有关计算公式进行校核。

（3）寿命验算。滚珠丝杠螺母副的寿命主要是指疲劳寿命。在工程计算中，采用"额定疲劳寿命"这一概念，它指一批尺寸、规格、精度相同的滚珠丝杠，在相同条件下回转时，其中90%不发生疲劳剥落的情况下运转的总转数。也可用总回转时间或总行走距离来表示。滚珠丝杠螺母副的寿命可根据有关经验公式校核，应保证总时间寿命 $Lt \geq 20\ 000$ h。如果不能满足这一条件，而且轴向载荷已由工作要求所决定不能减小，则只有选取直径较大，即选用额定动载荷更大的丝杠，以保证 $Lt \geq 20\ 000$ h。

4. 滚珠丝杠的支承结构

数控机床的进给传动系统要获得较高传动刚度，除了加强滚珠丝杠螺母副本身的刚度

外,滚珠丝杠的正确安装及支承结构的刚度也是不可忽视的因素。常用的滚珠丝杠支承形式有以下四种,如图 8-16 所示。

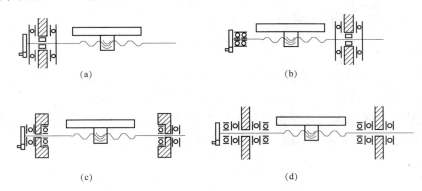

图 8-16 滚珠丝杠在机床上的支承形式
(a) 一端装推力轴承; (b) 一端装推力轴承,另一端装深沟球轴承;
(c) 两端装推力轴承; (d) 两端装推力轴承及深沟球轴承

(1) 一端装推力轴承。这种安装方式适用于短丝杠,它的承载能力小,轴向刚度低。一般用于数控机床的调节环节或升降台式数控铣床的垂直方向。

(2) 一端装推力轴承,另一端装深沟球轴承。此种方式用于丝杠较长的情况,当热变形造成丝杠伸长时,其一端固定,另一端能作微量的轴向浮动。安装时应注意使推力轴承端远离热源及丝杠的常用段,以减少丝杠热变形的影响。

(3) 两端装推力轴承。把推力轴承装在滚珠丝杠的两端,并施加预紧拉力,可以提高轴向刚度,但这种安装方式对丝杠的热变形较为敏感。

(4) 两端装推力轴承及深沟球轴承。它的两端均采用双重支承并施加预紧,使丝杠具有较大的刚度,这种方式还可使丝杠的温度变形转化为推力轴承的预紧力。但设计时要求提高推力轴承的承载能力和支承刚度。

5. 滚珠丝杠的制动

滚珠丝杠螺母副的传动效率高但不能自锁,在工作时,特别是用在垂直传动或高速大惯量场合时需要设置制动装置。

电气电磁方式是最常见的制动方式。电气电磁制动采用电磁制动器,且这种制动器就做在电动机内部。如图 8-17 所示为 FANUC 公司伺服电动机电磁制动器的示意图。机床工作时,在电磁线圈 7 电磁力的作用下,外齿轮 8 与内齿轮 9 脱开,弹簧受压缩,当停机或停电时,永久磁铁 5 失电,在弹簧恢复力作用下,齿轮 8、9 啮合,内齿轮 9 与电动机端盖合为一体,故与电动机轴连接的丝杠得到制动,这种电磁制动器装在电动机壳内,与电动机形成

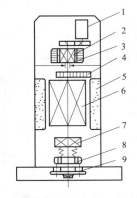

图 8-17 FANUC 公司的伺服电动机
电磁制动器示意图
1—旋转变压器;2—测速发电机转子;3—测速发电机定子;
4—电刷;5—永久磁铁;6—伺服电动机转子;
7—电磁线圈;8—外齿轮;9—内齿轮

一体化的结构。

8.3.3 其他传动机构

1. 静压蜗杆-蜗母条机构

静压蜗杆-蜗母条机构如图 8-18 所示。该机构中的蜗杆相当于长度很短的丝杠，蜗母条可视为一个大螺母沿轴向剖开的一部分。在蜗杆-蜗母条的啮合面间通以压力油（图中未绘出），使啮合面间形成液体摩擦。该机构摩擦系数 $f<0.005$，传动效率高低速运动平稳，抗振性好，且不易磨损，特别适用于重型数控机床的进给传动。

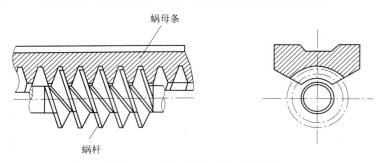

图 8-18　静压蜗杆-蜗母条机构

2. 预加负载双齿轮-齿条机构

预加负载双齿轮-齿条机构如图 8-19 所示。它是在普通齿轮-齿条传动结构的基础上加以改进而成的。图中，通过调整轴可预加规定的轴向负载（机械或液压加载方式），使与床身齿条相啮合的两个小齿轮，产生相反方向的微量转动。借以消除传动间隙而达到无隙传动的目的。该机构已广泛地用于大行程的数控机床进给传动中。

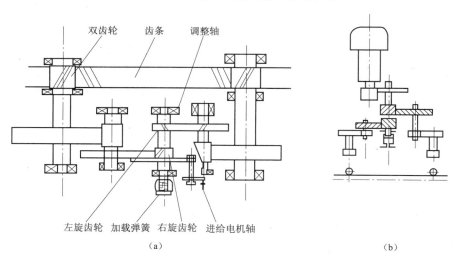

（a）　　　　　　　　　　　（b）

图 8-19　预加载双齿轮-齿条机构

（a）工作原理；（b）液压预加负载式

3. 齿轮副

进给伺服系统常采用机械变速装置将高转速、低转矩的伺服电动机输出转换成低转速、大转矩的执行部件输出，其中应用最广的就是齿轮传动副。设计时要考虑齿轮传动副中传动级数和速比分配。另外由于传动齿轮副存在间隙，在开环系统中会造成进给运动的位移滞后于指令值，反向时会出现反向死区影响加工精度；在闭环系统中，由于有反馈，滞后量可得到补偿，但反向时会使伺服系统产生振荡而不稳定；为此，应采取措施将齿轮间隙减小到一定的范围。

8.3.4 进给传动常用的消隙结构

如前所述，进给传动装置中的间隙，将直接影响数控机床的加工精度。为此，应尽量设法予以减小或消除。现将数控机床中常用的消隙结构和方法作进一步介绍。

1. 滚珠丝杠副的消隙

滚珠丝杠螺母副对轴向间隙有严格的要求以保证反向时的运动精度。所谓轴向间隙是指丝杠和螺母无相对转动时，丝杠和螺母之间的最大轴向窜动。它除了结构本身的游隙之外，还包括在施加轴向载荷之后弹性变形所造成的窜动。因此要把轴向间隙完全消除比较困难，通常采用双螺母预紧的方法，把弹性变形控制在最小的限度内。

目前常用的双螺母消隙结构形式有以下 3 种。

（1）螺纹式消隙：如图 8-20 所示为螺纹式消隙滚珠丝杠螺母副，滚珠丝杠左右两螺母以平键与外套相联，其中右边一个螺母的外伸端没有凸缘并制有螺纹。用两个圆螺母（圆螺母和锁紧螺母）可使右端螺母相对于丝杠作轴向移动，在消除间隙后将其锁紧。这种调整方法具有结构紧凑、调整方便等优点，故应用广泛，但调整位移量不易精确控制。

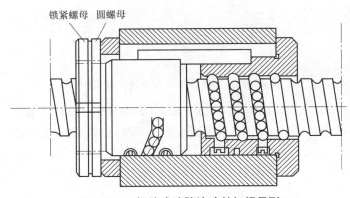

图 8-20 螺纹式消隙滚珠丝杠螺母副

（2）垫片式消隙：如图 8-21 所示，通过修磨调整垫片的厚度，使滚珠丝杠的左右螺母产生轴向位移，实现消隙。这种方式结构简单、刚性好，调整间隙时需卸下调整垫片修磨，为了装卸方便，最好将调整垫片做成半环结构。

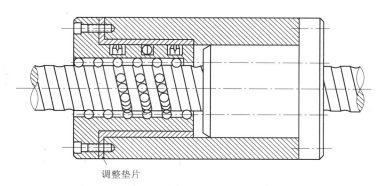

图 8-21　垫片调隙式滚珠丝杠螺母副

（3）齿差式消隙：如图 8-22 所示为齿差式消隙滚珠丝杠螺母副。这种消隙方式中，左右螺母的端部做成外齿轮，齿数分别为 z_1、z_2，而且 z_1 和 z_2 相差一个齿。两个齿轮分别与两端相应的内齿圈相啮合。内齿圈通过螺栓紧固在螺母座上，消隙时首先脱开两个内齿圈，然后使两个螺母的外齿轮同时向同一方向转动相同的齿数，最后重新装上内齿圈。此时两螺母的轴向相对位置发生了变化，实现了间隙的调整和施加预紧力。调整后两螺母产生的位移可以精确控制。当两齿轮沿同一方向各转过一个齿时其轴向位移量为

$$s = \left(\frac{1}{z_1} - \frac{1}{z_2}\right)t$$

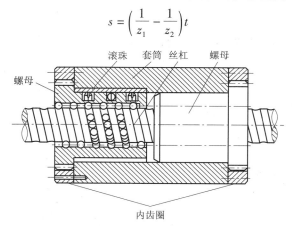

图 8-22　齿差调隙式滚珠丝杠螺母副

如当 $z_1 = 99$，$z_2 = 100$，$t = 10$ mm，则 $s = 10/(99 \times 100)$ mm ≈ 1 μm。这种方法使两个螺母相对轴向位移最小可达 1 μm，其调整精度高，调整准确可靠，但结构复杂。

2．齿轮副的消隙

齿轮副消隙的方法很多，按照调整好尺侧间隙能否自动补偿可分为刚性调整法和柔性调整法两种。

1）刚性调整法

（1）偏心轴套调整法：如图 8-23 所示为偏心轴套调整法。齿轮装在偏心轴套上，调整轴套可以改变齿轮之间的中心距，从而消除了齿侧间隙。这种方法常用于有一个齿轮轴悬臂安装的结构。

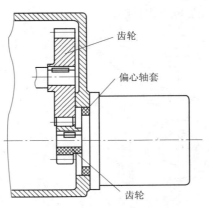

图 8-23 偏心轴套调整法

（2）轴向垫片调整法：如图 8-24 所示为轴向垫片调整法，一对啮合着的圆柱直齿轮，将其节圆直径沿着齿厚方向做成小锥度，改变垫片的厚度就能改变两齿轮的轴向相对位置，从而消除了齿侧间隙，如图 8-24（a）所示；对啮合着的圆柱斜齿轮，将其中一个做成两个薄片齿轮，在它们之间加垫片，改变垫片的厚度可使两齿轮的螺旋线错位，分别与宽齿轮的齿槽左、右侧面贴紧，即可消除间隙，如图 8-24（b）所示。这种方法由于齿宽小而使承载能力下降。

以上两种方法属刚性调整法，在调整后，齿侧间隙不能自动补偿．因此对齿轮的周节公差及齿厚公差要求严格，否则会影响传动的灵活性。上述结构简单，具有较好的传动刚度，但调整较费时。

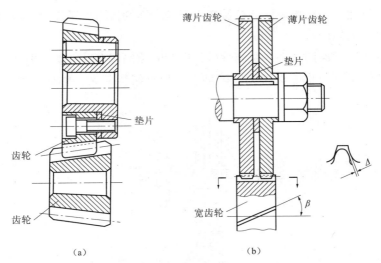

图 8-24 轴向垫片调整法

2）柔性调整法

（1）周向弹簧调整法：如图 8-25 所示为周向弹簧调整法，两个齿数相同的薄片齿轮与另一个宽齿轮相啮合，齿轮 8 空套在齿轮 7 上，可以相对回转。分别在两薄片齿轮的端面上均匀装 4 个螺纹凸耳，并将它们之间装上弹簧连起来，装在凸耳上的螺钉可以像调节弹簧拉力那样，弹簧的拉力可以使两薄片齿轮错位，使两齿轮的左、右齿面分别与相啮合的齿轮齿槽的左右侧面贴紧,达到消除间隙的目的。

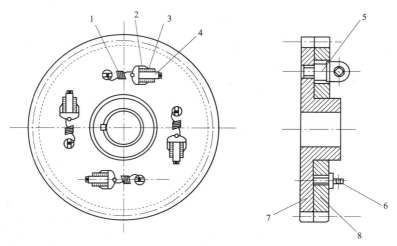

图 8-25 周向弹簧调整法

1—弹簧;2—调整螺母;3—锁紧螺母;4—螺钉;5、6—凸耳;7、8—薄片齿轮

(2) 轴向压簧调整法:如图 8-26 所示为轴向压簧调整法,两个薄片斜齿轮 1、2 用键 4 滑套在轴上,用螺母 5 来调节弹簧 3 的轴向压力,使齿轮 1、2 的左、右齿面分别与宽斜齿轮 7 齿槽的左、右侧面贴紧。在图示结构中,齿数相同的两个薄片齿轮 7 在与另一宽齿轮(图中未表示)啮合时,利用齿轮端面上的拉簧 1 产生的拉力,使薄片齿轮形成相对圆周方向上的错位,由此,两个薄片齿轮的左、右齿侧,分别紧压在宽齿轮同齿廓两侧面上,以此消除齿侧间隙。显然,该结构应保证拉簧产生于啮合面的压力大于齿轮承载时啮合面间的反力,否则结构将失去作用。

以上两种方法属柔性调整法,在调整后,齿侧间隙仍可自动补偿,即使在齿轮的调节误差及齿厚变化的情况下,也能保持无间隙啮合,但是结构复杂,轴向尺寸大,传动刚度较低,平稳性也较差。

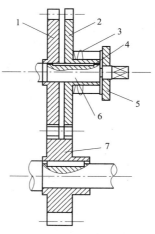

图 8-26 轴向压簧调整法

1、2—薄片斜齿轮;3—调节弹簧;4—键;5—螺母;6—轴;7—宽斜齿轮

3. 键连接的消隙

数控机床进给传动装置中，齿轮等传动件与轴键的配合间隙也会影响传动的精度，需将其消除。如图 8-27 所示为消除键连接间隙的两种结构。

图 8-27（a）所示为双键连接消隙结构。其原理是，紧定螺钉将各对应的键向圆周相反方向挤压，以此来消除正反两个方向的连接间隙。图 8-27（b）所示为楔形销连接消隙结构，它通过螺母对楔形销的拉紧作用来消除结合面的间隙。

图 8-28 所示为一种无键连接消隙结构。其原理是利用圆环 3、4 的挤压作用使一对相互配合的内外弹性锥形胀套 5、6 发生变形，依靠由此产生的摩擦力，将传动件 7 与轴 1 紧密连接在一起，进而达到消除结合面的间隙目的。设计上应根据传递扭矩的大小，确定所用的胀套是一对还是几对。此种结构制造简单，连接可靠，得到广泛的应用。

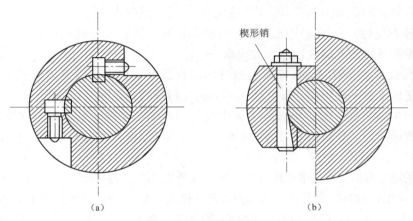

图 8-27 键连接消隙结构

(a) 双链连接消隙结构；(b) 楔形销连接消隙结构

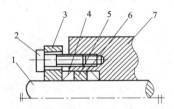

图 8-28 无键连接消隙结构

1—轴；2—螺钉；3、4—圆环；5、6—内、外弹性锥形涨套；7—传动件

8.3.5 直线电动机进给系统

随着高速机床的出现，传统的传动方式已不能满足对直线运动高性能的要求，虽然高速滚珠丝杠传动系统可在一定程度上满足高速机床的要求，但存在制造困难，速度和加速度的增加限制较大，进给行程短（一般不能超过 4~6m），全封闭时系统稳定性不容易保证等困难。研究表明：滚珠丝杠技术在 $1g$ 加速度下，在卧式机床上可以可靠地工作，若加速度再提高 0.5 倍就有问题了。自 1993 年起，在机床进给上开始应用直线电动机直接驱动，它是

高速、高精加工机床,特别是其中的大型机床是较理想的驱动方式。与滚珠丝杠传动相比,直线电动机进给系统具有以下特点。

(1) 速度快、加减速过程短。直线电动机直接驱动进给部件,取消了中间机械传动元件,无旋转运动和离心力的作用,更容易实现高速直线运动,目前,其最大进给速度可达 80~200 m/min。同时"零传动"的高速响应性使其加、减速过程大大缩短,从而实现起动时瞬间达到高速,高速运行时又能瞬间准停,其加速度可达 19.6~98 m/s^2。

(2) 精度高。由于取消了丝杠等机械传动机构,可减少插补时因传动系统滞后带来的跟踪误差。利用光栅作为工作台的位置测量元件,并采用闭环控制,通过反馈对工作台的位移进行精度控制,定位精度达到 0.01~0.1 μm。

(3) 传动刚度高、推力平稳。"零传动"提高了其传动刚度。同时直线电动机的布局,可以根据机床导轨的形面结构及其工作台运动时的受力情况来进行。

(4) 高速响应性。在系统中取消了一些响应时间常数较大的机械传动件(如丝杠等),使整个闭环控制系统动态响应性能大大提高。

(5) 行程长度不受限制。在导轨上通过串联直线电动机,可以无限延长动件的行程长度,行程长度理论上不受限制,而且性能不会因为行程的变化而受到影响。

(6) 运行时效率高、噪声小。由于无中间传动环节,消除了传动丝杠等部件的机械摩擦所导致的能量损耗,导轨副采用滚动导轨或磁垫悬浮导轨,无机械接触,使运动噪声大大减小。

(7) 宽的速度范围。现代电动机技术很容易实现宽调速,速度变化范围可达 1~10000 m/s 以上。例如,美国科尔摩根公司 DDL 永磁直线电动机高速大于 5 m/s,低速为 1 μm/s。直线电动机的基本结构与普通旋转电动机相似,如图 8-29 所示。假设把一台旋转电动机沿半径方向剖开并展平,就形成了一台直线电动机。在直线电动机中,相对于旋转变压器转子的叫初级;相对于旋转变压器定子的,叫次级。初级通以交流电,次级就在电磁力的作用下沿初级做直线运动。

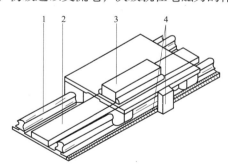

图 8-29 直线电动机进给系统
1—导轨系统;2—笼形绕组二次侧;3—三相绕组一次侧;4—直线行程测量系统

直线电动机直接驱动有一些缺点和问题。其一,控制难度大,直线电动机传动时中间没有缓冲环节;其二,由于其结构存在端部效应;其三,存在强磁场对周边产生磁干扰,影响滚动导轨副的寿命。此外,直线电动机还存在排屑、装配、维修困难,以及发热大、散热条件差、成本较高等缺点,这些影响了其推广应用。目前这些问题都已得到不同程度的解决,使采用者越来越多。

8.3.6 数控机床的导轨

机床上的运动部件（如刀架、工作台等）都是沿着床身、立柱、横梁等基础件上的导轨而做直线或圆周方向运动的。因此导轨的功用就是支撑和导向，支撑运动部件并保证运动部件在外力（运动部件本身的重量、工件的重量、切削力、牵引力等）的作用下，能准确地沿着一定的方向运动。在导轨副中，运动的一方称为活动导轨，不动的一方称为固定导轨，如图 8-30 所示。导轨质量对机床的刚度、加工精度和使用寿命都有很大的影响，作为机床进给系统的重要环节，数控机床的导轨比普通机床的导轨要求更高。现代数控机床采用的导轨主要有塑料滑动导轨、滚动导轨和静压导轨。

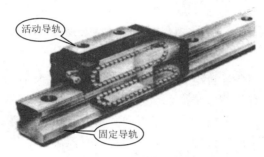

图 8-30 导轨示意图

1. 对导轨的基本要求

导轨的精度和性能直接影响机床的加工精度、承载能力和使用寿命。因此，导轨应满足以下基本要求。

（1）导向精度高。导向精度主要是指运动部件沿导轨运动时的直线度或圆度。影响导向精度的主要因素有导轨的几何精度、导轨的接触精度、导轨的结构形式、活动导轨及固定导轨的刚度和热变形、装配质量及动压导轨和静压导轨之间油膜的刚度。

（2）足够的刚度。导轨刚度是指导轨在动静载荷下抵抗变形的能力。导轨要有足够的刚度，保证在静载荷作用下不产生过大的变形，从而保证各部件间的相对位置和导向精度。

（3）良好的摩擦特性。动导轨沿支撑导轨面长期运行会引起导轨的不均匀磨损，破坏导轨的导向精度，从而影响机床的加工精度。导轨的磨损形式可归结为：硬粒磨损、咬合和热焊、疲劳和压溃等几种形式。

（4）低速运动的平稳性。在低速运动时，作为运动部件的活动导轨易产生爬行现象。进给运动的爬行，会降低工件精度，故要求导轨低速运动平稳，不产生爬行，这对高精度机床尤其重要。

（5）阻尼特性好（高速时不振动）。

（6）结构工艺性好。

2. 导轨的分类

1）滑动导轨

滑动导轨具有结构简单、制造方便、刚度好、抗振性强等优点，因此在一般的机床上应用最为广泛。为了克服其摩擦系数大、磨损快、使用寿命短等缺陷，现代数控机床多使用塑料滑动导轨。

（1）滑动导轨的结构。常用的导轨截面形状有三角形、矩形、燕尾形及圆柱形四种，如图 8-31 所示。

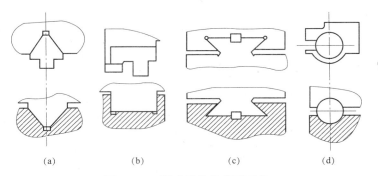

图 8-31　滑动导轨的截面形状

(a) 三角形；(b) 矩形；(c) 燕尾形；(d) 圆柱形

直线运动导轨一般由两条导轨组成。数控机床上滑动导轨的形状主要为三角形与矩形和矩形与矩形两种形式，只有少部分结构采用燕尾形导轨。

矩形导轨承载能力大，制造简单，水平方向和垂直方向上的精度互不影响。侧面间隙不能自动补偿，必须设置间隙调整机构。三角形导轨同时控制水平和垂直方向的导轨精度，在载荷作用下能自动补偿而消除间隙，导轨精度较其他导轨高。燕尾形导轨的结构紧凑、尺寸小，能承受颠簸力矩，但摩擦阻力较大。圆柱形导轨制造容易，磨损后调整间隙很困难。

传统的铸铁-铸铁、铸铁-淬火钢导轨副，其缺点是静摩擦系数大，而且动摩擦系数随着速度的变化而变化，摩擦损失大，低速时易出现爬行现象，影响运动平稳性和定位精度。因此在数控机床上已不采用，而代之以铸铁-塑料或镶钢-塑料滑动导轨。

（2）塑料滑动导轨。塑料滑动导轨具有摩擦因数低，且动、静摩擦因数差值小；减振性好，具有良好的阻尼性；耐磨性好，有自润滑作用；结构简单、维修方便、成本低等特点。目前，数控机床所采用的塑料滑动导轨有铸铁对塑料滑动导轨和镶钢对塑料滑动导轨。塑料滑动导轨常安装在导轨副的运动导轨上，与之相配的金属导轨采用铸铁或钢质材料。塑料滑动导轨分为注塑导轨和贴塑导轨，导轨上的塑料常采用聚四氟乙烯导轨软带和环氧树脂耐磨涂料。

①聚四氟乙烯导轨软带。这是以聚四氟乙烯为基体，加入青铜粉、二硫化铂和石墨等填充剂混合烧结而成。具有摩擦特性好、耐磨性好、减振性好等优点，已成功地应用在中、小型数控机床上。该种软带可在原有滑动导轨面上用粘接剂粘结，加压固化后进行精加工，故一般称之为贴塑导轨。

铸铁导轨副即使在有润滑的条件下，摩擦系数也很大，而且随着速度的增大而降低，摩擦-速度曲线斜率为负值。而塑料-铸铁导轨副的摩擦系数很低，无论干摩擦还是有润滑，曲线斜率均为正值，表明其有良好的摩擦特性，能防止低速爬行。

贴塑导轨的软带以聚四氟乙烯为材料，添加合金粉和氧化物制成。塑料软带可切成任意大小和形状，用胶粘剂粘接在导轨基面上，与之相配的导轨滑动面经淬火和磨削加工，导轨软带使用工艺简单。首先将导轨粘贴面加工至表面粗糙度 Ra 为 1.6～3.2 μm，为了对软带起定位作用，导轨粘贴面应加工成 0.5～1.0 mm 深的凹槽，再用汽油或丙酮清洗粘接面后，用胶粘结剂粘贴。加压初固化 1~2 h 后，再合拢到配对的固定导轨或专用夹具上，施加一定压力，并在室温固化 24 h，取下清除余胶，即可开油槽和精加工。

采用聚四氟乙烯软带的贴塑导轨的抗压能力低、尺寸稳定性较差，现已很少用。DU 导轨板则克服了这些缺点。DU 导轨板是一种金属－氟塑料的复合板，是在镀钢的钢板上烧结了一层多孔青铜粉，上面覆以薄层（约为 0.025 mm）带填料的聚四氟乙烯，经适当处理后形成的。该种导轨板既有四氟乙烯的良好摩擦特性，又有青铜与钢的刚性和导热性，可以用粘结或螺钉连接方法安装在机床导轨面上。

②环氧型耐磨涂料。这是以环氧树脂为基体，加入二硫化铂和胶体石墨以及铁粉等混合而成，再配以固化剂调匀涂刮或注入导轨面，故一般称之为"涂塑导轨"或"注塑导轨"。导轨注塑或抗氧化涂层的材料是以环氧树脂和二硫化钼为基体，加入增塑剂，混合成液状或膏状，成为一组分；固化剂为另一组分的塑料涂层。这种涂料附着力强，具有良好的可加工性，可经过车、铣、刨、磨削加工；也有良好的摩擦特性和耐磨性，而且固化时体积不收缩，尺寸稳定。涂塑导轨具有良好的摩擦特性和耐磨性，导轨副的摩擦系数较低，为 0.1~0.12。在无润滑油的情况下仍有较好润滑和防止爬行的效果。其抗压强度比导轨软带高，尺寸稳定，因而多使用在大中型、重型数控机床和不能用导轨软带的复杂配合型面上。

2）滚动导轨

滚动导轨的摩擦因数小，动、静摩擦因数差别小，起动阻力小，能微量准确移动，低速运动平稳，无爬行，因而运动灵活，定位精度高。通过预紧可以提高刚度和抗振性，承受较大的冲击和振动，寿命长，是适合数控机床进给系统应用的比较理想的导轨元件。滚动导轨按滚动体的形状可分为滚珠导轨、滚柱导轨和滚针导轨，如图 8-32 所示。

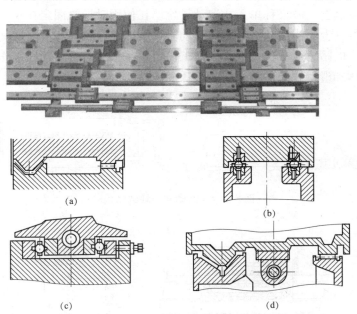

图 8-32 滚动导轨的结构形式
(a) 滚针导轨；(b)、(c) 滚珠导轨；(d) 滚柱导轨

（1）滚珠导轨。这种结构紧凑，制造容易，成本较低，但接触面积小，刚度低，承载

能力较小，适用于运动部件重量和切削力都不大的机床，如工具磨床工作台导轨。

（2）滚柱导轨。这种导轨的接触面积比较大，承载能力和刚度比滚珠导轨大，适用于载荷较大的机床，目前应用最广泛。

（3）滚针导轨。这种导轨与滚柱导轨相比，尺寸小，结构紧凑，在同样长度内能排列更多的滚针，因此承载能力大，但摩擦系数也大，适用于尺寸受限制的机床。

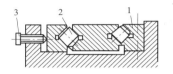

图8-33 滚动导轨预加负载的方法
1—垫块；2—滚珠；3—螺栓

滚动导轨可以不预加负载，也可预加负载。预加负载的优点是提高导轨刚度，适用于颠簸力矩较大和垂直方向的导轨中，但这种导轨制造比较复杂，成本较高。数控机床常采用预加负载的滚动导轨，如图8-33所示为滚动导轨预加负载的方法，通过螺栓对导轨预先施加一定的压力，使滚珠与导轨接触来达到预加负载的效果。

常用的滚动导轨有滚动导轨块和直线滚动导轨两种。

（1）滚动导轨块。滚动导轨块是一种采用圆柱滚动体作循环运动的标准结构导轨元件，其结构如图8-34所示。滚动导轨块的特点是刚度高，承载能力大，便于拆装，它的行程取决于固定件导轨平面的长度。缺点是导轨制造成本高，抗振性能欠佳。在使用时，滚动导轨块安装在运动部件的导轨面上，每一导轨至少用两块，导轨块的数目与导轨的长度和负载的大小有关，与之相配的导轨多用镶钢淬火导轨。当运动部件移动时，滚柱在支承部件的导轨面与本体之间滚动，同时又绕本体循环滚动，滚柱与运动部件的导轨面不接触，因而该导轨面不需淬硬磨光。

（2）直线滚动导轨。直线滚动导轨结构如图8-35所示，主要由导轨块、滑块、滚珠、保持架、端盖等组成。由于它将固定导轨和活动导轨组合在一起，作为独立的标准导轨副部件由专门生产厂家制造，故又称单元式滚动导轨。在使用时导轨固定在不运动的部件上，滑块固定在运动的部件上。当滑块沿导轨体运动时，滚珠在导轨体和滑块之间的圆弧直槽内滚动，并通过端盖内的暗道从工作负载区到非工作负载区，然后再滚动回工作负载区，不断循环，从而把导轨体和滑块之间的滑动变为滚珠的滚动。

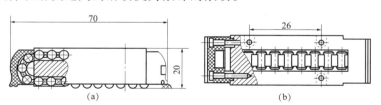

图8-34 滚动导轨块的结构

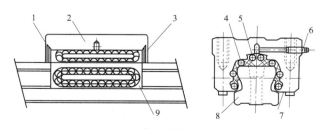

图8-35 直线滚动导轨的结构
1—压紧圈；2—支撑块；3—密封板；4—承载钢珠列；
5—反向钢珠列；6—加油嘴；7—侧板；8—导轨；9—保持器

3) 液体静压导轨

液体静压导轨是将具有一定压力的油液经节流器输送到导轨面上的油腔中,形成承载油膜,将相互接触的导轨表面隔开,实现液体摩擦。静压导轨由于导轨面处于纯液体摩擦状态,同时由于油膜有吸振作用,因而抗振性好、运动平稳。这种导轨的摩擦因数小(一般为 0.001~0.005,有的可达 0.0005),因而驱动功率大大降低,机械效率高,能长期保持导轨的导向精度;承载油膜有良好的吸振性,低速时不易产生爬行,导轨面不易磨损,精度保持性好,所以在机床上得到日益广泛的应用。

按承载方式的不同,液体静压导轨可分为开式和闭式两种。如图 8-36(a)所示为开式液体静压导轨工作原理图。液压泵 2 起动后,油的压力 p_s 经节流器调节至 p_r(油腔压力),油进入导轨油腔,并通过导轨间隙向外流出回油箱 8。油腔压力形成浮力将运动部件 6 浮起,形成一定的导轨间隙 h_0。当载荷增大时,运动部件下沉,导轨间隙减小,液阻增加,流量减小,从而油经过节流器时的压力损失减小,油腔压力 p_r 增大,直至与载荷 W 平衡。开式液体静压导轨只能承受垂直方向的负载,不能承受颠覆力矩。

图 8-36(b)所示为闭式液体静压导轨工作原理图,闭式液体静压导轨各方向导轨面上都开有油腔,所以它能承受较大的颠覆力矩,导轨刚度也较大。另外,还有以空气为介质的空气静压导轨。它不仅内摩擦阻力低,而且还有很好的冷却作用,可减小热变形。

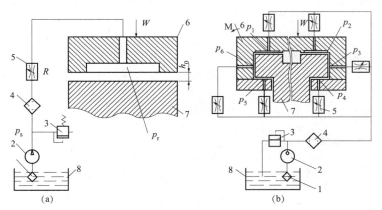

图 8-36 液压静压导轨工作原理图
(a) 开式;(b) 闭式
1、4—滤油器;2—油泵;3—溢流阀;5—节流器;6—运动部件;
7—固定部件;8—油箱;P_1~P_6—油腔内各处压强

静压导轨的缺点是结构复杂,而且需要一套过滤效果良好的供油系统,制造和调整都较困难,成本高,主要用于大型、重型数控机床上,现已很少使用。

3. 导轨的润滑和防护

导轨的润滑和防护对数控机床的加工精度十分重要。良好的润滑可以减少摩擦阻力和摩擦磨损,避免出现低速爬行,降低高速时的温升。导轨常用的润滑剂有润滑油和润滑脂两种,滑动导轨主要采用润滑油,滚动导轨则两种均可采用。数控机床上滑动导轨的润滑主要采用压力润滑。

导轨防护的目的是为了防止切屑、磨粒或冷却液散落在导轨面上,引起磨损、擦伤和锈蚀,导轨面上应有可靠的防护装置。常用的防护装置有刮板式、卷帘式和叠层式防护套,它们大多用于长导轨的机床,另外还有伸缩式防护罩等。

8.4 自动换刀装置

为了进一步提高生产效率,改进产品质量及改善劳动条件,数控机床正朝着一台机床在一次装夹中完成多道工序加工的方向发展。为此,在数控机床上必须具备自动换刀装置。

自动换刀装置应该满足换刀时间短,刀具重复定位精度高,刀具储存数量足够,结构紧凑,便于制造、维修、调整,应有防屑、防尘装置,布局应合理等要求。同时也应具有较好的刚性,冲击、振动及噪声小,运转安全可靠等特点。

数控机床自动换刀装置的具体结构主要取决于机床的结构形式、加工工艺范围以及刀具的种类和数量等因素。常见的自动换刀装置主要有回转刀架换刀、更换主轴头换刀、更换主轴箱换刀和带刀库的自动换刀系统等几种形式,如表8-3所示。

表8-3 自动换刀装置的主要类型、特点及适用范围

类 型		特 点	适 用 范 围
转塔刀架	回转刀架	多为顺序换刀,换刀时间短,结构简单、紧凑,容纳刀具少	各种数控车床,车削中心机床
	转塔头	顺序换刀,换刀时间短,刀具主轴都集中在转塔头上,结构紧凑,但刚性较差,刀具主轴数受限	数控钻床、镗床、铣床
刀库式	刀库与主轴之间直接换刀	换刀运动集中,运动部件少,但刀库运动多,布局不灵活,适应性差	各种自动换刀数控机床,尤其是对使用回转类刀具的数控镗铣,钻镗类立式、卧式加工中心机床,确定刀库容量和自动换刀装置类型,用于加工工艺范围广的立、卧式车削中心
	用机械手配合刀库进行换刀	刀库只有选刀运动,机械手进行换刀运动要比刀库作换刀运动的惯性小,速度快	
	用机械手、运输装置配合刀库换刀	换刀运动分散,由多个部件实现,运动部件多,但布局灵活,适应性好	
有刀库的转塔头换刀装置		弥补转塔换头刀数量不足的缺点,换刀时间短	扩大工艺范围的各类转塔式数控机床

8.4.1 数控车床的回转刀架

数控车床的回转刀架是一种最简单的自动换刀装置。根据加工对象的不同,它可设计成四方刀架、六方刀架或圆盘式轴向装刀刀架等多种形式,相应地安装四把、六把或更多的刀具,并按数控装置的指令回转、换刀。

回转刀架在结构上必须具有良好的强度和刚性,以承受粗加工时的切削抗力。由于车削精度在很大程度上取决于刀尖位置,对数控车床来说,加工过程中刀尖位置不能人工调整,因此,更有必要选择可靠的定位方案和合理的定位结构,以保证回转刀架在每次转位后,具

有尽可能高的重复定位精度（一般为 0.005~0.01 mm）。

一般情况下，回转刀架的换刀动作包括刀架抬起、刀架转位及刀架压紧等。回转架按其工作原理分为若干类型，如图 8-37 所示。

图 8-37（a）所示为螺母升降转位刀架，电动机经弹簧安全离合器到蜗杆副带动螺母旋转，螺母举起刀架使上齿盘与下齿盘分离，随即带动刀架旋转到位，然后给系统发信号，螺母反转锁紧。

图 8-37（b）所示为利用十字槽轮来转位及锁紧刀架（还要加定位销），销钉每转 1 周，刀架便转 1/4 转（也可设计成六工位等）。

图 8-37（c）所示为凸台棘爪式刀架，棘轮带动下凸轮台相对上凸轮台转动，使其上、下端齿盘分离，继续旋转，则棘轮机构推动刀架转 90°，然后利用一个接触开关或霍尔元件发出电动机反转信号，重新锁紧刀架。

图 8-37（d）所示为电磁式刀架，它利用了一个有 10 kN 左右拉紧力的线圈使刀架定位锁定。

图 8-37（e）所示为液压式刀架，它利用摆动液压缸来控制刀架转位，图中有摆动阀心、拨爪、小液压缸；拨爪带动刀架转位，小液压缸向下拉紧，产生 10 kN 以上的拉紧力。这种刀架的特点是转位可靠，拉紧力可以再加大；其缺点是液压件难制造，还需多一套液压系统，有液压油泄漏及发热问题。

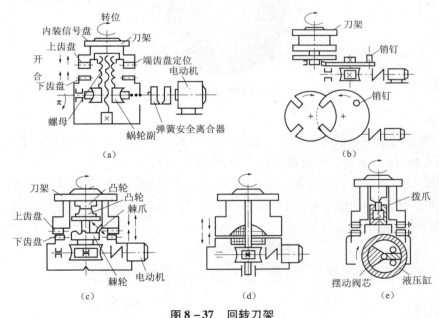

图 8-37　回转刀架

8.4.2　加工中心的自动换刀装置

加工中心（带有自动换刀装置的数控镗铣床）是在普通数控机床的基础上增加了自动换刀装置及刀库，并带有自动分度回转工作台或主轴箱（可自动改变角度）及其他辅助功能，从而使工件在一次装夹后，可以连续、自动完成多个平面或多个角度位置的钻、扩、铰、镗、攻螺纹、铣削等工序的加工，是工序高度集中的设备。

加工中心自动换刀装置的功能是通过机械手完成刀具的自动更换，它应当满足换刀时间短、刀具重复定位精度高、结构紧凑、安全可靠等要求。

1. 刀库的种类

刀库的作用是储备一定数量的刀具，通过机械手实现与主轴上刀具的交换。根据刀库存放刀具的数目和取刀方式，刀库可设计成不同的形式。

1）直线刀库

刀具在直线刀库中直线排列，结构简单，存放刀具的数量有限（一般 8~12 把），较少使用。

2）圆盘刀库

圆盘刀库存刀量少则 6~8 把，多则 50~60 把，其有多种形式，如图 8-38 所示为圆盘式刀库的实例。

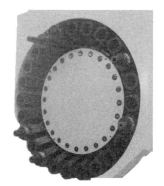

图 8-38 圆盘式刀库

3）链式刀库

链式刀库是较常使用的形式之一，这种刀库刀座固定在链节上，常用的有单排链式刀库，如图 8-39（a）所示，一般存刀量小于 30 把，个别可达到 60 把。若进一步增加存刀量，可采用多排链式刀库，如图 8-39（b）所示，或采用加长链条的链式刀库，如图 8-39（c）所示。链式刀库的优点是可以根据机床本身的结构形状改变刀库的形状，如图 8-40 所示的两种链式刀库。

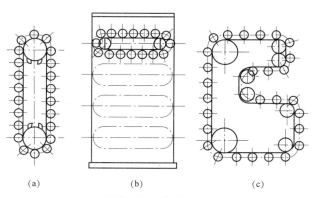

图 8-39 链式刀库

图 8-40 链式刀库实例

4) 其他刀库

其他的刀库形式还有很多，其中格子箱式刀库由于库容量较大，可以使整箱刀库在机外进行交换。

2. 换刀方式

在数控机床的自动换刀装置中，实现刀库与机床主轴之间传递和装卸刀具的装置称为刀具交换装置。刀具的交换方式和它们的具体结构对机床的生产效率和工作可靠性有着直接的影响。刀具的交换方式很多，一般可分为两大类。

1) 无机械手换刀

无机械手的换刀系统一般是采用把刀库放在机床主轴可以运动到的位置，或整个刀库（或某一刀位）能移动到主轴箱可以到达的位置，刀库中刀具的存放方向一般与主轴上的装刀方向一致。换刀时，由主轴运动到刀库上的换刀位置，利用主轴直接取走或放回刀具。如图8-41所示为某立式数控镗铣床无机械手换刀结构示意图，其换刀顺序如下。

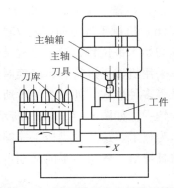

图 8-41 无机械手换刀结构示意图

（1）按换刀指令，机床工作台快速向右移动，工件从主轴下面移开，刀库移到主轴下面，使刀库的某个空刀座对准主轴。

（2）主轴箱下降，将主轴上用过的刀具放回刀库的空刀座中。

（3）主轴箱上升，刀库回转，将下一工步所需用的刀具对准主轴。

（4）主轴箱下降，刀具插入机床主轴。

（5）主轴箱及主轴带着刀具上升。

（6）机床工作台快速向左返回，刀库从主轴下面移开，工件移至主轴下面，使刀具对准工件的加工面。

（7）主轴箱下降，主轴上的刀具对工件进行加工。

（8）加工完毕后，主轴箱上升，刀具从工件上退出。

无机械手换刀结构相对简单，但换刀动作麻烦，时间长，并且刀库的容量相对较少。

2）机械手换刀

由于机械手换刀装置的换刀时间短，换刀动作灵活，在加工中心中得到广泛应用。如图 8-42 所示为 TH5632 自动换刀过程。

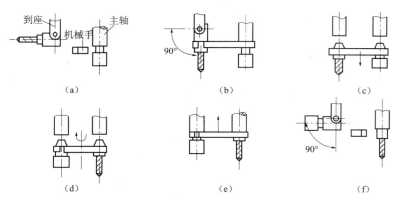

图 8-42　TH5632 自动换刀过程

（1）刀库将准备更换的刀具转到固定的换刀位置，该位置处在刀库的最下方。

（2）上一工步结束后，刀库将换刀位置上的刀座逆时针转 90°，主轴箱上升到换刀位置后，机械手旋转 75°，分别抓住主轴和刀库刀座上的刀柄。

（3）待主轴自动放松刀柄后，机械手下降，同时把主轴孔内和刀座内的刀柄拔出。

（4）机械手回转 180°。

（5）机械手上升，将交换位置后的两刀柄同时插入主轴孔和刀座中，并夹紧。

（6）机械手反方向回转 75°，回到初始位置，刀座带动刀具向上（顺时针）转动 90°，回到初始水平位置，换刀过程结束。

采用机械手进行刀具交换时，由于刀库及刀具交换方式的不同，换刀机械手也有单臂、双臂等多种形式。如图 8-43 所示为双臂机械手中最常见的几种结构：如图 8-43（a）所示为钩手，如图 8-43（b）所示为抱手，如图 8-43（c）所示为伸缩手，如图 8-43（d）所示为叉手。这几种机械手能够完成抓刀、拔刀、回转、插刀以及返回等全部动作。为了防止刀具掉落，各机械手的活动爪都必须带有自锁机构。

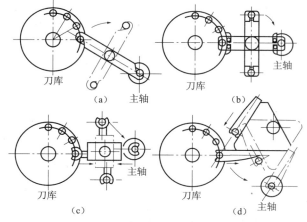

图 8-43　双臂机械手的常见结构形式

3. 刀具的选择方式

根据换刀指令，刀具交换装置从刀库中挑选各工序所需刀具的操作称为自动选刀。常用的选刀方式主要有顺序选刀和任意选刀两种，任意选刀又分为刀具编码选刀、刀座编码选刀和记忆式选刀三种。

1) 顺序选刀方式

顺序选刀是在加工之前将刀具按预定的加工工艺先后顺序依次插入刀库的刀座中，加工时按顺序选刀。刀具用过后放回原来的刀座内，或按加工顺序放入下一个刀座内。如果机床需要加工其他工件时，必须重新调整刀具顺序，因而操作十分烦琐。这种方式刀具不能重复使用，增加了刀具的数量和刀库的容量，降低了刀具和刀库的利用率；此外，装刀时必须十分谨慎，如果不按顺序装刀，将会产生严重的后果。由于该方式不需要刀具识别装置，驱动控制简单，工作可靠。因此，此种方式适合于加工批量较大、工件品种数量较少的中、小型自动换刀数控机床。

2) 刀具编码选刀方式

刀具编码选刀方式是采用一种特殊的刀柄结构，对每把刀具按照二进制原理进行编码。换刀时通过编码识别装置在刀库中识别所需的刀具。这样就可以将刀具存放于刀库的任意刀座中，并且刀具可以在不同的工序中重复使用，刀库的容量减小；用过的刀具也不一定放回原刀座中，从而避免了因刀具存放顺序的差错而造成事故，同时也缩短了刀库的运转时间，简化了自动换刀控制线路。但由于要求每把刀具上都带有专用编码系统，刀具长度增加，制造困难，刚度降低，同时机械手和刀库结构也变得复杂。

刀具编码的识别方式主要有以下两种。

(1) 接触式刀具识别。如图 8 – 44 (a) 所示为接触式刀具识别装置示意图。图中刀柄上有 5 个直径大小不同的编码环，可有 32 种刀具编码。刀库中刀具越多，编码环的数目也相应增多。识别装置 2 中触针 3 的数量与刀柄上的编码环 4 的个数相等，每个触针与一个继电器相连。当刀库中的带编码环的刀具依次通过编码识别装置时，若编码环是大直径时与触针接触，继电器通电，其数码为"1"。若编码环是小直径时不与触针接触，继电器不通电，其数码为"0"。当各继电器读出的数码与所需刀具的编码一致时，由控制装置发出信号，刀库停止运动，等待换刀。

接触式刀具识别装置结构简单，但由于触针有磨损，其寿命较短，可靠性较差，且难于快速选刀。

(2) 非接触式刀具识别。常用的有磁性识别和光电识别法。如图 8 – 44 (b) 所示为一种磁性识别装置示意图。编码环的直径相等，分别由导磁材料（如软钢）和非导磁材料（如黄铜、塑料等）制成，规定前者编码为"1"，后者编码为"0"。与编码环相对应的有一组检测绕组 6 组成非接触式识别装置 2。在检测绕组 6 的一次绕组 5 中输入交流电压时，如编码环为导磁材料，则磁感应较强，在二次绕组 7 中产生较大的感应电压。如编码环为非导磁材料，则磁感应较弱，在二次绕组中感应的电压较弱。利用感应电压的强弱，就能识别刀具的编码。

由于非接触式刀具识别装置与编码环不直接接触，因而无磨损，寿命长，反应速度快，适应于高速、换刀频繁的工作场合。

3) 刀座编码选刀方式

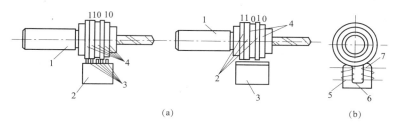

图 8-44 接触式和非接触式刀具识别装置示意图
(a) 接触式刀具识别装置示意图；(b) 非接触式刀具识别装置示意图
1—刀柄；2—识别装置；3—触针；4—编码环；5—一次绕组；6—检测绕组；7—二次绕组

刀座编码选刀方式是对刀库中的刀座进行编码，并将与刀座编码对应的刀具放入刀座中，换刀时根据刀座的编码进行选刀。由于这种编码方式取消了刀柄中的编码环，刀柄结构大为简化。刀座编码的识别原理与刀柄编码的识别原理相同，但由于取消了刀柄编码环，识别装置的结构不再受刀柄尺寸的限制，而且可以放在较适当的位置。缺点是当操作者把刀具放入与刀座编码不符的刀座中时仍然会造成事故；同时，在自动换刀过程中必须将用过的刀具放回原来的刀座中，增加了换刀动作的复杂性。与顺序选刀方式相比，刀座编码选刀方式最突出的优点也是刀具在加工过程中可以重复使用。

刀座编码选刀方式分为永久性编码选刀方式和临时性编码选刀方式。永久性编码选刀方式是将一种与刀座编号相对应的刀座编码板安装在每个刀具座的侧面，它的编码是固定不变的。临时性编码方式也称钥匙编码选刀方式，它采用一种专用的代码钥匙，编码时先按加工程序的规定给每一把刀具系上一把表示该刀具号的编码钥匙，当把各刀具存放到刀库的刀座中时，将编码钥匙插进刀座旁边的钥匙孔中，这样就把钥匙的号码转记到刀座中，给刀座编上了号码。识别装置可以通过识别钥匙上的号码来选取该钥匙旁边刀座中的刀具。这种方式是较早期采用的编码方式，现在已经很少采用。

4) 记忆式选刀方式

目前绝大多数加工中心采用记忆式选刀方式。记忆式选刀利用软件编制一个模拟刀库数据表，取消了传统的编码环和识别装置。选刀时数控装置根据数据表中记录的目标刀具位置，控制刀库旋转，将选中的刀具送到取刀位置，用过的刀具可以任意存放，由软件记住其存放的位置，具有灵活的特点。这种方式主要由软件完成选刀，从而消除了由于识别装置的稳定性、可靠性所带来的选刀失误。

8.5 数控机床的主要辅助装置

数控机床除了具有直线进给功能外，还应具有绕 X、Y、Z 轴圆周进给或分度的功能。数控机床的圆周进给运动通常由回转工作台来完成。常用的回转工作台有分度工作台和数控回转工作台两种。分度工作台的功能是将工件转位换面，完成分度运动，和自动换刀装置配合使用，实现工件一次安装能完成几个面的多种工序。为了保证加工精度，分度工作台的定位精度要求高（普通级为 ±10″、精密级为 ±5″、高精密级为 ±3″）。数控回转工作台除了用来进行各种圆弧加工或与直线进给联动进行曲面加工外,还可实现精确的自动分度工作。

8.5.1 分度工作台

分度工作台的工作包括分度、转位和定位。分度工作台的分度一般只限于某些规定的角度(45°、60°、90°、180°等),由于工作台转位的机构很难达到分度精度的要求,所以需要有专门的定位元件来保证其定位精度。常用的定位元件有插销定位、反靠定位、齿盘定位和钢球定位等几种。

图 8-45 所示为某自动换刀数控卧式镗铣床分度工作台的结构,定位方式为齿盘(也称为端面多齿盘、多齿盘、鼠齿盘)。这种定位能达到很高的分度定位精度,一般为 ±3″,最高可达 ±0.4″;且可以承受很大的外载,定位刚度高,精度保持性好。另外,由于齿盘啮合脱开相当于两齿盘对研过程,随着齿盘使用时间的延续,其定位精度还有不断提高的趋势。

该工作台的分度转位动作如下。

(1) 工作台抬起,齿盘脱离啮合,完成分度前的准备工作。

(2) 回转分度。

(3) 工作台下降,齿盘重新啮合,完成定位夹紧。

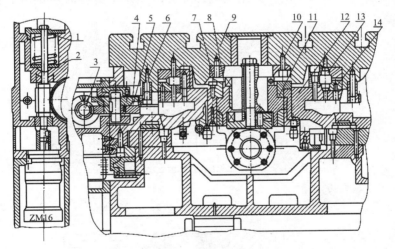

图 8-45 齿盘定位分度工作台

1—螺旋弹簧;2—推力球轴承;3、4—涡杆;5、6—齿轮;7—管道;8—活塞;
9—工作台;10、11—推力球轴承;12—液气缸;13、14—上、下齿盘

具体工作过程如下。

工作台 9 抬起:当机床需要分度时,液压油进入 9 中央的升降、夹紧液压缸 12 的下腔,缸上腔回油,活塞 8 上移,通过推力球轴承 10 和 11 带动 9 也向上抬起,使上、下齿盘 13、14 相互脱开啮合,完成分度准备的工作。

回转分度:当 9 向上抬起时,通过推杆和微动开关发出信号,ZM16 液压电动机旋转,通过涡杆副 3、4 和齿轮副 5、6 带动 9 回转分度。工作台的分度回转角度的大小由指令给出,共有 8 个等分,即 45°的倍数。当工作台接近所要分度的角度时,减速挡块令微动开关动作并发出减速信号,此时工作台转动减速,当回转角度达到所要求的角度时,准停挡块压合微动开关并发出信号,液压电动机停止转动,工作台完成准停。

工作台下降定位夹紧:工作台完成准停动作的同时压力油进入液压缸12的上腔,推动活塞8带动工作台下降,上、下齿盘重新啮合,完成定位夹紧;同时推杆使另一微动开关动作,发出分度完成信号。由于上、下齿盘重新啮合时,齿盘会带动涡轮产生微小的转动,而传动涡杆副具有自锁性,如果涡轮涡杆锁住不动,则上、下齿盘下降时就难以啮合并准确定位,为此将涡轮轴3设计成浮动结构,即其轴向用两个推力球轴承2抵在一个螺旋弹簧1上面。这样,齿盘下降时,涡轮可带动涡杆作微量的轴向移动。

8.5.2 数控回转工作台

数控回转工作台是数控铣床、数控镗床及加工中心不可缺少的重要部件。其作用是按照控制装置的信号或指令作回转分度或连续回转进给运动,使数控机床能完成加工工序。回转工作台的外形和分度工作台十分相似,但其内部结构却具有数控进给驱动机构的许多特点。数控方式分为开环和闭环两种。

1. 开环数控

开环数控由步进电动机驱动,其结构如图8-46所示。工作时步进电动机3经过齿轮

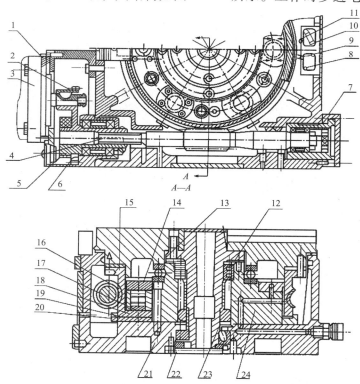

图8-46 开环数控回转工作台的结构

1—偏心环;2、6—齿轮;3—电动机;4—涡杆;5—垫圈;7—调整环;8、10—微动开关;9、11—挡块;12、13—轴承;14—液压缸;15—涡轮;16—柱塞;17—钢球;18、19—夹紧瓦;20—弹簧;21—底座;22—圆锥滚子轴承;23—调整套;24—支座

2、齿轮6、涡杆4和涡轮15实现圆周进给运动。齿轮2和齿轮6的啮合间隙是靠调整偏心环1来消除的。齿轮6与涡杆4用花键连接,其间隙应尽量小,以减小对分度定位精度的影响。涡杆4为双导程涡杆,可以消除涡杆、涡轮啮合时的间隙。涡轮15下部的内、外两面装有夹紧瓦18和19,数控回转工作台的底座21上固定有支座24,支座内均布有六个液压缸14;当液压缸上腔有压力油进入时,柱塞16下移,通过钢球17推动夹紧瓦18和19将涡轮夹紧,此时将数控回转工作台夹紧。如不需要夹紧时,将液压缸14上腔的压力油卸掉,这时弹簧20可将钢球17抬起,涡轮则被放松。当其作为数控回转工作台时不需要夹紧,步进电动机将按指令脉冲的要求来确定数控回转工作台的回转方向、回转速度、回转角度。

2. 闭环数控回转工作台

闭环数控回转工作台在结构上与开环数控回转工作台类似,但是闭环数控回转工作台装有转动角度的测量元件(圆光栅或感应同步器)。回转工作台工作时测量的结果会反馈。数控系统与指令值进行比较,按闭环原理进行工作,故闭环回转工作台的分度精度更高。

图8-47所示为闭环数控回转工作台的结构。直流伺服电动机15通过减速齿轮14、16及涡杆涡轮副12、13带动工作台1回转,工作台的转角位置用圆光栅9测量。圆光栅发出检测信号返馈回CNC与系统发出的指令信号比较,系统将偏差经放大后控制伺服电动机向消除偏差方向转动,最终工作台精确定位。

数控回转工作台的中心回转轴采用圆锥滚子轴承11及双列向心短圆柱滚子轴承10,并预紧消除其径向和轴向间隙,以提高工作台的刚度和回转精度。工作台支撑在镶钢滚柱导轨2上,运动平稳而且耐磨。

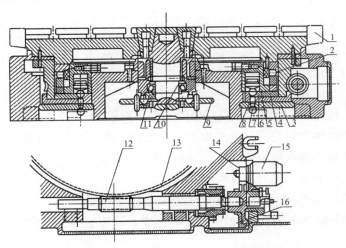

图8-47 闭环数控回转工作台的结构

1—工作台;2—导轨;3、4—加紧瓦;5—液压缸;6—活塞;7—弹簧;8—钢球;9—圆光栅;10、11—轴承;12、13—涡轮涡杆副;14、16—减速齿轮;15—电动机

知识拓展

数控机床的机械结构及部件是数控加工的载体,其机械结构和普通机床有很大的区别。由于数控相关技术的快速发展,很多新的结构、功能部件不断地涌现,特别是电主轴、直线电动机等新产品在数控机床上的推广应用,已经使数控机床的机械结构发生重大的变化。虚

拟轴机床的出现和实用化，使传统的机床结构面临着更严峻的挑战。

本章小结

机械机构是数控机床的主体部分，相对普通机床，数控机床不仅在信息处理和电气控制方面发生了很大变化，而且在机械性能方面也形成了自身独特的风格。

本章重点如下。

（1）主传动系统。为了保证数控机床主传动的精度，减小噪声，数控机床主传动链要尽可能地缩短。为保证数控机床能满足不同的工艺要求并且能够获得最佳的切削速度，主传动系统的变速范围要求宽，并能实现无级调速。

（2）进给传动系统。传动部件的刚度、精度、惯性和传动间隙及摩擦阻力直接影响了数控机床的定位精度和轮廓加工的精度。采用滚珠丝杠螺母副并进行预拉紧，采用静压丝杠螺母副、直线导轨副、静压导轨和塑料导轨等高效执行部件，可有效地提高运动精度，避免爬行现象。直线电动机进给系统是一种具有代表性的先进技术之一。

（3）自动换刀装置。自动换刀装置应满足换刀时间短，刀具重复定位精度高，刀具存储量大，刀库占地面积小及安全可靠等要求。典型的自动换刀装置主要有回转刀架换刀、无机械手自动换刀、机械手自动换刀装置等。

（4）数控机床的辅助装置。采用数控回转工作台、分度工作台、排屑装置等可使机械加工的效率大为提高。

本章难点：数控机床的自动换刀装置。

思考题与习题

1. 数控机床本体的结构具有哪些特点？
2. 数控机床对主传动系统的要求有哪些？
3. 主传动系统的变速方式有哪几种？
4. 加工中心为何需要"主轴准停"？如何实现"准停"？
5. 数控机床的主轴主要有哪几种支撑形式？每种支撑形式适用于何种场合？
6. 加工中心主轴内的吹屑装置的工作过程是什么？
7. 数控机床对进给系统的要求有哪些？
8. 滚珠丝杠螺母副的内、外循环方式在结构上有何不同？
9. 滚珠丝杠螺母副的轴向间隙调整及消隙的基本原理是什么？双螺母消隙常用哪几种结构形式？
10. 数控机床对导轨的基本要求有哪些？不同导轨的结构特点是什么？
11. 直线电动机进给驱动系统具有哪些特点？
12. 常见的自动换刀装置的刀库形式有哪几种？
13. 简述数控机床的数控回转工作台和分度工作台的区别？

第 9 章 应用 Pro/ENGINEER 软件进行数控加工编程

【本章知识点】
1. Pro/NC 数控加工的应用及加工工艺过程。
2. 掌握 Pro/NC 数控加工的操作流程和编程基础。
3. 掌握 NC 工序的通用加工工艺参数的含义及设置方法。

随着以 Pro/ENGINEER 为代表的 CAD/CAM 软件的应用和发展，计算机辅助设计与制造在各行各业的应用越来越广泛，设计人员可根据零件图样及加工工艺要求等，使用 Pro/ENGINEER 等 CAD 模块对零件实体造型，然后利用 Pro/NC 模块产生刀具路径，通过后置处理产生 NC 代码并进行仿真验证，最后将 NC 代码输入到数控机床，对零件进行数控加工以实现应用。

本章主要通过实例操作说明用 Pro/ENGINEER NC 软件模块进行数控加工的一般操作流程，介绍 NC 工序的通用加工工艺参数的含义及主要设置方法与步骤。

9.1 Pro/ENGINEER 软件应用概述

Pro/ENGINEER 是美国参数科技公司 PTC（Parametric Technology Corporation）推出的大型 CAD/CAE/CAM 软件。Pro/ENGINEER NC 有加工仿真功能，可以进行干涉和过切检查，能节约加工成本。Pro/ENGINEER NC 加工能生成工序单，控制加工时间。Pro/ENGINEER NC 加工不仅可以满足数控铣床和加工中心的编程要求，而且能满足车床和线切割机床的编程要求。

Pro/ENGINEER NC 加工是将 Pro/ENGINEER 生成的几何模型与计算机辅助制造 CAM 相结合，利用加工制造中的机床、夹具、刀具、加工方式和加工参数来进行产品的制造规划。在设计人员制定好规划后，由计算机生成加工刀具轨迹数据 CL（Cutter Location）。设计人员在检验加工轨迹符合要求后，经过 Pro/ENGINEER 的后处理程序生成机床能识别的 G 代码。

利用 Pro/NC 实现产品数控加工的基本过程与实际加工的过程基本相同，如图 9 – 1 所示，包括以下几个步骤。

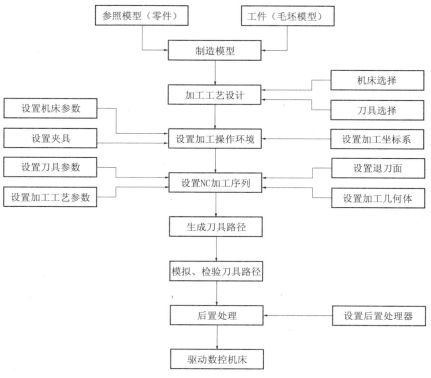

图 9-1 Pro/NC 数控加工工艺过程

1) 建立制造数据库

制造数据库包含诸如可用机床、刀具、夹具配置、地址参数或刀具表等项目。如果不想预先建立全部数据库，可以直接进入加工过程，然后在真正需要时定义上述任何项目。

2) 定义一个操作

操作实际上是一系列 NC 工序的集合。操作设置一般应包含下列元素：操作名称、定义机床、定义 CL 输出的坐标系、操作注释、设置操作参数、定义起始点和返回点。在这些过程中，只有定义机床和坐标系是必须的，其他的选项是可选的。

3) 为指定的操作创建 NC 序列

每个 NC 序列是由一系列刀具运动与特定的后置处理器组成的，这些与运动无关，但却是获得正确 NC 输出所必须的。系统根据 NC 序列类型、切削几何参数以及制造参数，自动生成刀具路径。

4) 定义被切削材料的特征

在 Pro/ENGINEER NC 中，有两种方法可以定义被切削材料的特征。一种是系统自动去除材料；另外一种是通过在工件上手工构建几何特征来创建材料去除特征。

9.2 Pro/NC 编程数控基础

Pro/NC 是 CAD/CAPP/CAM 集成的一体化软件，只要先设置好加工的各项参数，就可直接生成 NC 代码，这个过程又称为自动编程。在 Pro/ENGINEER（以下简称为 Pro/E）中，Pro/NC 模块实现了数控加工功能，它是 Pro/E 数控加工的专用模块，主要适用于铣削、车削、线切割、孔加工以及加工中心等机床。

9.2.1 Pro/NC 加工过程

Pro/NC 模块最终目的是要生成 CNC 控制器可以解读的 NC 代码。NC 代码的生成一般需要经过以下 3 个步骤。

1）计算机辅助设计

计算机辅助设计（CAD）主要用于生成数控加工中工件的几个模型。在 Pro/E 中，工件几何模型的建立有 3 种途径来实现。

2）计算机辅助制造

计算机辅助制造（CAM）的主要作用是生成一种通用的道具路径数据文件（即 NCL 文件）。在加工模型建立后，即可利用 CAM 系统提供的多种形式的道具轨迹生成功能进行数控编程。可以根据不同的工艺要求与精度要求，通过交互指定加工方式和加工参数等，生成刀具路径文件（即 NCL 文件）。

3）后置处理

后置处理（POST）是为了将生成的 NCL 文件转换为数控系统可以识别的 NC 代码，一般简称后处理。

9.2.2 Pro/E NC 菜单管理器

1. 进入 Pro/E NC 加工模块

在 Pro/E 主界面中，在工具条中单击相应按钮，新建 Pro/NC 工作文件，如图 9 - 2 所示。在打开的对话框中，选择"类型"栏中的"制造"单选项，"子类型"栏中的"NC 组件"单选项。取消"使用缺省模板"复选框，设置为公制模式，如图 9 - 3 所示。

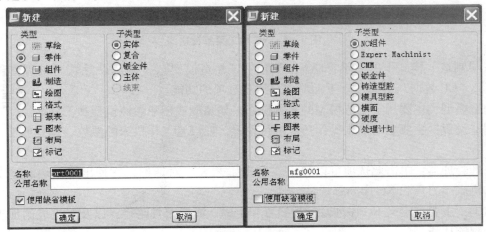

图 9 - 2　制造设置

图9-3 制造单位设置

单击"确定"按钮进入Pro/E NC加工模块。

2. Pro/E NC加工模块菜单管理器简介

进入NC加工菜单管理器，如图9-4所示。

图9-4 NC加工菜单管理器

在"制造"模式下的菜单管理器主要包括"制造模型"、"制造设置"、"处理管理器"、"加工"、"CL数据"等选项。下面简单介绍各选项的功能。

制造模型：主要用于制造模型的相关操作，如装配或创建参照模型和工件等。

制造设置：主要是对加工操作环境进行设置，如设置工作机床的参数、建立加工刀具数据等。

处理管理器：单击此选项可以弹出"制造工艺表"对话框，它列出了全部制造工艺对象，如机床、刀具和NC序列等。

加工：主要有定义NC序列及参数设置和生成、演示刀具路径，以及对生成的加工路径进行检测等功能。

CL数据：可以对生成的加工路径数据进行整理、输出、显示等操作。

修改：可以对加工模型、加工操作环境等参数进行修改，如零件的尺寸、NC 序列等。
再生：对修改后的加工模型、加工操作环境等参数进行重新计算。
元件：可以对装配元件进行操作，如对模型树的顺序进行重排、创建新零件等。
设置：用于设置附加装配信息。
关系：单击此项可以弹出"关系编辑器"对话框，可进行关系方程的设定。
程序：可调用 Pro/PROGRAM 功能。
集成：用于解决源对象与目标对象之间的差异。

9.3 Pro/E 软件编程数控应用

本节以实际案例说明 PRO/NC 数控加工的一般操作步骤。

【例 9 – 1】减速器下箱体（零件如图 9 – 5 所示）的上表面加工仿真。

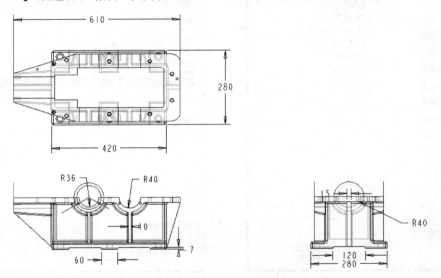

图 9 – 5 箱体外形尺寸

9.3.1 减速器下箱体零件建模

在制造过程中，根据设计的几何形状来选择由制造操作进行加工的原料，这里下箱体采用铸件。通过复制下箱体的参照模型，经过修改尺寸或删除/隐含特征来创建工件。工件用铸造工艺加工，上表面需要进行加工，因此工件上表面应留有一定的加工余量；上表面的孔需要经过钻孔加工，因此上表面的孔特征被删除。

使用工件的优点如下。

（1）在创建 NC 序列时，自动定义加工的范围。

（2）动态的材料去除和过切检测。

（3）通过捕获去除的材料来管理工程中文档。

9.3.2 制造模型

一般情况下,制造模型由一个参照模型和一个装配在一起的工件组成。随着加工过程的发展,可对工件执行材料去除模拟。一般地,在加工过程结束时,工件几何参数应与参照模型的几何参数一致。如果不涉及材料的去除,则不必定义工件几何参数。因此,加工组件的最低配置为一个参照模型。

建立制造模型的步骤如下:

首先在 Pro/E 界面中选择"文件"→"新建"→"制造"命令,就会发现在"名称"文本框中已经有一个名字 mfg0001,这是系统默认的 NC 加工制造名。用户也可以根据需要将其改为数字和字母组成的名字。不选中【使用缺省模板】复选项,如图 9-6 所示。

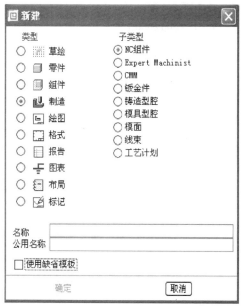

图 9-6 新建文件

图 9-7 选择公制模板

单击"确定"按钮选择公制模板,如图 9-7 所示,在图 9-7 中单击"确定"按钮进入 Pro/E NC 主界面。

选择"制造"→"制造模型"命令,选择"制造模型"→"装配"选项,从"制造模型类型"中选择"参照模型"选项。

在文件中调出保存好的参照模型,使用"缺省"模板,单击"确定"按钮。如图 9-8 所示。

以同样的方式调出工件,使用"缺省"方式,单击"确定"按钮,将二者进行装配,如图 9-9 所示。

 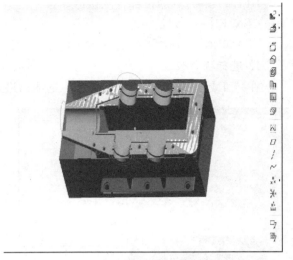

图9-8　建立参照模型　　　　　　　　　图9-9　建立制造模型

9.3.3　上表面加工过程

上表面加工采用平面铣削的加工方式。

平面铣削加工主要是针对大面积的平面或平面度要求较高的平面。适用于平面铣削的刀具可以是球刀、平头铣刀或者端铣刀，平面铣削加工铣削的平面必须是平行与退刀平面的一个表面或多个共面的表面。进行平面铣削的表面中，所有的内部轮廓，如孔和槽将被自动排除，系统将根据所选的面生成相应的加工刀具路径。一般来说，采用具有两周半联动功能的数控铣床便可以完成平面加工。

平面铣削加工可使用参数有步长深度、切口数目、跨度、通道数、切入时刀具的参考点、切出时刀具的参考点、切入时的附加距离、切出时的附加距离、刀具路径起始点处刀具参考点与工件轮廓的距离、刀具路径终点处刀具参考点与工件轮廓的距离、指定表面铣削曲面上的机械加工余量。

参数步长深度和切口数目用于指定多个深度的切口。系统将根据步长深度计算切口数量并与切口数目进行比较，使用其中的较大值作为切口的数量。如果加工零件仅需要一个切口，可将切口数目设置为1，将步长深度设置为一个大于要去除坯件厚度的数值。每一层切面的切口数量也使用类似地方法，由步长深度和通道数的参数组合来确定。如果通道数被设置为1，步长深度的值将被忽略，并且每一层切面仅走刀一次。使用刀具路径起始点处刀具参考点与工件轮廓的距离和刀具路径终点处刀具参考点与工件轮廓的距离，刀具路径可越过所选曲面边进行延伸。参数切入时的附加距离和切出时的附加距离分别应用于进入层切面的"第一进刀"和退出层切面的"最后退刀"。需要时可将参数切入时的附加距离和切出时的附加距离指定给这些运动，否则将使用 CUT_FEED 参数。所有这些参数都相对于刀具上的某一点来测量，它由参数切入时刀具的参考点、切出时刀具的参考点来定义。

参数切出时刀具的参考点用来指定刀具离开材料时，使用刀具的哪一点来计量退刀运动和超程运动，该参数取值如下。

HEEL——刀具的根部，默认值。

CENTER——刀具中心。

LEADING_EDGE——刀具的前缘。

1. 进行操作设置

在"工具"菜单栏选择"操作"选项，进入"操作设置"界面，如图 9-10 所示。

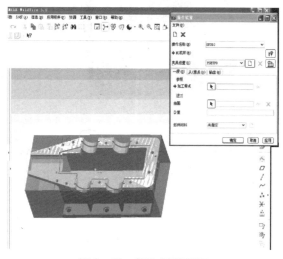

图 9-10 操作设置界面

图 9-11 "机床设置"对话框

在"操作设置"对话框中，可以设置操作名称、机床类型、夹具类型、加工坐标系和退刀面及坯件材料等。在对话框的左上部有 □ 和 ✗ 图标，分别用于创建一个新操作和删除一个已有操作。

这里需要进行的是 NC 机床的设置、加工零点的确定和退刀平面的建立，也可以在这一步设计刀具参数。当然，刀具参数也可以在以后设定。这里先不考虑设置刀具参数。

1) 操作名称及指定加工机床

(1) 操作名称：在"操作名称"栏，可以定义加工工艺名称，如 OP0010。有了工艺名称，便于读取已经设置的加工操作环境信息。这里使用系统默认的操作名称。

(2) 定义加工机床。单击 按钮，系统弹出"机床设置"对话框，用于创建或重新定义机床，如图 9-11 所示。

机床名称使用系统默认名称，也可以进行修改。在"选择机床"下拉列表中选择加工类型为"铣削"（共有四种类型供选择：车削、铣削、车削/铣削、线切割），轴数为 3。对于不同的加工类型，可联动的轴数不同。

车削加工——1 个刀架或者 2 个刀架。

铣削加工——3 轴（默认值）、4 轴、5 轴。

车铣加工——2 轴、3 轴、4 轴、5 轴（默认值）。

线切割——2 轴（默认值）或者 4 轴。

对于铣削加工，后处理名称为 UNCX01，ID 号为 01，其他选项都是可选的，可以在后续的 NC 工序中完成定义。

在"主轴"选项卡中,可以设置刀具主轴的最大转速(最大速率)和功率。在"进给量"选项卡中,可以设置快速进刀的速度单位,选取 MMPM 选项。在"输出"选项卡中,可以进行后处理的相关设置以及刀具位置的输出设置。选择其下方的"切刀补偿"选项,则会弹出切刀补偿的相关设置。通过刀具补偿,可以将零件轮廓轨迹转换成刀具中心的轨迹。

在这里,可以只设置机床名称、机床类型、轴数。"后处理器选项"和"CL 命令输出选项"使用系统默认值。

(3) 在"切削刀具"选项卡,可以设置刀具的换刀时间。刀具的换刀时间是机械手的动作时间,如图 9-12 所示。

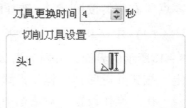

图 9-12 刀具更换时间

2) 设置机床坐标系和加工零点

为了确定机床的运动方向、移动的距离,需要在机床上建立一个坐标系,称之为机床坐标系,即标准坐标系。在编制数控程序时,用该坐标系来确定运动的方向。

机床坐标系采用右手笛卡儿坐标系。大拇指的方向为 X 轴的方向,食指指向 Y 轴正方向,中指指向 Z 轴正方向。

在 Pro/E NC 中,坐标系是操作与数控加工轨迹设置中的一个元素,用来定义工件在机床上的方位,并作为生成 CL(Cutter Location)数据的原点 (0, 0, 0)。在 Pro/E NC 中,可以定义两种坐标系,一种是机床坐标系,一种是 NC 序列坐标系。机床坐标系使用于所有 CL 数据的默认原点。此坐标系是在操作设置使用"操作设置"对话框中的"加工零点"选项指定的。在某一操作中创建所有的 NC 序列都使用同一机床坐标系。

NC 序列坐标系影响所有 NC 序列数据,例如,退刀曲面和切削进给方向。此坐标系是在设置 NC 序列时用"序列设置"菜单中的"坐标系"选项指定的。

为了正确地加工,在制造模型中的坐标系要与机床坐标系一致。

下面详细介绍建立这两种坐标系即加工零点的方法。

(1) 建立加工坐标系。在 NC 的主界面中单击按钮 ,如图 9-13 所示。

图 9-13 "坐标系"对话框

图 9-14 坐标系

接下来在制造模型中按住 Ctrl 键，单击工件模型的上表面、右侧面、后面。这时建立的坐标系如图 9-14 所示。

如果发现设置的坐标系不符合机床的加工要求，可以选择"定向"选项卡来改变坐标系的方向，单击"确定"按钮确定所建立的坐标系。最后，在操作设置界面中单击"加工零点"右侧的按钮 ▶，选择刚刚建立的坐标系。至此，加工坐标系建立完成。

（2）建立退刀面。在"操作设置"对话框中，单击退刀曲面后的按钮 ▶，出现如图 9-15所示的界面，方向为沿 Z 轴，在"值"文本框中输入 Z 轴深度为 10，然后单击"确定"按钮并返回到"操作设置"对话框中。

在"操作设置"对话框中，"退刀"栏下的"公差"采用默认值 1（这里的公差表示实际推导与理论推导的差值），然后单击"确定"按钮，在图 9-16 中出现刚才建立的退刀面。退刀面建立完成。单击"确定"按钮回到主界面。

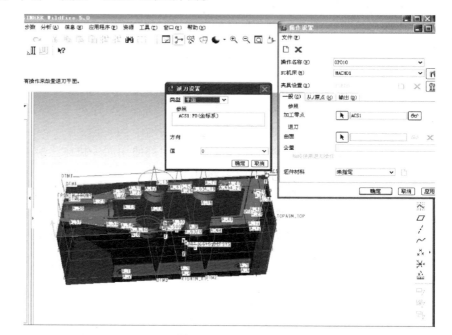

图 9-15　设置退刀面　　　　　　　图 9-16　退刀平面

2. 建立铣削窗口

铣削窗口就是用户要定义的铣削加工范围。在窗口下方根据参照模型来切削工件。在三轴铣床中，铣削窗口一定是在垂直 Z 轴的平面内，用户使用刀具的切削运动一定是窗口范围内的。

铣削窗口可以在制造模型确定好之后就建立，方法一样。

铣削窗口在 Pro/E NC 的主界面中建立，它有三种建立方式。

单击主界面中的按钮 ▣ 进入定义窗口的界面，如图 9-17 所示。

在铣削窗口界面中单击"放置"按钮，如图9-18所示。

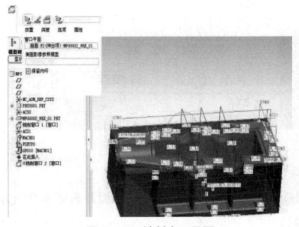

图9-17　铣削窗口平面　　　　　　　　图9-18　建立铣削窗口

这里要求选择一个项目。由于是加工上表面，所以在制造模型中选择模型的上表面，如图9-19所示。

这时，可以看到在制造模型的上表面出现红色（图中为深色）区域，这就是铣削窗口。在铣削窗口界面中单击"深度"按钮，出现如图9-20所示选项。

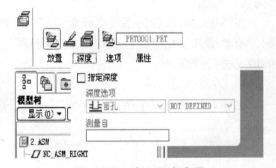

图9-19　选择窗口平面　　　　　　　　图9-20　窗口深度选项

在铣削窗口单击"选项"按钮，出现如图9-21所示的工具栏。

各单选项的意义如下。

"在窗口围线内"：刀具始终在铣削窗口的轮廓以内运动。

"在窗口围线上"：刀具轴线将到达窗口轮廓线。

"在窗口围线外"：刀具将完全超过窗口轮廓线。

本示例选择了"在窗口围线外"单选项。

另外，选中"统一偏移窗口"复选项并指定偏移值和方向，可扩大或缩小铣削窗口的大小。在偏移窗口时，封闭环的尺寸也在变化。

在铣削窗口界面中单击"属性"按钮，出现如图9-22所示的工作栏。

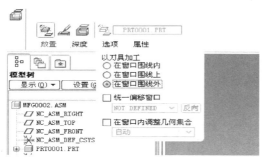

图9-21 窗口围线　　　　　　　图9-22 窗口属性

在"属性"的"名称"文本框中,可为建立的窗口输入一个名称。

(1) 单击窗口界面中的按钮 ，使用垂直于 Z 轴的平面作为草绘平面并确定草绘的方向,然后使用草绘封闭轮廓线来定义铣削窗口。

(2) 单击窗口界面中的按钮 ，通过选择封闭轮廓线的边或曲线来定义铣削窗口。

3. 加工仿真演示

单击按钮 ，进入菜单管理器 NC 序列,如图9-23所示。

在图中的"序列设置"中,选择系统默认的"刀具"、"参数"、"曲面"复选项。单击"完成"按钮。

在图中,可以看到系统已经确定了3个选项。也就是说,系统确定的选项是必须要设定的,或者用其他相应的选项(例如"窗口"代替"体积"),而其他的选项则可以根据具体的情况进行选择。

1) 刀具的设置

在序列设置窗口中单击"完成"按钮,进入如图9-24所示的窗口来进行刀具设置。

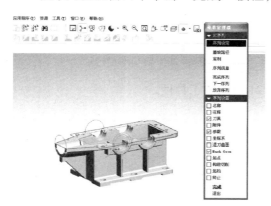
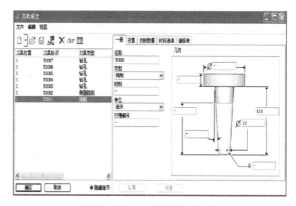

图9-23 序列设置　　　　　　　图9-24 刀具设置(一)

(1) 刀具的性质。根据不同的加工方式选择不同的加工刀具。在不同的 NC 序列中所用的刀具不一定相同。要根据加工方式、切削参数、工件的几何尺寸及材料等一系列的因素来确定刀具的类型、尺寸、形状和材料。

(2) 刀具的类型。在 Pro/E NC 软件中所有的刀具大致分为3类。

①铣削加工类:其中包括铣刀、球头铣刀、陷入铣刀和倒角刀等。

②孔加工类：其中包括钻头、中心钻、螺纹锥、铰刀和镗刀等。

③车加工类：其中包括车刀、螺纹刀、切槽刀、内孔车刀、内孔螺纹刀，以及内孔切槽刀等。

（3）设置刀具选项。

①普通。

"名称"：默认名为 T001、T002 等，也可以用户自己命名。

"类型"：用户所选的刀具类型。在选择了刀具类型后，右边的"几何"中的图形也会相应变化，该项为必选项。根据待加工上表面的尺寸和加工类型，选择刀具类型为铣削，刀具直径为 12，单位选择毫米，如图 9-25 所示。

"材料"：刀具的材料。

"单位"：与选择的长度单位相同，这里选毫米。

"凹槽编号"：可以填写在刀具上齿的数目，这里此项不选。

②设置。在刀具设定中选择"设置"选项卡，进入如图 9-26 所示的窗口。

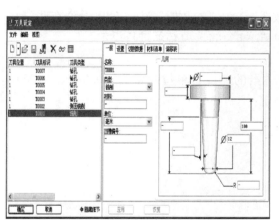
图 9-25 加工上表面的刀具选项

图 9-26 刀具设置（二）

"刀具号"：以当前刀具表中的最后一项为基数，以 1 为增量递增，也可以用户自己设定刀具编号，此项必须选。

"偏距编号"：当前刀具的偏距编号，默认值为"-"。

"量规 X 方向长度"：切削刀具指定的 X 轴规格长度。

"量规 Y 方向长度"：为切削刀具指定 Y 轴规格长度。

"长刀具"：在 4 轴联动加工过程中使用。

"补偿超大尺寸"：表示切削刀具的最大测量直径，则设置此参数。NC 制造将使用此值来进行过切检测。

"注释"：与刀具参数一起存储并使用 PPRINT 与刀具表一起输出的文本字符串。

"定制 CL 命令"：在更改刀具时，插入一条 CL 命令。该 CL 命令将被插到 CL 文件中 LOADTL 命令的前面，并在运动时执行。

③切割数据。如图 9-27 所示，此项可以不进行设置。

2) 参数的设定

在"刀具设定"窗口中,单击"确定"按钮后,直接进入"制造参数"选项,如图9-28所示。

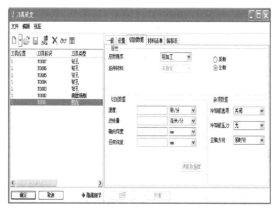

图9-27 切割数据

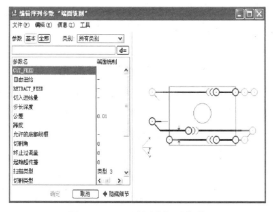

图9-28 面铣削序列参数

在如图9-28所示的序列参数又称为"参数树"。在"参数树"中,可以看到有些值是默认选项,有些可以不用设置。但是所有参数为"-1"的选项必须进行设定。

参数树中要求设置的参数如下。

"CUT_FEED":切割进给,用于设置切削进给的速度,单位通常为mm/min。对于切削进给速度的设定,可根据下面的公式计算来确定:

$$v = \frac{3.14Dn}{1000} \quad (9-1)$$

式中:D——铣刀直径(mm);

n——铣刀转速(r/min);

v——切割速度(mm/min)。

这里取$D = 12$ mm,铣刀转速$n = 1400$ r/min。代入式中可得,切割速度$v = 53$ mm/min。

"步长深度":用于设置切割深度,单位通常为mm。步长深度主要根据工件的加工余量和加工表面的精度来确定。当加工余量不大时,应尽量一次进给,逐步铣去全部加工余量,只有当工件的加工余量精度要求较高或粗糙度较小时,才分粗、精铣两次进给。这里步长深度取4 mm。

"跨度":用于设置横向步距,单位通常为mm,该数值一定要小于刀具直径,通常选取刀具半径值。这里取跨度为10 mm。

"允许的底部线框":用于设置工件底面加工预留量。

"允许未加工毛坯":用于设置粗加工余量。

"切割角":用于设置刀具路径与X轴的夹角。

"转轴速率":用于设置主轴的运转速度。这里取主轴转速为1400 r/min。

"COLLANT_OPTION":用于设置冷却液,其值为开放或关闭。

"间隙距离":用于设置退刀的安全高度。作用是选择一个要高出铣削表面的距离,刀具到此距离时快速运动改为切削进给速度的运动。该项一般选择2~5 mm,这里取4 mm。

"扫描类型": 用于设置加工区与轨迹的拓扑结构。
"进刀距离": 用于设置进刀前刀具与工件之间的距离。
"退刀距离": 铣削完成后，在 XY 平面内的退刀距离。
工艺参数设置完成后，保存设置的工艺参数，然后关闭该对话框。

3）设置加工表面

在工艺参数设置完成后，要求确定加工表面。单击"确定"按钮，进入曲面拾取界面，如图 9 – 29 所示。

选择"演示轨迹"→"计算 CL"→"屏幕演示"命令，观察刀具轨迹，如图 9 – 30 所示。

图 9 – 29　曲面拾取

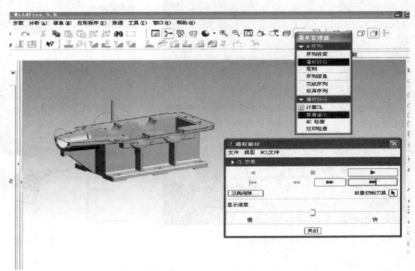

图 9 – 30　刀具轨迹演示

"播放路径"中各按钮的功能如下。

　　◀　　：回放功能键。从刀具的当前位置返回，并显示刀具运动。

　　■　　：停止功能键。停止显示刀具路径。

　　▶　　：播放功能键。从刀具的当前位置向前以显示刀具运动。

　　◀◀　　：回到上一个 CL 记录功能键。转到文件中的上一个 CL 记录。

　　▶▶　　：快进功能键。快进到刀具路径的结尾。

　　◀◀　　：退回功能键。退回到刀具路径的开始。

　　▶▶　　：进到下一个 CL 记录功能键。转到文件中的下一个 CL 记录。

在"播放速度"下有一个滑块可以用来调整显示速度。将滑块向右移动可使显示速度加快；左移可使显示速度减慢。

单击"关闭"按钮可以关闭"播放路径"对话框。

选择"演示"→"计算 CL"→"NC 检查"命令，进行模拟加工。如图 9 – 31 所示。

保存模型加工文件并返回"菜单管理器",并选择"完成序列"→"完成/返回"命令,这样完成了上表面的铣削加工过程。

曲面铣削刀具选取球头铣刀,单击按钮,选择曲面铣削,其他操作同上。加工刀具轨迹及仿真如图9-32所示。

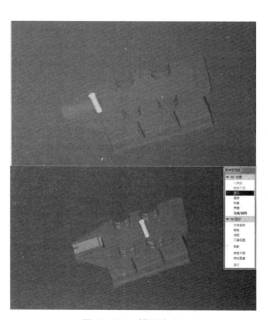

图9-31 模拟加工

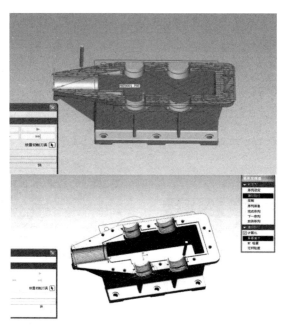

图9-32 表面铣削

4. 设置NC序列

如刀具路径不太满意,单击"序列设置"按钮,重新设置参数;如对刀具路径比较满意,则单击"完成序列"按钮,完成序列设置。

通过前面的步骤产生的NC序列必须转化为CL数据输出,才可以进行检查或输出文件。

(1) 选择"制造"→"CL数据"选项,系统弹出"CL数据"菜单,如图9-33所示。

(2) 选择"CL数据"→"输出"选项,系统弹出"输出"菜单,如图9-34所示。

(3) 选择"输出"→"NC序列"选项,如图9-34所示。在弹出的菜单中选择"1:体积块铣削"选项,系统弹出"轨迹"菜单,如图9-35所示。

(4) 在"轨迹"菜单中选择"文件"选项,系统弹出"输出类型"菜单,如图9-35所示。选择"CL文件"、"MCD文件"、"交互"复选框,再单击"完成"按钮,系统弹出"保存副本"对话框,如图9-36所示。

(5) 在"保存副本"对话框中的"新建名称"文本框中输入文件名称"ex9-1",单击"确定"按钮,系统生成刀位文件并返回"轨迹"菜单。

图 9-33　"CL 数据"菜单

图 9-34　"输出"菜单　　图 9-35　"输出类型"菜单

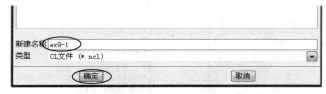

图 9-36　"保存副本"对话框

后置处理是将刀位数据文件（CL 数据）转化为特定机床所配置的数控系统能识别的 G 代码程序。

（1）在轨迹菜单中选择"文件"→"后置期处理选项"选项，选取"全部"、"跟踪"复选框，单击"完成"按钮，如图 9-37 所示。系统弹出"后置处理列表"菜单，如图 9-38 所示。

　　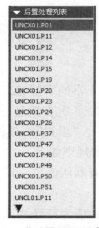

图 9-37　"后置处理选项"菜单　　图 9-38　"后置处理列表"菜单

(2) 在"后置处理列表"菜单中选择合适的后置处理器,本案例选用 UNCX01.P01。如图 9-39 所示,最后单击"确认输出"选项,弹出后置处理信息窗口,如图 9-40 所示。

提示:UNCX01.P** 是铣床后置处理器,UNCL01.P** 是车床后置处理器。

提示:必须预先为所用的机床配置后置处理器。

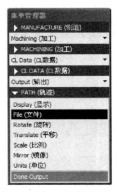

图 9-39 "确认输出"菜单

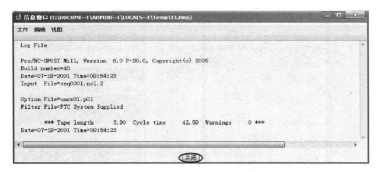

图 9-40 后置处理信息窗口

在工作目录中用记事本或写字板打开 TAP 文件 ex9-1.tap,如图 9-41 所示。为所需的 G 代码,如图 9-42 所示。该程序可传输到数控机床上用于零件加工。

图 9-41 TAP 文件

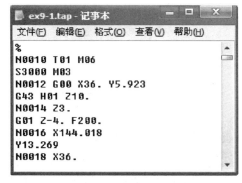

图 9-42 G 代码

9.4 通用 NC 序列参数

Pro/NC 提供了丰富的零件加工方法以及对应的加工工艺参数,在创建、修改和重定义 NC 序列时可以对加工工艺参数进行定义和修改。入口菜单为"加工"、"NC 序列"、"序列设置"、"制造参数"、"设置"。现将一些常用的加工工艺参数进行说明。

制造参数赋值的规则如下。

(1) 必须为带有默认值"-1"(这表示系统未对其设置默认值)的所有参数提供一个合适的值。

(2) 某些参数的值为符号"-",可以忽略。这意味着系统将不使用该参数。通常情况下因为系统会使用默认参数或另一功能相同的参数来代替。

（3）NC 序列参数的长度单位与工件（毛坯）的单位相同。如果使用"相同尺寸"（Same Size）选项改变工件单位（使尺寸数值发生变化），则系统将相应地按比例改变现有 NC 序列的参数值。

9.4.1 名称

1）加工设备名称

加工设备名称（MACH_NAME）是后处理所必需的加工名称。默认值为 TURN，表示车削，而 MILL 表示所有其他 NC 序列。

2）机床标识

机床标识（MACH_ID）是后处理所必需的机床 ID。默认值为 01。

3）NCL_文件

NCL_文件（NCL_FILE）是 NC 序列的 CL 文件默认名。默认值为符号"-"，表示系统将使用工序名称产生一个 NCL 文件。

4）预加工文件

预加工文件（PRE_MACHINING_FILE）是输入要包括到 CL 文件开头的文件名。该文件必须位于当前工作目录中且扩展名为 .ncl。默认值为符号"-"，表示没有。

5）后置加工文件

后置加工文件（POST_MACHINING_FILE）是输入要包括到 CL 文件末端的文件名。该文件必须位于当前工作目录中且扩展名为 .ncl。默认值为符号"-"，表示没有。

9.4.2 切削参数

1）公差

刀具切削曲线轮廓时通过微小的直线来逼近曲线轮廓。从曲线轮廓到直线轮廓间的最大偏离距离通过公差（TOLERANCE）来设置，如图 9-43 所示。

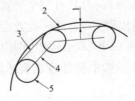

图 9-43 公差

1—公差；2—设计曲面；3—加工曲面；4—刀具路径中心线；5—刀具

2）进给速度

进给速度（CUT_FEED）是指切削运动所使用的进给速度。未设置默认的 CUT_FEED（显示为"-1"），是必须指定的参数。

3）进给速度单位

进给速度单位（CUT_UNITS）是指定切削运动所使用的进给速度单位。包括 IPM（每分钟英寸，默认值）、FPM（每分钟英尺）、MMPM（每分钟毫米）、FPR（每转英尺）、IPR（每转英寸）、MMPR（每转毫米）。

4）退刀速度

退刀速度（RETRACT_ FEED）是指刀具退离工件的速度。默认值为符号"-"，在此情况下，将使用进给速度。

5）退刀速度单位

退刀速度单位（RETRACT_ UNITS）是指定刀具退离工件的速度单位。包括 IPM（默认值）、FPM、MMPM、FPR、IPR、MMPR。

6）快速进给速度

快速进给速度（FREE_ FEED）是指快速横移时所用的进给速度（RETRACT_ UNITS 用于快速进给速度单位）。默认值为"-"，在此情况下，RAPID 命令将被输出到 CL 文件。如果快速进给设置为 0，则会发生同样的情况。

7）接近速度

接近速度（PLUNGE_ FEED）是指刀具接近并切入工件的速度（在铣削和车削中）。默认值为符号"-"，在此情况下，将使用进给速度。

8）接近速度单位

接近速度单位（PLUNGE_ UNITS）是指定刀具在接近并切入工件的速度单位。包括 IPM（默认值）、FPM、MMPM、FPR、IPR、MMPR。

9.4.3 机床

1）圆插入

圆插入（CIRC INTERPOLATION）指定刀具作圆弧或圆周运动时，后置处理以何种方式向 CL 文件输出数据。选项如下。

（1）POINTS ONLY（只有点）：对没有圆弧插补功能的机器使用此格式。弧由一系列受公差影响的直线运动来逼近。

（2）ARC ONLY（只有弧，默认值）：对具有完全圆弧插补的机器使用此格式。仅将 CIRCLE 语句和后处理所需的最小点数输出到 CL 文件。点数由 NUMBER OF ARC PTS 参数定义。

（3）POINTS&ARC（点和弧）：将 CIRCLE 语句和取决于公差值的最大点数输出到 CL 文件。

（4）APT FORMAT（ATP 格式）：如果后处理器要求圆周运动的格式为 APT 格式，则使用此项。

2）圆弧插补点数

圆弧插补点数（NUMBER OF ARC PTS）是指如圆插入选项为 ARC ONLY 时，指定要输出到 CL 文件的点数，默认值为 3。

3）冷却选项

冷却选项（COOLANT OPTION）包括：ON（开）、OFF（关、缺省值）、FLOOD（大流量）、MIST（雾状冷却）、TAP（小流量）。

4）冷却压力

冷却压力（COOLANT PRESSURE）包括：NONE（无、默认值）、LOW（低）、MEDI-

UM（中等压力）、HIGH（高压）。

5）坐标输出

坐标输出（COORDINATE_ OUTPUT）指定哪个坐标系用作 CL 数据输出的坐标系。可选坐标系有工件坐标系（MACHINE CSYS）和工序坐标系（SEQUENCE CSYS）作为 CL 数据原点（默认值为 MACHINE CSYS）。

6）固定偏距再生

固定偏距再生（FIXT OFFSET REG）是指允许指定机器上使用的夹具变换偏移寄存器。默认值为符号"-"，表示没有。

7）程序停止指令

程序停止指令（END STOP CONDITION）是指为 NC 序列指定要在 CL 数据输出结束时发出的命令。

（1）NONE（默认值）：无命令。

（2）OPSTOP：将发出 OPSTOP 命令，即在程序结尾处添加选择性停止指令 M01。

（3）PROGRAM STOP：将发出 STOP 命令，即在程序结尾处添加停止指令 M02。

（4）GOHOME：将发出 GOHOME 命令。即在程序结尾处添加停止指令 M30。如果为操作指定 Home 点，则刀具将出现在 Home 位置。如果不指定 Home 点，系统仍将输出 GOHOME 命令，但不移动刀具，并发出警告。

9.4.4 进刀/退刀

1）起始动作

起始动作（START_ MOTION）定义刀具如何在起始点开始切削运动。如果在序列设置菜单中没有指定"起始"点，此参数将被忽略。可选项有如下几种。

（1）DIRECT（默认值）：进刀运动将沿着从 NC 序列"起始"点到切削起点的直线进行。

（2）Z_ FIRST：刀具先在平行于"NC 序列"坐标系 Z 轴的方向上移动，然后在垂直于 Z 轴的方向上移动并开始切削。

（3）Z_ LAST：刀具先在垂直于"NC 序列"坐标系 Z 轴的方向上移动，然后沿着 Z 轴移动并开始切削。

2）终止动作

终止动作定义刀具如何在切削终点运动到 NC 工序的终点。如果在序列设置菜单中没有指定"终止"点，此参数将被忽略。可选项有如下几种。

（1）DIRECT（默认值）：退刀运动将沿着从切削终点到 NC 序列"终止"点的直线进行。

（2）Z_ FIRST：刀具先在平行于"NC 序列"坐标系 Z 轴的方向上移动，直至到达"终止"点的 Z 坐标处，然后沿垂直于 Z 轴的方向运动到"终止"点。

（3）Z_ LAST：刀具先在垂直于 Z 轴的方向上运动，直至到达"终止"点的 XY 坐标处，然后沿 Z 轴运动到"终止"点。

在本章学习的基础上，读者可以尝试进行数控孔加工、攻螺纹等特征的数控加工仿真。

本章小结

本章通过实例介绍了 Pro/NC 数控加工的基本操作步骤和技巧；介绍了 Pro/NC 的通用参数的含义；重点阐明了 Pro/NC 数控加工的基本工艺过程。NC 序列的设置是后面要详细讲述的内容，但无论哪种加工方法，其中大部分操作步骤都具有一定的相似性和规律性。本章应重点掌握用 Pro/NC 创建一个完整的 NC 程序的一般流程。

1. 思考题

（1）"制造模型"菜单的主要功用是什么？

（2）为什么工件坐标系应与机床坐标系的方向一致？

（3）制造设置的主要功用是什么？

（4）简述 Pro/NC 数控加工的一般操作流程。

2. 练习

完成下面的参考零件（如图 9-44 所示）和工件（如图 9-45 所示）的实体造型，并生成零件的数控铣削加工 G 代码。

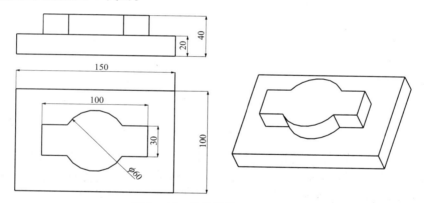

图 9-44　参考零件 lianxi9-2

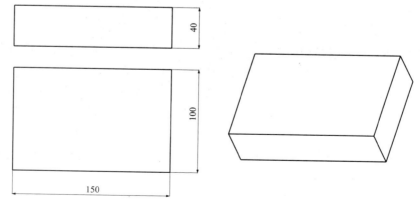

图 9-45　工件 lianxi9-2

附　　录

附录 A　FANUC 0i Mate TC 系统车床 G 代码指令系列

G 指令	模态	功　能	G 指令	模态	功　能
G00*	01	快速点定位运动	G58	07	选择工件坐标系 5
G01		直线插补运动	G59		选择工件坐标系 6
G02		顺时针圆弧插补	G65	#	调出用户宏程序
G03		逆时针圆弧插补	G66	08	模态调出用户宏程序
G04	#	暂停	G67*		取消 G66
G10	02	可编程数据输入	G68	09	双刀架镜像开
G11		取消可编程数据输入	G69		双刀架镜像关
G18*	03	XZ 平面选择	G70	#	精车固定循环
G20	04	英制编程选择	G71	#	粗车内外圆固定循环
G21		公制编程选择	G72	#	粗车端面固定循环
G22*	05	存储行程校验功能开	G73	#	固定形状粗车固定循环
G23		存储行程校验功能关	G74	#	Z 向端面钻削循环
G27	#	返回参考点检查	G75	#	X 向端面钻削循环
G28	#	返回参考点	G76	#	螺纹切削循环
G29	#	从参考点返回	G80*	10	取消钻孔固定循环
G30	#	返回 2、3、4 参考点	G83		正面钻孔循环
G31	#	跳转功能	G84		正面攻螺纹循环
G32	01	螺纹切削	G85		正面镗孔循环
G40*	06	取消刀具半径补偿	G87		侧面钻孔循环
G41		刀具半径左补偿	G88		侧面攻螺纹循环
G42		刀具半径右补偿	G89		侧面镗孔循环
G50	#	设定工件坐标系或限定主轴最高转速	G90	01	外径/内径车削循环
G52	#	局部坐标系设定	G92		螺纹内外圆车削循环
G53	#	机床坐标系选择	G94		端面内外圆切削循环

续表

G 指令	模态	功 能	G 指令	模态	功 能
G54*	07	选择工件坐标系 1	G96	11	表面恒线速度控制
G55		选择工件坐标系 2	G97*		恒转速控制
G56		选择工件坐标系 3	G98*	12	每分钟进给量
G57		选择工件坐标系 4	G99		没转进给量

注：1. 表中模态列中 01，02，…，12 等数字指示的为模态指令，同一数字指示的为同一组模态指令。
2. 表中模态列中"#"指示的为非模态指令。
3. 在程序中，模态指令一旦出现，其功能在后续的程序段一直起作用，直到同一组的其他指令出现才停止。
4. 非模态指令的功能只在它出现的程序段中起作用。
5. 带"＊"者表示是开机或按下复位键时会初始化的指令。

附录 B FANUC 0i Mate TC 系统铣床及加工中心 G 代码指令系列

G 指令	模态	功 能	G 指令	模态	功 能
G00*	01	快速定位运动	G56	09	选择工件坐标系 3
G01*	01	直线插补运动	G57	09	选择工件坐标系 4
G02	01	顺时针圆弧插补	G58	09	选择工件坐标系 5
G03	01	逆时针圆弧插补	G59	09	选择工件坐标系 6
G04	#	暂停	G61	10	准确停止
G09	#	准确停止	G62	10	自动拐角倍率
G10	02	可编程数据输入	G63	10	攻螺纹方式
G11	02	取消可编程数据输入	G64*	10	切削方式
G17*	03	XY 平面选择	G65	#	宏程序调用
G18*	03	XZ 平面选择	G66	11	宏程序模态调用
G19*	03	YZ 平面选择	G67*	11	取消宏程序模态调用
G20	04	英制编程选择	G68	12	坐标旋转
G21	04	公制编程选择	G69*	12	取消坐标旋转
G22*	05	存储行程校验功能开	G73	13	深孔往复排削钻固定循环
G23	05	存储行程校验功能关	G74	13	左旋攻螺纹固定循环
G27	#	返回参考点检查	G76	13	精镗固定循环
G28	#	返回参考点	G80*	13	取消孔加工固定循环
G29	#	从参考点返回	G81	13	钻孔或锪镗固定循环

续表

G指令	模态	功能	G指令	模态	功能
G30	#	返回2、3、4参考点	G82	13	钻孔或背镗固定循环
G31	#	跳转功能	G83	13	排削钻孔固定循环
G33	01	螺纹切削	G84	13	共螺纹固定循环
G40*	06	取消刀具补偿	G85	13	镗孔固定循环
G41	06	刀具左补偿	G86	13	镗孔固定循环
G42	06	刀具右补偿	G87	13	背镗固定循环
G43	07	刀具长度正偏置	G88	13	镗孔固定循环
G44	07	刀具长度负偏置	G89	13	镗孔固定循环
G45	#	刀具偏置值增加	G90*	14	绝对尺寸编程
G46	#	刀具偏置值减少	G91*	14	相对尺寸编程
G49*	07	取消刀具长度偏置	G92	#	设定工件坐标系或限定主轴最高转速
G50	08	取消比例缩放	G94*	15	每分钟进给量
G51	08	比例缩放有效	G95	15	没转进给量
G52	#	局部坐标系设定	G96	16	表面恒线速度控制
G53	#	机床坐标系选择	G97*	16	恒转速控制
G54*	09	选择工件坐标系1	G98*	17	固定循环返回初始点
G55	09	选择工件坐标系2	G99	17	固定循环返回参考点

注：1. 表中模态列中01，02，…，17等数字指示的为模态指令，同一数字指示的为同一组模态指令。
2. 表中模态列中"#"指示的为非模态指令。
3. 在程序中，模态指令一旦出现，其功能在后续的程序段一直起作用，直到同一组的其他指令出现才停止。
4. 非模态指令的功能只在它出现的程序段中起作用。
5. 带"*"者表示是开机或按下复位键时会初始化的指令。

附录C FANUC数控系统M指令代码系列

M指令	车床车削中心功能	铣床及加工中心功能	M指令	车床车削中心功能	铣床及加工中心功能
M00	程序停止	同车床	M40▲	低速齿轮	—
M01	程序选择停止	同车床	M41▲	高速齿轮	—
M02	程序结束	同车床	M46▲	自动门打开	同车床
M03▲	主轴顺序针转（正转）	同车床	M47▲	自动门关闭	同车床
M04▲	主轴逆时针转（反转）	同车床	M52▲	C轴锁紧（车削中心）	—

续表

M 指令	车床车削中心功能	铣床及加工中心功能	M 指令	车床车削中心功能	铣床及加工中心功能
M05▲	主轴停止	同车床	M53▲	C 轴松开（车削中心）	—
M06	—	自动换刀（加工中心）	M54▲	C 轴离合器合上（车削中心）	—
M08▲	冷却液打开	同车床	M55▲	C 轴离合器松开（车削中心）	—
M09▲	冷却液关闭	同车床	M68▲	液压卡盘夹紧	—
M10▲	接料器前进	—	M69▲	液压卡盘松开	—
M11▲	接料器退回	—	M80▲	机内对刀器送进	—
M13▲	1 号压缩空气吹管打开	—	M81▲	机内对刀器退回	—
M14▲	2 号压缩空气吹管打开	—	M82▲	尾座体进给	—
M15▲	压缩空气吹管关闭	—	M83▲	尾座体后退	—
M19▲	主轴准停	—	M89▲	主轴高压夹紧	—
M30	程序结束并返回	同车床	M90▲	主轴低压夹紧	—
M32▲	尾座顶尖进给	—	M98▲	子程序调用	同车床
M33▲	尾座顶尖后退	—	M99▲	子程序结束	同车床

注：带"▲"者为模态指令，其余为非模态指令。